東洋數學大系 XIV

D. E. Smith and Yoshio Mikami

日本數學史

A History of Japanese Mathematics

차종천 편

KYOWOO CO. Publishing 教友社

역자서문

이 책은 일본의 수학사가인 미카미 요시오(三上義夫, 1875-1950)가 1914년에 콜럼비아대의 D. E. 스미스 교수와 공저로 펴낸 것이다. 이미 그럭저럭 여러 해가 지났지만, 역자가 이 「일본수학사」의 존재를 처음으로 감지했을 당시 몹시 놀랍게 생각한 것은 20세기초라면 우리 나라의 국력이 쇠잔하여 일본으로부터 본격적인 수모를 당하던 무렵이건만, 그들은 이미 자기네 문화를 정리하여 서방세계에까지 당당하게 진출하고 있었다는 사실이었다. 그래서 역자는 즉시 복사본을 긴급 입수하여 검토하게 되었는데, 그 결과 이 책은 단순히 참고문헌용으로 그칠 게 아니라, 아예 역자가 추진하는 동양수학대계의 일부로 편입시켜야 마땅한 높은 가치를 지닌 것으로 평가되었다. 그 이유는 이것이 당시까지 명맥이 끊기지 않았던 마지막 화산가(和算家)들의 노하우와 증언을 활용하면서 이루어진 화산에 대한 일종의 결산보고서적인 성격을 지니고 있으면서도, 또한 동아시아의 전통수학으로서는 서양수학과의 교섭이라는 면에서 최초로 자신을 드러내기 시작한 중요한 이정표 가운데 하나이기 때문이다. 물론, 미카미는 이 책을 펴내기 바로 전 해인 1913년에, 그것도 단독으로 *The Development of Mathematics in China and Japan* (일본에서는 이 제목을 흔히 「和漢數學發達史」라고 번역)을 출판했으며, 그것 역시 대계에 실릴 만한 가치가 충분한 역저가 아닐 수 없다. 그러나 몇 년 전의 역자의 입장에서는 추가적으로 현물입수를 추구할 처지도 못되었고, 또 대계 전체에서 화산사의 최후를 장식한다는 의미에서 미카미에게 할당할 수 있는 지면도 제약적일 수밖에 없다는 점에서 화산을 통사적으로 정리한 이 책 쪽으로 마음을 정한 채 밀고 나가게 되었다. 결과적으로 역자는 그 후 2004년 봄 학기 연구년의 일부를 보냈던 캠브리지대 니덤연구소(Needham Research Institute)에서 정작 문제의 *The Development*...를 대하고서는 둘 사이의 결정을 그렇게 경솔하게 내릴 일이 아니었다며 장탄식을 하고야 말았지만 말이다. *The Development*...는 그 나름대로 미카미가 일본과 중국의 수학적 유산을 어떻게 파악하고, 양자의 관계를 어떤 측면에서 조명했는지 잘 드러내주는 매우 탁월한 강점이 있는 만큼, 지금의 역자의 입장으로서는 언젠가 기회가 주어져 대계가 아닌 다른 형식으로라도 후자를 소개할 수 있었으면 좋겠다고 바랄 뿐이다.

한편, 미카미의 다른 저술들을 조사해보면, 그 일부만 긁어모아도 대충 다음과 같은 결코 짧지 않은 목록으로 나타나는데, 그가 추구한 수학사 연구의 궤적과 성격의 일단을 엿볼 수 있게 한다는 점에서 참고로 제시한다.

"Zur Frage abendländischer Einflüsse auf die japanische Mathematik am Ende des siebzehnten Jahrhunderts," *Bibliotheca Mathematica*, Bd. VII, 3.

"A question on Seki's invention of the circle-principle," *Proc. of Tokyo M. P. S.*, 2nd Series, vol. 4(1910), 2.

"Hatono Soha and the mathematics of Seki," *Nieuw Archief voor Wiskunde* IX(1910), 2.

"On Chinese Circle-Squarers," *Bibliotheca Mathematica*, vol. X(1910), 3.

"On the development of the Chinese mathematics (in Japanese)," *Journal of the Tokyo Physics School*, No. 203.

"Seki and Shibukawa," *Jahresbericht der Deutschen Mathematiker-Vereinigung*, Vol. XVII.

"A remark on the Chinese mathematics in Cantor's Geschichte der Mathematik," *Archiv der Mathematik und Physik* XV, 3.

"印度の數學と支那との關係,"「東亞の光」12(1917), 6: 15-24.

"Dickson氏ノ整數論史上ニ於ケル和漢人ノ貢獻,"「東京物理學校雜誌」(1921) 354: 191-8; 356: 274-82; 362: 11-9.

"Loria博士の支那數學論,"「東洋學報」12(1923), 4: 500-14.

"支那數學の特色,"「東洋學報」15(1926), 4; 16(1927), 1.

"疇人傳: 併せてVan Hée氏の所說を評す,"「東洋學報」16(1927), 2: 185-222; 3: 287-333.

"The Ch'ou-Jen Chuan of Yuan Yuan," *Isis* 11(1928), 123-6.

"圓理の發明に關する論證,"「史學雜誌」41(1930), 7.

"關孝和の業績と京坂の算家並に支那の算法との關係及び比較,"「東洋學報」20(1932), 2: 217-49; 4: 543-66; 21(1933), 1: 45-65; 3: 352-73; 4: 557-75; 22(1934), 1: 54-99.

"宋元數學上における演段及び釋鎖の意義,"「算學教育」(1937) 179: 1-15.

"和漢に於ける戰亂及び軍事の關係,"「算學教育」(1937) 182: 1-32.

「東西數學史」, Tokyo: Kyoritsu Sha.

「文化史上より見たる日本の數學」, 創元社, 1947.

「日本測量術史の研究」, 恒星社厚生閣, 1947.

물론 이 「일본수학사」만 하더라도, 지금 와서 보면, 오래된 출판물답게 학문동향이나 양식의 변화랄까 금석지감을 느끼게 하는 구석이 많고, 또 서양독자들을 위해서 쓰여진 만큼 간단한 한자어의 뜻풀이와 같이 우리로서는 불필요한 주석들까지 자주 끼어 들어 인내심을 크게 요구하기도 한다. 그러나 이 책은 일본이 어떻게, 어떤 수준까지 300여 년 동안 화산을 발달시켰는지 조감하고자 하는 우리의 관심을 위해서는 매우 풍부하고도 생생한 정보를 담고 있다는 점에서 막중한 가치를 지닌다. 미카미의 연구는, 또한, 근대중국의 수학사가들을 비롯하여 전반적으로 산학사가에게 큰 자극을 주어 동양수학에 대한 체계적인 재조명 작업을 앞당기는 역할을 했다. 게다가, 우리의 선조들이 그네들 문화의 여명기에 기여한 것, 임진왜란을 통하여 우리의 수학 출판물들이 그네들에게 전파되어 화산을 본격적으로 발달시키는 기폭제가 되었던 점, 조선조 말까지 산가지를 이용했던 사실에 이르기까지 한국의 전통수리문화의 실상과 영향에 대한 자세한 서술들은 여전히 이런 방면의 연구에 등한했던 우리들을 부끄럽게 하기에 충분하다.

미카미 요시오는 1875년 히로시마현에서 출생하여 그곳에서 초등교육을 마친 다음, 치바, 도쿄, 센다이 등지에서 중등교육을 받았으며, 1901년경 문부성 검정시험을 통과하여 중등학교 수학과교사 자격을 획득한 뒤, 화산사 연구에는 1905년부터 본격적으로 투신하기 시작한 것으로 알려져 있다. 그는 일본학사원의 화산사 조사에 오랫동안 참가하였고, 국제이학사학사원으로부터 통신회원(정원 100명중 동양인에게는 3명만이 배정됨)에 선임되어 활동하였으며, 말년(1933-1944)에는 도쿄물리학교 교수로서 일본과 중국의 수학사를 가르쳤으나, 1945년 도쿄 공습으로 그가 소장하던 장서의 대부분을 잃은 뒤 향리로 돌아갔으며, 공교롭게도 1950년이 끝나가던 제야에 중풍으로 숨을 거두고 말았다고 한다.

역자는 동양수학의 고전들을 번역하고 해부해보고자 하는 이러한 일련의 작업들을 추진해오는 과정에서 언제나 그것들이 동양수학의 전체상은 물론, 동시에 중국, 한국, 일본 3국의 나라별 특성까지 잘 드러내 줄 수 있는 가장 핵심적이고도 대표적인 고전들로 꾸며져야 한다는 점에 주력했으며, 그 결과 다음과 같은 15권을 기획하여 "동양수학대계(東洋數學大系)"라는 이름으로 묶기로 했다.

I.	「算數書」, 算經十書 上(「九章算術」, 「周髀算經」)
II.	算經十書 下(「海島算經」, 「孫子算經」, 「五曹算經」, 「張邱建算經」, 「夏侯陽算經」)
III-IV.	「夢溪筆談」, 「數書九章」
V.	「楊輝算法」
VI-VII.	「四元玉鑑」, 「算學啓蒙」
VIII.	「算法統宗」
IX.	「梅氏叢書輯要」, 「割圓密率捷法」, 李善蘭
X.	「黙思集算法」, 「九數略」, 「籌解需用」
XI-XII.	「九一集」
XIII.	和算選集(「塵劫記」, 關孝和, 安島直圓, 和田 寧)
XIV.	Smith and Mikami, 「日本數學史(A History of Japanese Mathematics)」
XV.	동양수학사의 흐름, 총색인

따라서 이 15권이 모두 완성되게 되면, 우리나라를 포함한 동아시아 문명권에서 누천년의 역사를 통하여 발달시켜온 소중한 수학적 업적의 진면목이 당연히 살아있는 전통으로 소생하여 우리 모두의 값진 문화자산으로 활용될 수 있을 것으로 믿어 의심치 않는 것이다.

이제 이「일본수학사」를 포함해서「산수서」, "산경십서" 가운데 7종(「구장산술」,「주비산경」,「해도산경」,「손자산경」,「오조산경」,「장구건산경」,「하후양산경」),「양휘산법」, 그리고 홍정하의「구일집」 등을 커버하는 총 6권을 동양수학대계의 일환으로 우선 상재(上梓)하게 되니, 역자로서는, 비록 철저히 혼자 힘으로 밀어붙여왔다고는 하나, 감사를 올려야 할 분들이 한둘이 아니다. 특히 수학교육학회, 과학사학회, 수학사학회, 과학기술사학회의 여러 학계 선배·동학과 맺어온 교류는 역자의 전통수학 천착을 위해서 큰 힘이 되어주었지만, 유감스럽게도 도움 받은 분들을 일일이 거명하는 것이 물리적으로 불가능해 안타깝게 생각한다. 개인적으로는 동양수학과 관련하여 이만큼이나마 성과물을 만들어 내게 된 것에 대해 새삼스럽게 아내와 더불어 자축하고 싶다. 그가 이 여러모로 부족한 인간에게는 언제나 궁극적인 후원자인 까닭이다. 한편, 2003년 가을부터 1년간 연구년을 보낸 도쿄대와 캠브리지대로부터 받은 지원은 재직중인 성균관대로부터 받은 지원과 더불어 몰아치기 번역에 돌입하는 것을 가능케 해주었다. 또한, 역자로 하여금 이 작업에 본격적으로 매달릴 수 있도록 흔쾌한 출판 승낙과 격려를 해주신 교우사 오판근 사장께도 깊은 감사를 드린다. 마지막으로, 역자는 동양문화의 수학적 전통을 돌이켜보고자 하는 많은 분들께 이것들이 조금이나마 소용 닿기를 바라마지 않으며, 앞으로 여러 전문가들의 고견과 비판을 받아서 점차 개선해 나갈 수 있기를 기약해본다.

2006년 6월

북한산자락 한구석 서실에서

차종천

차 례

일본수학사

찾아보기

일 본 수 학 사

A History of Japanese Mathematics

서 문

인도 최대의 수학 고전이 서양 학자들에게 알려진지는 거의 한 세기가 되고, 아랍의 보다 중요한 몇몇 저작들도 그보다 더 오래되었지만, 중국과 일본의 수학은 구미의 모든 학도들에게 극히 최근까지 단절되어 왔다. 심지어는 지금도 우리는 그 주제에 관한 중국 논문에 대한 단 한 편의 번역마저 갖추고 있지 못하며, 일본 토착 학파의 기여가 이름이나마 서양에 알려지기 시작한 것은 불과 지난 십수년 내의 일이다. 1900년 파리에서 열린 제2차 국제수학자총회에서 도쿄대학의 후지사와 리키타로오(藤澤利喜太郎, 1861-1933) 교수가 옛 일본 학파의 수학에 대해 짧은 연설을 했는데, 아마도 이것이 그 나라의 현지인에 의해서 유럽어로 작성된, 수학사에 대한 첫 번째 기여로 간주되어야 할 것 같다. 이런 종류의 두 번째 노력은 「신과학휘보(*Nieuw Archief voor Wiskunde*)」에 실린 것과 같은 키쿠치 다이로쿠(菊池大麓, 1855-1917) 남작이 쓴 연구 논문들에서 드러나는데, 그것들 중 몇몇은 도쿄의 한 과학학술지에 일본말로 기고한 것들에 기초하고 있다. 그러나 지금까지 이루어진 유일하게 심각한 시도는 센다이(仙台) 소재 제국대학(즉, 도호쿠(東北)대[역자])의 하야시 츠루이치(林鶴一, 1873-1935)가 쓴 매우 훌륭한 논문들에서 찾을 수 있을 것이다. 그것들 중 가장 중요한 것은 「신과학휘보(*Nieuw Archief voor Wiskunde*)」에 나온 것들이며, 저자들은 그것들에 크게 힘입고 있다.

나는 마침 수학 필사본들, 초기에 간행된 저작들 및 초기 도구들을 폭 넓게 수집하고, 그 주제에 관한 유럽 문헌들의 대부분을 한데

모으고, 내 수학사 과목을 위한 일련의 강의 속에서 그것을 구체화시키던 터라 현재의 저작을 준비하는 일에 미카미 요시오(三上義夫, 1875-1950) 씨와 협력해보라는 캐러스(Carus) 박사의 제안을 환영했다. 미카미씨는 와산(和算) 내지 일본 토착 수학에 관한 권위자로서 이미 선망스러운 평판을 누리고 있으며, 「수학서지(*Bibliotheca Mathematica*)」에 기고된 그의 글들은 서양 학자들의 관심을 끌어왔다. 그는 또한 *Abhandlungen zur Geschichte der Mathematik* 총서의 한 권으로 「극동의 수학 논문(*Mathematical Papers from the Far East*)」이라는 제목의 저작을 펴냈다. 더욱이 최대의 일본수학사가인 엔도오 토시사다(遠藤利貞, 1843-1915) 선생과 일한 것이라든지, 그에 따라 자신의 나라의 고전에 대해 익숙한 것이 그를 이런 종류의 저작을 위한 뛰어난 적임자가 되게 한다.

우리의 분업은 상황이 시사해주는 방식에 따라 이루어졌다. 유럽 문헌에 대한 전반적인 작업의 기획과 본문의 최종 작성 책임은 자연히 상당한 정도까지 내게 맡겨졌다. 일본 자료의 제공, 초벌 번역, 엔도오 씨가 사서로 있는 도쿄학사원(東京學士院)의 탁월한 도서관을 이용한 학술 조사와 방대한 양의 일본 쪽 2차 자료에 대한 추가 점검에 대한 책임은 미카미씨의 몫이 되었다. 그의 박식함과 지칠 줄 모르는 노력에 나는 이 책에서 이용된 자료를 넘어서서 힘입고 있으며, 우리의 노력이 받게 될 예찬이 무엇이 되던 간에 대부분 그에게 수여되어야 할 것이다.

이 저작을 쓰게 된 목표는 와산 발달상의 지도적 인물들에 대한 짧은 개관을 제공하려는 것이었다. 예시의 세밀한 부분이나 서술된 저작들의 주요 저자들에 의해서 사용된 풀이법 속으로 너무 깊숙이 뛰어드는 것은 최상의 선택으로 여겨지지 않았다. 이것은 유럽 수학의 통사에서는 행해지지 않는 것인데다, 어떤 특이한 면모가 다뤄지지 않는 한, 여기서 그렇게 해야 할 이유도 없었던 것이다. 의심할 바 없이, 몇몇 중요한 이름들은 빠졌고, 언급되어야만 했을 적어도 스무 명 가량의 이름이 지난 한 해 동안 저자들 사이에서 오간 서신의 주제였다. 그러나 전체적으로는 유럽 학자들이 크게 관심을 가질 만한 작가들의 대부분을 언급했다고 할 수 있다.

이 짧은 역사서가 일본 토착수학의 성격을 서양에 알리고, 그들이 과거 4세기동안 이룩한 진보가 역사적인 경이의 하나가 된 한 민족의 과학적 성취에 대한 지식과 존경의 증진을 통해서 전세계 학자들을 묶는 유대를 강화하는 데 이바지할 수 있었으면 하는 것이 필자들의 바램이다.

이번에는 내 수학사 전공 대학원생들 중의 하나로서 이 저작에 사용된 모든 도판 사진들을 내 서재에서 촬영해준 레슬리 리랜드 로크(Leslie Leland Locke) 씨의 너그러운 도움에 대하여 언급이나마 해야겠다. 저자들이 바라는 바를 수행하려고 한 그의 지적이고도 인내심 깊은 노력은 일련의 도판들로 귀결되었는데, 그것들은 본문을 단순히 조명하는데 그치지 않고, 말만으로는 제시할 수 없는 일본수학의 천재성에 대하여 시각적 관념을 제공해준다. 이 열렬한 노력에 대한 명예를 나는 기꺼이 그에게 돌리면서, 필자들의 감사를 표시하고자 한다.

뉴욕시 콜럼비아대 사범대학
1913. 12. 1
데이비드 유진 스미스

용어 설명

다음에 제시된 짧은 용어 목록은 몇몇 일본식 표제어들을 고찰할 때 참조하면 편리할 것이다.

호오(法) : 방법 또는 이론. 쥬츠(術)의 동의어. 이것은 쇼오사호오(招差法)와 같은 표현에서 찾아볼 수 있다.

효오(表) : 표.

쥬츠(術) : 방법 또는 이론. 호오(法)의 동의어. 이것은 카쿠쥬츠(角術), 타츠쥬츠(문자식의 근을 전개하는 법)와 같은 표현에서 찾아볼 수 있다.

키(記) : 논문.

로쿠(錄) : 논문. 키(記)의 동의어.

삼포오(算法) : 수학 논문 또는 수학적 법칙.

상기(算木) : 계산할 때와 방정식의 수치적 계수로 쓰이는 나무가지들.

소로반(算盤 또는 十露盤) : 일본 주판.

텐겐(天元) : 천원. 중국 대수에 대한 일본식 명칭.

텐잔(点竄) : 세키 학파(關流)의 대수.

와산(和算) : 서양수학인 요오산(洋算)과 구별한 일본 고유의 수학.

엔리(圓理) : 원의 원리. 일본 고유의 적분에 적용하는 용어.

일본 인명들은, 성을 맨 마지막에 쓰는 서양 풍습을 따르는 현존 인물들의 경우를 제외하고는, 현지 풍습을 좇아서 성을 먼저 썼다.

제 1 장 초창기

일본 수학의 역사는, 상고시대부터 현재에 이르기까지, 상당히 뚜렷하게 구별되는 여섯 시기로 나뉘어질 수 있다. 이 가운데 첫째 시기는 태고에서 552년[1)]까지 걸쳐지는데, 중국수학으로부터는 영향을 받았다손 치더라도 단지 간접적인 수준에 그치던 시기였다. 약 천년간(552-1600) 지속된 둘째 시기는 처음에는 한국을 통하여, 그리고 그 후에는 중국으로부터 직접 이루어진 중국 학문의 유입과 그에 따른 자생적 발달, 그리고 중세 유럽에 견줄 수 있을 정체기에 의해 특징지워진다. 셋째 시기는 1600년경으로부터 세키 코오와 내지 타카카즈(關孝和, 1642-1708)가 영향력을 발휘하기 시작하는 초기(1675년경)까지 한 세기가 채 못되는 동안 지속되었다. 이 시기는 일본수학의 중흥기로 불릴 만한데, 그 이유는 이 때 중국수학이 새로이 왕성하게 도입되었으며, 세키 직전의 선배들의 노력을 통하여 자생적인 관심이 되살아났고, 초창기 화란 상인들과 예수회 선교사들을 통하여 약간의 유럽 학문이 소개되었기 때문이다. 역시 한 세기동안(1675-1775) 지속된 넷째 시기는 유럽의 같은 시기에 비견될 만하다. 데카르트(Descartes), 뉴턴(Newton), 라이프니츠(Leibnitz)의 선구적인 노력이 베르누이(Bernoullis), 오일러(Euler), 라플라스(Laplace), 달랑베르(D'Alembert)와 그들의 18세기 동시대인들의 작업의 토대를 닦았던 것과 마찬가지로 일본의 위대한 스승 세키와 그의 제자 타케베 켄코오 내지 카타히로(建部賢弘, 1664-1739)의 업적

1) 모든 연대는 기독교 역법으로 표시되어, 기원전이 아니면 별도 표시 없이 기록될 것이다.

은 같은 세기동안 일본 와산[2)]의 괄목할 만한 발달을 가능케 했으니 말이다. 다섯째 시기는 사실상 넷째 시기와 합쳐질 수도 있으나, 유럽의 19세기 수학이 18세기와 다르듯이 그것과 구별되는데, 1775년에서 일본이 서양에 문호를 개방한 시점인 1868년까지 걸쳐진다. 이 때는 일본의 토착 수학이 나가사키의 화란 교역소와 최초의 기독교 선교사들을 통해서 문호를 발견하게 된 유럽 학문의 영향을 얼마간 받으면서 절정을 이루던 시기이다. 여섯째이자 마지막인 시기는 일본이 다른 나라들과 교류하느라 문호를 개방한 것으로 시작되어 정부, 사상, 예술, 산업, 교육, 수학과 과학 전반에 걸친, 한 나라를 위대하게 하는 놀라운 변화의 시기인 오늘날까지 이어진다. 일본으로 하여금 세계열강 가운데 자리잡게 한 현재의 엄청난 변화와 더불어 손해와 이익 모두가 필연적으로 발생했다. 점증하는 상업주의의 물결 속에서 일본의 절묘한 토속예술이 눈에 띄게 퇴조하는 것을 세계가 아쉬워하듯이, 수학사학도라면 와산이 필연적으로 와해되고, 이 고상한 과학이 보편적인 세계적 수준으로 환원되고 고양되는 것을 유감스럽게 바라보지 않을 수 없다. 오늘날 일본의 수학은 과거의 그것보다 폭 넓은 학문이며, 더 이상 일본수학이 아니라 세계의 수학이다.

그러면 이제 상고시대로부터 552년까지 걸쳐지는 첫째 시기에 대해서 얘기해보도록 하자. 그러나 사안의 성격상, 이 시기에 대해서 정확한 정보를 기대하기는 무리이다. 그것은 영국 고대사를, 로마 저자들에 의해서 전달되는 모든 정보들을 배제한 채, 토착자료로부터 찾는 것과 흡사하다. 이집트는 태고 적부터 문학을 발달시켜서

2) 와(和, 일본)와 산(算, 수학)을 합성한 토착수학이라는 말. 이 용어는 근대적인 것으로서 토착수학을 서양수학인 요오산(洋算)과 구별짓기 위해서 채택되었다.

그것을 파피루스 두루말이에 기록했고, 바빌로니아는 그의 기록을 돌과 진흙에 적었지만, 일본은 초기에 문자가 없었으며, 설사 고대에 쓰여진 기록들이 있었더라도, 이미 사라진지 오래인 것이다.

기록이 전하는 바에 따르면, 오오진(應神) 천황 15(284)년에 가서야 비로소 한자가 한국을 통해서 일본에 도입되었다고 한다. 일본 귀족들은 그제서야 읽고 쓰기를 배우기 시작했는데, 중국식으로 하기란 엄청나게 어려운 작업이었을 것이다. 그나마 기록 자체는 오래전에 일실되었으며, 그 가운데 수학에 관한 지식이 포함되었거나 당시의 중국 수학이 일본 연안에 도달했더라도, 이런 사실에 관한 모든 정보는 아마도 영원히 사라진 듯하다. 그럼에도 불구하고, 한 민족의 언어에는 언제나 다량의 역사적 자료가 보존되어 있어서, 그것과 민속 및 전통으로부터 우리는 한 민족의 초기 생활, 관습, 수리과학에 대한 약간의 지식을 도출할 수 있다.

일본의 경우도 그러하다. 다른 모든 나라와 마찬가지로 거기에서도 숫자와 관련된 신비주의(number mysticism)가 있었던 것 같다. 천문, 원소, 생의 본질, 죽음의 의미에 관한 연구에 있어서 미지에 대한 통상적인 탐색도 있었다. 수, 형태, 어휘와 대상의 배열에 대한 연구에서 나온 경이에 대한 일반적인 표현이 다른 모든 민족의 언어와 전통과 마찬가지로 일본의 언어와 전통 속에도 시사되어 있다. 그리하여 우리는 "진다이 몬지(神代文字)" 내지 "신들의 시대의 문자"[3)]가 상고시대로 거슬러 올라간다는 것을 알고 있고, 그것은 문자들에 대

3) 이 문자들에 대해서는 아무 것도 명확히 알려져 있지 않다. 그것들은 다른 형태의 알파벳이었을는지 모른다. 몬지(또는 모지)는 문자를 뜻하고, 진은 신, 그리고 다이는 시대 내지 시기이다. 그 표현은 또한, 초기 그리스 신화에서 사용되듯이 영웅이라는 말을 신화적인 반신(semi-divinity)을 지칭하게끔 채택하여, "영웅들의 시대의 문자"라고 옮길 수도 있을 것이다.

하여 보통 숫자 값들이 부수되기 쉬운 초기 신비철학(cabala)을 암시한다. 그러나 우리는 이 사실에 대한 적극적인 증거를 갖고 있지 못하며, 현재로서는 단지 추측에 의존할 수밖에 없다[4].

일본의 상고시대 수학에 관해서는 실질적으로 단 하나의 정보만이 전해 내려오는데, 그것은 수 체계에 관련되는 것이다. 전해오는 말에 따르면, 짐무에 의해서 단절 없는 왕조가 이룩되기(기원전 660년) 훨씬 이전에 천황들의 조상인 이자나기 노 미코토의 치세때 10의 매우 높은 승수까지 이어지며, 기본적으로는 아르키메데스에 의해서 그의 「모래알 셈」(*Sand Reckoner*)[5]에서 사용된

$$a^m a^n = a^{m+n}$$

이라는 대수법칙을 보여주는 셈 체계(a system of numeration)가 알려져 있었다. 이 체계에서 수의 이름들은 현재의 그것들과 다르지만, 비록 현대 일본의 인류학자들이 이 문제에 대해 심각한 의구심을 갖고 있다고는 하나, 체계는 같은 듯하다. 다음과 같은 표[6]가 고

---

4) 그러나 이것은 토착적인 민속으로부터 새로운 자료를 찾아내려는 일부 일본 학자를 위해서는 훌륭한 영역이 되고 있다. 진다이에 관한 우리의 현재의 지식은 토네리 신노오 왕자에 의해서 720년에 쓰여진 「니혼기(日本記)」의 "진다이 노 마키(神代卷)"(신의 시대의 기록)라는 제목의 한 장으로부터 주로 유래한다. 이것은 아마도 영국의 옛 음유시인들처럼 고대에 전설을 구전하던 일단의 가인들인 "카타리베"에 의해서 이어져 온 초기 전설에 기초할 것이다.

5) 1544년 바젤판(Basel edition)에 나타낸 대로는 *Ψαμμιτης, De harena numero.*

6) 엔도오 토시사다(遠藤利貞), 「다이니혼스우가쿠시(大日本數學史)」, 東京, 1896 (이하 Endo로 지칭), 1권, pp. 3-5. 또한 *Transactions of the Asiatic Society of Japan*, Yokohama, 1886에 실린 Knott, C. G., "*The Abacus in its historic and scientific aspects*"(이하 Knott로 지칭)을 볼 것. 일본에서는 다른 형태의 흥미로운 셈법도 사용되고 있는데, 옛 셈법과 위에 제시된 통상적인 형태보다 더 긴밀히 연결되어 있다. 그것은 다음과 같다: (1) 히토츠, (2) 후타츠, (3) 밋츠, (4) 욧츠, (5) 이츠츠, (6) 뭇츠, (7) 나나츠, (8) 얏츠, (9) 코코노츠, (10) 토오. 현재

대의 체계를 나타내는 것으로 제시되었으며, 하나의 개연성으로 삽입되었으나, 문제 전체에 대해서는 좀더 고찰할 것이 필요하다.

	~ 고대 ~	~ 현대 ~
1	히토	이치
2	후타	니
3	미	산
4	요	시
5	이츠	고
6	무	로쿠
7	나나	시치
8	야	하치
9	코코	쿠
10	토오	쥬
100	모모	햐쿠
1,000	치	센
10,000	요로즈	만
100,000	소 요로즈	쥬 만
1,000,000	모모 요로즈	햐쿠 만
10,000,000	치 요로즈	센 만
100,000,000	요로즈 요로즈	오쿠
1,000,000,000	소 요로즈 요로즈쥬 오쿠	

사용되고 있으며, 역시 옛 셈법과 관련되어 있는 또 다른 형태의 흥미로운 셈법은 다음과 같다: (1) 히, (2) 후, (3) 미, (4) 요오, (5) 이츠, (6) 무우, (7) 나나, (8) 야, (9) 코노, (10) 토오. 이 형태들은 각각 셀 때만 사용될 뿐, 수를 지칭할 때는 사용되지 않는데, 그것들의 지속성은 구미의 "셈 노래"(counting out rhymes)와 비견될 만하다. 위에 제시된 현대적 형태가 중국에 뿌리를 두었다는 점도 덧붙여져야 할 것이다.

고대 체계의 흥미로운 특징들은 십진법과 오늘날 10,000을 뜻하는 "요로즈(よろず)"라는 낱말의 사용이다. 그러나 이것은 중국 학문의 유입과 더불어 전래된 의미일지 모르며, 고대 일본어에서 그것이 희랍어의 뮈리아드[7]를 나타냈다고 확신할 수는 없다. 10,000을 요로즈로 표시한 것은 후일 수의 이름들이 중국 근수(roots)에 기초하게 된 때에 채택되었으며, 그것은 아마도 역사시대에 중국 학문이 유입되기 이전에 일어났을 것이다. 그리하여 이 나중 시대에 10^5은 "백천"[8]이 아니라 "십만"[9]이 되었고, 우리의 밀리온(million)[10]은 백만[11]이 되었다. 그런데 만으로 따지는 이 셈 체계는 자주 관찰되는 고대 동·서방 학자들 간의 교류의 증거들 가운데 하나이다. 그렇게 큰 수들은 교역 종사자나 일반 민중에게는 필요 없고, 학자들에게나 중요했을 터이다. 그러므로 뮈리아드가 희랍 체계[12]의 기초를 이뤘는데, 다소간 인도에서도 사용되었고[13], 중국에서는 아직까지 유지되고 있으며[14], 현대 수 체계에서와 마찬가지로 고대 일본 체계에서도 조직

---

7) Μυριοι, 10,000.

8) 그렇게 간주되었더라면, "모모치" 내지 현대 일본어의 "햐쿠센"으로 나타났을 것이다.

9) "토오 요로즈"를 부드럽게 한 형태인 "소 요로즈." 현대 일본어로는 "쥬 만."

10) 살롱(saloon)이 salle+on, 곧 큰 방이고 갤런(gallon)이 gill+on, 곧 큰 질(gill, 액량단위로서 $\frac{1}{4}$ pint에 해당됨)이듯이, mille+on은 "큰 천"이라는 뜻임.

11) "모모 요로즈" 내지 현대 일본어의 "햐쿠 만."

12) 예컨대, Gow, J., *History of Greek Mathematics*, Cambridge, 1884와 유사한 저작들을 볼 것.

13) Colebrooke, H. T., *Algebra, with Arithmetic and Mensuration, from the Sanscrit of Brahmegupta and Bhascara*, London, 1817, p. 4와 Taylor, J., *Lilawati*, Bombay, 1816, p. 5를 볼 것.

14) Williams, S. W., *The Middle Kingdom*, New York, 1882와 1895년판 vol. I의 p. 619. 그러므로 "완수이"는 만년이며, "완수이예"는 만년의 주인, 곧 황제를 뜻한다. 중국에서는 불교도들에 의하여 스와스티카(卍)가 만을 나타내는 기호

적으로 사용되었다는 것을 발견할 때, 우리는 고대에 학자들 간의 상당한 교류가 있었음에 틀림없다고 확신케 되는 것이다[15].

이 초창기 일본 수학의 나머지 부분에 대해서 우리는 고대 측정 체계에 관해 약간 알고 있다는 것과 역법이 존재했다는 사실 말고는 전적으로 무지하다.

상인들이 어떻게 계산했는지, 고대인들의 거의 보편적인 손가락 계산이 극동지역까지 전파되었는지, 측량(mensuration)할 때 알려진 것은 무엇이었는지, 별들의 움직임에 관한 조야한 원시적 관찰이 어느 정도까지 수행되었는지, 신사나 사찰의 소양교육에서 사제들이 어떤 역할을 담당했는지, 특정 숫자들의 신비적인 의미는 무엇이었는지, 수를 노끈을 묶어서 기록하거나 상징에 의해 나타냈을 때 했다면 어떻게 했는지 등등 이 모든 것들은 어떠한 원시 수학의 연구에서도 고찰되는 것들이지만, 일본 상고사에 관해 지금까지 주어진 증거들에서는 찾아보았자 허사였다. 현재 일본에서 현저히 대두되고 있는 탐구 정신이 일본 땅에 수학이 최초로 뿌리 내렸던 이 흥미로운 시기에 대해 좀더 규명해줄 것을 기대해 본다.

로 사용되고 있다. 중국에서 이렇게 만을 사용해 온 지는 매우 오래된다.

15) 이 주제에 관해서는 상당한 양의 문헌이 있으며, 좀 더 깊이 주목할 가치가 있다. 예컨대, Klingsmill, T. W., *The Intercourse of China with Eastern Turkestan...in the second century B.C.*, in *Journal of the Royal Asiatic Society*, N. S., London, 1882, vol. XIV, p. 74를 볼 것. 일본인 학자 T. 키무라는 현재 자기네 민족이 그리스-로마 문명의 족속과 조상이 같다는 것을 두 문명의 신화와 언어를 비교하여 얻어진 신념을 토대로 주장하고 있다. 또한, P. von Bohlen, *Das alte Indien mit besonderer Rücksicht auf Aegypten*, Königsberg, 1830; Reinaud, *Relations politiques et commerciales de l'Empire Romain avec l'Asie orientale*, Paris, 1863; P. A. di San Filipo, *Delle Relazioni antiche et moderne fra L'Italia e l'India*, Rome, 1886; 그리고 이 점에 관한 폭 넓은 참고문헌을 갖춘 Smith and Karpinski, *The Hindu-Arabic Numerals*, Boston, 1911을 볼 것.

제 2 장 둘째 시기

일본 수학사상의 둘째 시기(552-1600)는 시기적으로나 성격적으로 유럽의 중세 암흑기에 해당한다. 북유럽 나라들이 남부와 접촉하여 약간의 고전학문의 맛을 흡수하고, 이따금씩 샤를르마뉴(Charlemagne)나 교회의 고귀한 특정 인물들과 같은 위대한 정신의 영향에 대해서 말고는 초연한 상태에 빠져든 것과 마찬가지로, 일본 역시 동일한 시대정신(*Zeitgeist*)에 종속되어 중국 샘물에 가볍게 목 축이는가 싶더니 이내 반야만주의(semi-barbarism)에 다시 빠져들고 말았다. 유럽에는 거버트(Gerbert), 피사의 레오나르도(Leonardo of Pisa), 사크로보스코(Sacrobosco)가 있었으나, 그들은 중세 암흑기에 동떨어진 횃불들 같았는데, 우리가 살펴보게 될 것처럼, 일본에도 마찬가지로 중세의 밤에 학문의 등불을 보살피며 그들의 천재성보다는 충성으로 유명했던 소수의 학자들이 있었던 것이다.

서양에서 로마의 멸망(476)과 콘스탄티노플의 함락(1453)이라는 두 결정적 시점을 중세 암흑기에 대한 편리한 양극단으로 잡는 것과 마찬가지로, 일본에서 우리는, 적어도 우리의 수학 연구에서 불교의 도입(552)과 학문의 부흥(1600년 경)을 비슷한 양극단으로 간주한다.

불교가 일본에 전래된 것은 붓다 사후[16] 어림잡아 천년 뒤의 일

16) 신슈우(眞宗) 내지 "진정한 종파"의 불교도들은 그의 입적을 B.C. 949년으로까지 올려.잡고 있으나, 싱갈레즈(Singalese) 불교도들은 B.C. 543년에 일어난 것으로 본다. 영어 독자들에게 불교를 알리는데 크게 기여한 라이스 데이비즈(Rhys Davids)는 B.C. 412년, 막스 뮐러(Max Müller)는 B.C. 477년으로 간주한다. 또한 Sumner, J., "Buddhism and traditions concerning its introduction into

이었다[17]. 이 도입에 보통 전가되는 연대는 552년으로서 그 때 불상이 황궁에 세워졌다고 하지만, 케이타이 텐노(繼體天皇, 507-531년 사이에 일본을 통치) 16년, 즉, 522년에 수마타(司馬達止)[18]라는 이름을 지닌 사람이 중국의 난리앙[19]에서 건너와, 야마토(大和國) 지방[20]에 절을 세워 그 안에 불상을 건립하고, 자신의 종교를 설파하기 시작했다고 믿게 하는 증거[21]가 대두되었다. 여하간 불교는 통상적으로 치부되는 552년과 크게 떨어지지 않은 시점에 일본 땅에 첫발을 내디뎠으며, 그로부터 2년 뒤[22]에는 역법 전문가[23]인 왕보손(王保孫)과 사관이자 천문가(doctor of chronology)[24]인 왕도량(王道良)이 한국[25]에서 건너와 중국식 역법을 전했다.[26] 조금 뒤(602)[27]에는 관륵(觀勒)[28]라는 이름의 한국 승려가 자기 나라에서 건너와

Japan," *Transactions of the Asiatic Society of Japan,* Yokohama, 1886, vol. XIV, p. 73도 참조가 되는데, 그는 붓다는 입적을 B.C. 544년으로 보고 있다.

17) 중국에는 A.D. 64년, 그리고 한국에는 372년에 도입되었다.

18) 일본음으로는 '시바탓토(원주에 '시바타츠'라고 한 것을 바로 잡음[역자])'라고 함.

19) 즉, 남쪽의 리앙인데, 리앙은 남쪽 왕국 가운데 하나였다.

20) 기내(畿內) 지방으로 지금의 나라 지방을 말한다.[역주]

21) Sumner, 앞의 책, p.78을 볼 것.

22) 즉, 554년인데, 553년일 수도 있다.

23) 유럽에서라면 그는 수도원에서 교회력의 과학인 콤포투스(Compotus)를 담당했을 것이다.

24) 역박사(易博士, Doctor of Yih)라고도 불리는데, 역의 원리는 고대 중국의 오경(五經) 가운데 하나인 역경(易經)에 근거한다. 이 주제에 관해서는 매우 광범위한 문헌이 존재한다.

25) 즉, 백제.[역주]

26) 이것은 흠명(欽明) 천황 15년(554)경에 백제의 역박사 시덕 왕도량(易博士施德王道良), 역박사 고덕 왕보손(曆博士固德王保孫), 약박사 나솔 왕유릉타(藥博士奈率王有㥄陀)가 내도했다는 「일본서기」의 기록을 인용한 것으로 보이는데, 인명들을 왕파오산, 왕타오리앙 등 중국식으로 읽고 있어서 실소를 자아낸다. 한영우(1997: 121)에는 왕보손이 일본에 가서 천문관측 방법과 역법을 전한 해가 544년으로 기록되어 있다.[역주]

27) 이 때는 스이코(推古) 천황 10년에 해당된다.[역주]

스이코 천황(推古天皇, 554-628)에게 천문과 역법에 관한 서적들을 바쳤다[29]. 그녀의 치세 12(604)년에는 달력이 일본에서 최초로 사용되었으며, 이 때, 쇼오토쿠 타이시(聖德太子)는 불교와 학문에 대한 열렬한 후원자임을 입증하였으므로, 그에 대한 추모는 아직도 높은 존경 속에서 이루어진다. 실제로 쇼오토쿠 타이시의 명성은 너무나 커서 전통적으로 그를 일본 산학의 아버지이며 심지어는 소로반(算盤 또는 十露盤)의 발명자라고 떠받들기까지 한다[30].

[그림 1] 소로반을 들고 있는 쇼오토쿠 타이시의 작은 동상

28) 칸로쿠 또는 취안로.
29) Sumner, 앞의 책, p.80에는 이 연대가 593년으로 되어 있다. 일본의 권위자인 엔도오씨는 그것을 602년으로 간주한다.
30) 이것이 근거 없다는 논의는 3장에 제시되어 있다. 여기 보이는 사진에서 그가 들고 있는 소로반은 시대착오적이다.

그 후 얼마 지나서 중국 측정체계가 채택되었으며, 일반적으로 중국의 영향은 이내 매우 현저하게 되었다. 다행히, 이 무렵에 텐치(天智) 천황이 그의 짧지만 괄목할만한 치세(668-671)를 시작하였다[31]. 이 자유분방한 정신을 지닌 인물은 황태자 시절에 물시계(漏刻器)를 발명하고 하루를 백 시간으로 나누었는가 하면, 등극한 후에는 학교를 세우고 2명의 산박사(算博士)와 20명의 산생(算生)들을 임명하여 추가적 관심을 드러냈다. 천문대도 설립되어 이 때부터 일본에 수학의 존재를 알렸다.

공식 기록에 따르면, 대학 제도가 701년 몬부(文武) 천황에 의해 설립되었으며, 산학이 인정을 받아 고등교육기관에서 취급되었다고 한다. 아홉 종의 중국 서적들이 명시되었는데, 그것들은 다음과 같다: (1)「초우페이(周髀)(수안칭)」, (2)「순츠(孫子)(수안칭)」, (3)「리우창(六章)」, (4)「산카이 충차(三開重差)」, (5)「우차오(五曹)(수안슈)」, (6)「하이타오(海島)(수안슈)」, (7)「치우즈(九司)」, (8)「치우창(九章)」, (9)「추이슈(綴術)」[32]. 분명히 당시에는 가장 유명했을 이 저작들 가운데 셋째, 넷째, 일곱째는 일실되고 말았다. 다른 것들은 알 수 있을 것 같고, 비록 토착적인 일본산은 아니더라도, 일본 수학에 대해 지대한 영향을 미쳤으므로, 이 시기와 관련지어 서술할 만한 가치가 있다. 그러므로 우리는 위에 주어진 순서에 따라 그것들을 살펴보기로 한다.

1. **「초우페이 수안칭」**: 이것은 수학에 관한 중국 저작들 가운데 가장 오래된 것 가운데 하나로서 흔히 "주나라의 대퇴골"을 뜻한다

---

31) Murray, D., *The Story of Japan*, N. Y., 1894, p. 398에 인용된 공식 기록.
32) Endo, Book I, pp. 12-13.

고 일컬어지는「초우피」로 알려져 있다[33]. 대퇴골은 그 형상으로 말미암아 삼각형의 밑변과 높이를 뜻했을 가능성이 있다. 초우(周)는 B.C. 1105년에 사망한 한 학자의 이름으로 여겨지지만, 그것은 단순히 왕조의 이름일 수도 있다. 이 학자는 간혹 주공(초우쿵, 周公)[34]으로 불리는데, 카오우 또는 샹카오(商高)[35]라는 이름의 귀족과 이 책에서 대화의 형태로 제시된 토론을 가진 것으로 일컬어지고 있다. 주제는 우리들의 소위 피타고라스의 정리이며, 피타고라스가 동 명제에 대해 아마도 최초일 듯한 증명을 제공한 때 보다 시기적으로 500년 이상 앞선다. 이 저작은 기하적 측량 및 천문학과 관련된다[36].

2. 「**순츠 수안칭**」: 이 저술은 세 책으로 이루어져 있으며, 중국에서는 보통 순츠의「수안칭」(算經)이라고 알려져 있는데, 저자는 기원후 3세기에 살았던 것 같으나, 어쩌면 그보다 훨씬 이전일 가능성도 배제할 수 없다. 동 저작은 많은 관심을 이끌어냈고, 대다수의 후대의 저자들에 의해서 참조되었으며, 그에 대한 몇몇 주석서도 등장했다. 순츠는 대수적인 양에 대해서 다루며, 부정방정식(indeterminate equations)의 예 하나를 제시한다. 이 문제는 "3으로 나누면 2가 남고, 5로 나누면 3이 남고, 7로 나누면 2가 남는 수를 발견하라"는 것

33) "피"는 다리, 넓적다리, 대퇴골을 뜻한다.

34) 초우쿵(즉, 초우의 공작)이라고 알려져 있는 치탄은 주 무왕의 동생이자 고문이었다. 그가 "주 왕조의 제도"라는 초우리(周禮)를 저술했을 수는 있으나, 그것이 그를 위하여 쓰여졌던 것이 보다 그럴 법하다. 주 왕조의 확립과 번영은 상당한 정도까지 그의 덕분이다. 이 저작이 오래된 것이라는 점에 대해서는 의심의 여지가 거의 없으나, 학자들의 비판적인 연구에 따라서는 궁극적으로 그것을 여기 제시된 관례적인 연대보다 훨씬 뒤에 놓게 될는지 모른다.

35) 또한 샹카오우라고 적기도 한다.

36) 동 대화의 번역으로는 Wylie, A., *Chinese Researches*, Shanghai, 1897, Part III, p. 163을 참조할 것.

이다[37]. 이 저작은 간혹, 그러나 적절한 이유는 없는 채, B.C. 6세기의 가장 저명한 인물 가운데 하나인 순우(孫武)의 것으로 돌려지기도 한다.

3. 「**리우창**」: 이것에 대해서는 알 수 없다. 저자가 류휘(劉徽)[38]로 되어 있고, 그가 「중차」라는 제목의 논문을 썼지만, 아마도 그것은 목록의 4번일 것이다.

4. 「**산카이 충차**」: 이것 역시 미상이지만, 아마도 263년에 발간된 류휘의 「충차키얼치왕치서」(몇 개의 표지를 관찰하여 측정하는 법)일 수 있다. 저자는 또한 「치우창」(이 목록의 8번)에 대한 주석서를 쓰기도 했다. 그것은 높이와 거리에 대한 측량과 관련되는데, 설명 없이 공식만 제시하고 있다. 1250년경 양화이(楊輝)는 「샹키아이케우창수안화(詳解九章算法)」(구장산술에 대한 해설)라는 제목의 책을 펴냈는데, 우리의 목적을 위해서 이것은 너무 후대의 것이다. 그는 또한 「샹키아이예융수안화(詳解日用算法)」(일상적으로 이용되는 산술에 대한 해설)라는 비슷한 제목의 책을 쓰기도 했다.

5. 「**우차오 수안슈**」: 이 저술의 저자와 연대는 모두 미상인데, 아마도 2세기 내지 3세기에 쓰여졌을 것이다[39]. 이것은 중국 산학의 표준 교재 가운데 하나이다.

6. 「**하이타오 수안슈**」: 이것은 4번을 재간행한 것으로서 701년 율령[40]이 공포되던 당시에도 나타난다. 제목은 "섬의 산술경전"을 뜻

37) 그의 답은 23이다. 그가 사용한 풀이법에 관해서는 Wylie의 앞의 책, p. 175를 참조할 것.

38) Wylie의 로마자 음역에 따르면 레우후이(Lew-hwuy)인데, 그는 또한 그를 B.C. 5세기경의 인물로 간주한다.

39) 그러나 Wylie의 앞의 책은 그것을 5세기경으로 언급하면서, 우차오를 저자명이라고 부당하게 진술하는 것을 볼 수 있다. 그는 그것에 수안칭(算經)이라는 통상적인 명칭을 부여한다.

하는데[41], 먼 거리에서 섬을 측량하는 것과 관련되는 첫째 문제에서 유래된 것으로 보인다.

7. 「**치우즈**」: 아마도 8번 「수안슈(수안칭)」에 대한 주석일 듯한 이 저작은 일실되었다.

8. 「**치우창**」: 「치우창수안슈」[42]는 "아홉 장에 걸친 수학적 풀이법"을 뜻한다. 이것은 중국의 가장 위대한 수학 고전이며, 전통적으로 상고시대에 이루어졌다고 전가되고 있다. 오래된 「퉁키엔캉무(通鑑綱目)」에는 B.C. 2,637년에 살았던 황티(黃帝)[43]가 그의 신하인 리쇼(隸首)[44]로 하여금 「치우창」을 이루게 했다고 서술되어 있다. 원래 저작의 본문에 대해서 우리는 확신할 수 없는데, 그 이유는 진(B.C. 220-205)대의 치황티(始皇帝)가 B.C. 213년에 제국 내 모든 서적을 불사르라는 칙령을 내렸기 때문이다. 고전들이 모두 은밀하게 보존되었을 수는 있겠고, 기억에 의해 재현될 수도 있었겠으나, 여전히 본문이 이 동방 문명파괴자의 치세기간 중에 다소간 훼손되었을 수는 있다. 우리에게 전해 내려오는 본문은 B.C. 2세기 장창(張蒼)의 것으로서 100년쯤 뒤에 칭초우창(耿壽昌)에 의해서 개정된 것이다. 이 두 저자는 모두 전한시대(B.C. 202-A.D. 24)에 살았는데, 그 시기는 시간상으로나 실제적으로 유럽의 아우구스투스 시대에 해당되는 일실된 고전을 되살리려고 무척 노력한 때이며, 둘 다 황제의 신하들이었다.

---

40) 몬부천황 5년 8월에 완성된 '대보령(大寶令)'을 가리키며, 원정(元正)천황 양로 2(718)년에 반포된 양로령(養老令)은 이것을 흡수하여 개정한 것이다.[역주]

41) 「하에타오우 수안칭」이라고도 적음.

42) 「케유창 수안슈」, 「키우창 산수」, 「키에오우창」 등으로도 부름.

43) 또는 호안티라고도 함. 필자에 따라서는 연대를 훨씬 이전으로 잡기도 한다.

44) 혹은 리쇼우.

이 고전은 일본의 수학에 매우 큰 영향을 미쳤으므로 그것을 이루는 책들이나 장들의 내용에 대한 요약이 이 글의 논지에서 벗어나지는 않을 것이다. 동 저작은 246 문제를 수록하여 다음과 같은 아홉 장으로 배열하고 있다.

(1) 팡티엔(方田), 탐사. 이것은 삼각형, 사변형(quadrilaterals), 원, 원의 절단면이나 부채꼴(sector), 그리고 환형(annulus)을 포함하는 다양한 평면 도형의 측정과 관련된다. 그것은 또한 분수에 관한 몇 가지 취급을 담고 있다.

(2) "서푸"(粟米). 이것은 주로 "3의 법칙"(rule of three)에 의해서 풀리는 상업관련 문제를 다룬다.

(3) 슈와이펜(衰分). 이것은 동업자간의 분배를 다룬 것이다.

(4) 샤오캉(小廣). 이것은 제곱근과 세제곱근의 도출에 관한 것인데, 그 과정은 오늘날의 그것과 매우 흡사하다.

(5) 샹쿵(商功). 이것은 삼각기둥, 원통, 피라미드, 원추, 원추대(frustum of a cone), 4면체(tetrahedron), 쐐기와 같은 입체들의 측정에 관한 것이다.

(6) 킨슈(均輸)는 혼합법(alligation)을 취급한다.

(7) 잉푸츠(盈不足). 이 장은 "남음과 모자람"을 다루는데, 기본적으로 예로부터 내려오는 잘못된 자리 법칙(the old rule of false position)을 따르고 있다[45].

(8) 팡쳉(方程). 이 장은 둘 또는 그 이상의 미지수가 들어가고, 정(正)적이거나 부(負)적인 항 모두가 사용된 선형방정식에 관한 것이다. 다음은 전형적인 사례의 하나다: "만약 소 5마리와 양 2

45) 중세 유럽의 허위법칙(Regula falsi) 또는 자리법칙(Regula positionis). 그 법칙은 동방에 기원을 두었던 것으로 보인다.

마리가 10냥이고, 소 2마리와 양 8마리가 8냥이면, 각각의 값은 얼마인가?". 이 장에는 음수에 대한 지금까지 알려진 최초의 언급이 포함되어 있을 가능성이 있으며, 만약 고대의 본문이 훼손되지 않았다면, 이런 종류의 수는 B.C. 2000년에서 3000년 사이에 이루어졌다고 할 수 있다.

(9) 코우쿠(句股)는 직각을 뜻하는 말이다. 이 장의 핵심적 특징은 피타고라스 정리(the Pythagorean theorem)이며, 그것은 다음과 같이 적혀 있다: "밑변과 높이를 각각 제곱하고 더하면, 합의 제곱근이 빗변이 된다." 이 장에 들어있는 24문제 가운데 하나는 $x^2+(20+14)x-2\times20\times1775=0$이라는 식을 포함하며, 2차 방정식을 풀기 위한 현대적 공식에 해당되는 풀이법이 제시되어 있다. 만약 이 문제들이 원문 그대로이고, 비록 우리로서는 전혀 확신할 수 없으나, 그 본문이 흔히 전가되는 바와 같이 고대의 것이라면, 그것들은 지금까지 알려진 가장 오래된 방정식을 포함하는 것이 된다. 고대수학간의 상호관련은 이 장에 들어있는 두 문제에서 엿보인다. 하나는 한 변이 10자인 정사각형 연못 한 가운데에 수면 위로 1자 올라온 갈대가 있는데, 연못가로 잡아끌면 수면에 닿을 때, 수심을 구하라는 문제이다. 다른 것은 4천년 동안 단골 문제 노릇을 해온 부러진 나무 문제이다. 이 두 문제 모두 초기 힌두 저작에서 발견되며, 유럽으로 중세에 유입된 것들 가운데에도 포함되어 있다.

"구장"에서 사용된 π[46] 값은, 초창기의 일반적인 경우와 마찬가지로, 3이다[47]. 주석자들이 나중에 이것을 바꿨으며, 류휘(263)

46) 중국어로는 초우레, 일어로는 옌슈우리츠(圓周率)라고 함.
47) 이 값은 첫 번째로 열거된 「초우페이」에서도 발견된다.

는 $\frac{157}{50}$ 이라는 값을 제시했는데, 3.14에 해당된다[48].

9. 「**추이슈**」: 이것은 보통 일실되어 오늘날에는 단지 이름으로만 알려져 있는 추충치(祖冲之)의 저작으로 여겨진다.

이 목록은 그것이 설립되기 이전에 등장했던 주요 중국수학 고전의 전부를 포함하며, 8세기 초 일본의 학교에 가급적 최상의 자료를 도입하려고 힘쓴 진지한 시도를 나타내는 것이다. 국가적으로 위대한 지적 융성기에 진입한 듯이 보이지만, 시간상으로 거의 일치하는 샤를르마뉴의 시대와 마찬가지로 칠흑 같은 밤에 일시적으로 나타난 횃불에 불과했다. 민중들이 그 가치를 제대로 평가할 수 없었던 때의 이러한 중국 학문의 도입은 학자들을 순수 수학 연구로 이끌기보다 오히려 점성술이나 키우는 것으로 했으며, 수학은 수수께끼 풀이라든지 점치고 천궁도로 운세를 따지는 것으로 타락하고 말았던 것이다. 일본 자체는 전쟁들과 전쟁 소문들에 내맡겨졌다. "구장"은 잊혀졌고, 산술을 실제로 익힌 사람은 천재로 여겨졌다. 사무라이 내지 지배계급은 모든 상업적 추구를 경멸했으며, 숫자를 운용하는 능력은 미천한 출신의 증거로 간주되었다. 니토베 교수는 「부시도 : 일본의 정신」이라는 제목의 매력적인 소책자에서 이 중세사회의 모습을 우리에게 전해준다.[49] 그는 "어린이들은 경제에 대한 극단적인 무시의 분위기 속에서 양육된다. 그것에 대해서 얘기하는 것은 나쁜 취향으로 간주되었으며, 여러 가지 화폐들의 가치에 대해 무지한

---

48) Mikami, Y., "On Chinese Circle-Squarers," in the *Bibliotheca Mathematica*, 1910, vol. X(3), p. 193.

49) 도쿄, 1905, 88쪽. 이 초창기에 대한 약간의 역사적 고찰이 W. H. Sharp의 탁월한 저작인「일본의 교육제도」(*The Educational System of Japan*), Bombay, 1906, 1, 10, 11쪽에 제시되어 있다.

것은 훌륭한 출신의 징표였다. 수에 대한 지식은 성직록(benefices)과 봉토(fiefs)의 분배뿐 아니라 군사력의 숙지에 있어서 필수 불가결했으나, 정작 돈을 세는 일만큼은 비천한 자들에게 맡겨졌다."고 말하고 있는 것이다. 유럽에서 기독교회의 학교에서 그랬듯이, 일본에서는 단지 불교 사찰에서만 학문의 횃불이 타고 있었다[50]. 그러나 각각의 경우에 있어서, 수학은 종교집단에 의하여 매력적으로 간주되는 학문분과가 되지 못했다. 얼마간 중시된 것들은 조야한 신학이나 목표를 잃은 논리, 그리고 빈약한 문학과 같은 것들이었지, 수학은 역법 목적을 제외하고는, 이따금씩 괴짜들이 개별적으로 가까이 한 것 말고는 사원에서 추방되었다. 일설에 의하면, 아시카가 쇼군 시대에는 일본 전역에 나눗셈에 정통한 사람을 좀처럼 찾기 어려울 정도가 되었다고 한다[51]. 나눗셈을 위해서 상인들은 쇼케이잔이라고 알려진 과정에 의존했는데, 그것은 어느 면에서는 역산에도 활용된 듯이 여겨지는 곱셈[52] 방안이었다[53]. 그럼에도 불구하고, 끊임없이 전란이 벌어졌던 이 시기에 나눗셈이 사라졌다고 하는 주장은 정확하지 못하다. 유럽의 교회력(compotus) 두루말이에 해당되면서, 문제의 시기에 속하는 역서 초본에 나눗셈의 예들이 포함되어 있으며, 유럽에서와 마찬가지로 이곳에서도 종교집단들은 언제나 역법의 기초를 터득한 자가 있었던 듯이 보인다.

---

50) 774년에 출생한, 불교 첸옌종(眞言宗)의 창시자인 박식한 코오보오 다이시(弘法大師)의 노력의 경우가 특히 그러하다. 1907년 코베에서 행한 코오보오 다이시에 대한 T. 타니모토 교수의 연설을 참조할 것.

51) Endo, Book I, p. 30.

52) 우치다 고칸, 「코콘 산콴」, 1832의 서문.

53) 이것은 18세기에 활동했던 무라이 추젠의 견해이다. 그의 1781년작 「삼포오도오시몬」, 1권에 실려 있는 산술의 기원에 대한 논문을 참조할 것.

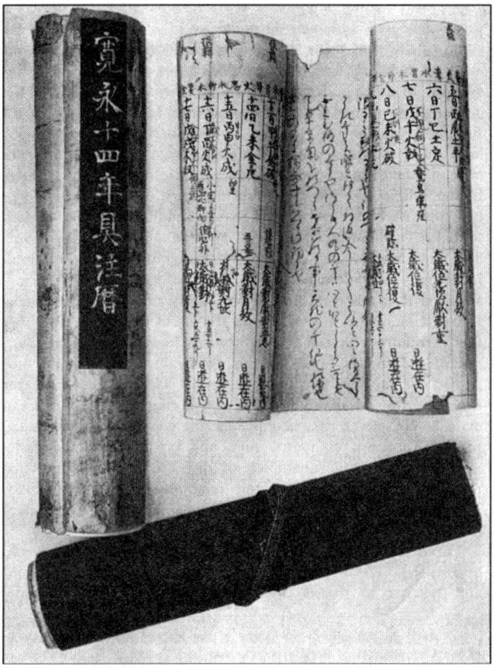

[그림 2] 일본의 역서 두루말이

이 암흑기 동안에는 세 사람의 이름이 언급할 만한 가치가 있는 것으로 대두된다. 첫째는 우다(宇多) 천황(888-898)의 궁중에서 고문과 스승을 맡았던 텐진(天人) 내지 미치자네(菅原道眞, 845-903)이다. 그는 우다의 후계자인 다이고(醍醐)에 의하여 궁궐에서 추방되어 903년에 사망하였다. 그는 박식한 인물로서 사후에는 텐진(하늘이 낳은 사람)이라는 이름으로 신성시되었으며, 과학과 문학의 후원자로 경배되었다[54].

54) 이노구치 아츠시(猪口篤志, 2000 : 160)도 스가와라노미치자네를 제사지내는 텐만구우(天滿宮)와 진자(神社)가 일본 전역에 2만개소나 이르는 정도로 달리 유례를 찾기 어렵다고 지적하고 있다.[역주]

[그림 3] 텐진의 동상

둘째는 휴우가현의 영주였던 미치노리이다. 그의 이름은 케이시잔(計子算)이라고 불리는 수학이론과 연결된다[55]. 그것은 순열과 연관된 듯 보였으며, 그 결과는 17세기에 요시다[56]와 그의 위대한 제자 세키[57]의 주목을 끌기에 충분하도록 고찰되었다. 미치노리의 저작은 호겐(保元) 시대(1156-1159)[58]에 쓰여졌다.

셋째 이름은 13세기 초 요리이예 쇼군 시절의 불교 승려이었던 겐쇼오(源性)이다. 전해 내려오는 말[59]에 의하면, 그는 계산 능력으로 유명했다는데, 우리가 아는 한, 그는 저술을 남기지 않았으며, 수학사상 지속적인 영향을 미치지는 못했다.

---

55) Endo, Book I, p. 28; 무라이 츄우젠, 「삼포오 도오시몬」.

56) 그의 1627년작 「진코오키」를 참조할 것.

57) 6장을 볼 것.

58) 헤이안 시대 말기 백하(白河) 천황의 치세를 가리킨다.[역주]

59) 이소무라 킷토쿠, 「슈쇼 케츠기쇼오」, 1684, 4권의 주석을 볼 것. 이소무라는 1710년에 사망했다.

이리하여 가치 있는 책 한 권도 남기지 못하고 수학을 한 걸음도 진전시키지 못한 채, 천년에 걸친 한 시기가 지나고 마감되었다. 유럽은 충분히 낙후되었다지만, 일본의 사정은 훨씬 열악했다. 중국이 약간의 활동을 벌이고 있었고, 인도는 보다 활발했으나, 아랍은 딱히 수학적 천재를 통해서가 아니라면 쉴 새 없는 정신을 통해서 훨씬 큰 업적을 이뤄내고 있었다. 세계의 부흥이 다가오고 있었으며, 이 르네상스는 그것이 유럽에 발생할 무렵 일본에도 일어났는데, 두 경우 모두 토착적 축적 위에 해외 학문의 접목되는 일이 수반되었던 것이다.

제 3 장 소로반(算盤)의 발달

기독교식 연대로 쳐서 대략 17세기에 해당하는 일본 수학의 셋째시기로 넘어가기 전에 섬나라 방방곡곡에서 보편화되었던 간단하나마 놀랄 만한 계산도구인 소로반의 역사에 대해서 주목할 필요가 있다. 그 다음에는 상기라고 알려진 또 다른 기계적 보조수단에 관한 장이 뒤따르게 될 것인데, 그 이유는 이 도구들이 각각 17세기부터 19세기까지 기초뿐 아니라 고급 수학에도 뚜렷한 영향을 미쳤기 때문이다[60].

고대인들의 수 체계는 실제 계산 목적에는 너무 부적합했으므로 어떤 형태의 기계적 계산이라도 언제나 필요한 상태였다. 이 사실은 편리한 필기도구가 후대의 산물로서, 예컨대, 그리스에서 B.C. 7세기 이전에는 파피루스가 알려지지 않았고, 양피지는 B.C. 5세기[61]에

60) 이러한 형태들의 주판에 관한 문헌은 방대하다. 다음은 가장 중요한 출처들 가운데 몇 가지이다: Vissière, A., "Recherches sur l'origine de l'abacque chinois," in *Bulletin de Géographie*, Paris, 1892; Knott, C. G., "The Abacus in its historic and scientific aspects," in the *Transactions of the Asiatic Society of Japan*, Yokohama, 1886, vol. 14, p. 18; Goschkewitsch, J., "Ueber das Chinesiche Rechenbrett," in the *Arbeiten der Kaiserlich Russischen Gesandschaft zu Peking*, Berlin, 1858, vol. I, p. 293 (no history); van Name, R., "On the Abacus of China and Japan," *Journal of the American Oriental Society*, 1875, vol. X, proc., p. CX; Rodet, L., "Le souan-pan des Chinois," *Bulletin de la Societé mathématique de France*, 1880, vol. VIII; de la Couperie, A. T., "The Old Numerals, the Counting-Rods, and the Swan-pan," *Numismatic Chronicle*, London, 1883, vol. III(3), p. 297; Hayashi, T., *A brief history of Japanese Mathematics*, part I, p. 18; Hübner, M., "Die charackteristischen Formen des Rechenbretts," *Zeitschrift für Lehrmittelwesen* etc., Wien, 1906, II Jahrg., p. 47 (not historical). 또한 다른 형태의 주판에 관한 문헌도 폭 넓게 존재한다.

61) 플리니(Pliny)는 B.C. 2세기라고 말한다.

발명되었으며, 종이는 상대적으로 후대의 산물[62]이어서 중국에서도 초창기에는 금속과 석재가 문자화된 지식의 일반적인 전파 도구였다는 점을 생각하면, 더욱 더 분명하게 드러난다. 고대인들의 조야한 수 체계와 편리한 필기도구의 희소성 때문에 매우 이른 시기부터 다양한 형태의 주판이 발명되었는데, 이러한 도구적 계산이 서구에서는 심지어 르네상스시대까지 그래픽한 것보다 우세했다. 동구에서는 그것이 결코 교체되지 않아 러시아에서는 오늘날에도 어디서나 초튀(tschotü)가 사용되고 있으며, 그것이 페르샤에 전달되자, 동일한 형태의 주판[63]이 모든 시장에서 상용되었다. 중국에서도 스완판이 계산목적에 보편적으로 사용되었으며, 일본에서는 소로반이 서구사상이 유입되기 이전에 강하게 자리잡았다.

일본의 소로반은 비교적 최근에 발명된 것으로서 중국 스완판에서 유래되었는데, 그것 역시 근대적인 것이다. 중국에서 사용된 초기의 방법은 주로 「코우스완키카오(古算器考)」[64]라는 제목이 붙여진 메이웬팅(梅文鼎, 1633-1721)[65]의 걸작을 통해서 우리에게 알려져 있다. 메이웬팅은 중국 최대의 수학자중의 하나로서 80편이 넘는 저작 또는 비망록의 저자이며 중국수학사에 관한 대표적인 저자중의 하나이다. 그는 우리에게 초창기 계산수단은 한 묶음의 산가지, 체오우(ch'eou)[66]였다고 증언한다. 이 산가지들의 사용에 대해서

---

62) Smith, D. E., *Rara Arithmetica*, Boston, 1909의 *Counters* 하의 색인을 볼 것.

63) 아르메니아에서는 초렙(choreb), 터키에서는 코울바(coulba)라고 알려졌다.

64) "옛 계산도구에 관한 연구"라는 뜻. 필자가 임의로 인용한 Vissière, 앞의 책, p. 7와 Wylie, A., *Notes on Chinese Literature*, p. 91을 볼 것.

65) 성은 팅키에오우(Ting-kieou)와 워우난(Wou-ngan). 그는 부분적으로 예수회 선교사들의 영향하에서 교육을 받은 강희제의 융성한 치세때 살았다.

66) 이 책에서는 그 이전에 세계의 많은 지역에서 발견되는 원시 체계인 결승(結繩)을 사용했을 가능성에 대한 논의에 들어갈 여지가 없다. "늙은 철학자," 라

우리가 갖고 있는 최초의 분명한 정보는 우리의 연대로는 80년에 해당하는 후한시대의 판쿠(班固)에 의해 편찬된 「한슈(漢書)」에 등장한다. 그에 따르면, 고대의 산사들은 비교적 긴 산가지를 사용했다고 하며[67], 한서에 대한 소우린(Sou Lin)의 주석은 우리에게 271개의 산가지가 한 세트를 이뤘다고 전한다[68]. 게다가, 5세기에 리에오우이킹(Lieou Yi-k'ing)에 의해서 쓰여진 「체초우오」(세기의 역사)에는 상아 산가지도 사용된 것으로 나타난다. 또한 스완(셈)을 나타내는 고대의 표의문자(示示)가 뚜렷이 산가지에서 유래되었으며, 현재의 표의문자의 명백한 원천이라는 것도 발견된다. 메이웬팅은 이 산가지들의 유래를 알 수 없다고 말하면서도, 고대의 경전인 「이칭(易經)」이 신비스러운 삼괘(trigram)를 통해서 매우 초기에 사용되었다는 증거를 제공한다고 믿고 있다[69]. 고대 산가지의 크기에 관해서는 하나도 남아 있지 않으므로 알 길 없으나, 초기의 요리책인 「총코우에이로우」(Chong-k'ouei-lou)가 고기를 산가지와 비슷하게 3 인치 길이로 썰라고 하고 있으므로, 그것들의 길이에 대해서 짐작할 뿐이다. 수를 나타내는 중국의 초창기 방법에 관해서는 키에우퐁(Kieou-fong)이라고도 불리는 송대의 철학자 차이첸(Ts'ai Ch'en, 1167-1230)의 서술이 존재한다. 그는 「홍판」(연대기)에서

오츠(老子)는 B.C. 6세기의 유명한 고전 「도덕경」에서 그것들에 대해 언급하면서, "인민들로 하여금 결승으로 돌아가 사용케 하라."고 말하고 있다. 1898년 시카고에서 나온 캐러스 박사(Dr. P. Carus)의 영어판 pp. 137, 272, 323을 참고할 것.

67) 원문에서는 6 단위라고 전하나, 우리로서는 당시의 단위 길이를 알 길이 없다.

68) 그 말은 한 묶음을 뜻했을 가능성이 있다.

69) 「이칭」의 성립 연대는 불확실하다. 그것은 Julius Mohl, Stuttgart, 1834-9, 2 vols.의 판본에서처럼 흔히 "고대중국의 책(*Antiquissimus Sinarum liber*)"이라고 언급된다. 그것은 그 나라의 전설적 설립자인 푸히(伏犧, B.C. 3322)에게 돌려지기도 한다. 이 주제에 관해서는 방대한 문헌이 존재한다.

수들을 다음과 같이 제시하였다:

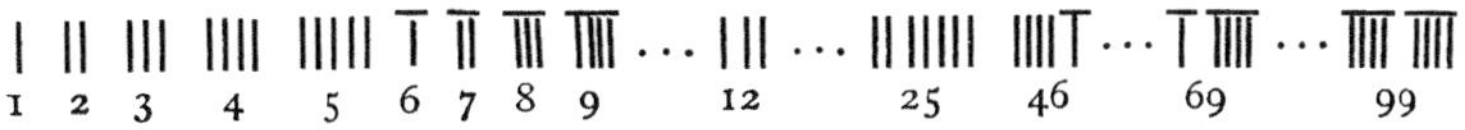

더 나아가 원대의 위대한 천문학자이자 기술자였던 코우오쉐오우킨(Kouo Sheou-kin)은 「쉐오우쉐리」(Sheou-she Li, 1281)라는 역법에 관한 저술에서 198,617을

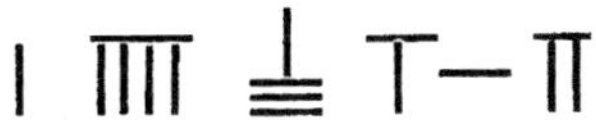

과 같이 제시했는데, 그것은 지금 우리가 서술하려는 일본 상기에 비견될 수 있을 것이다. 그러나 이런 설계는 13세기보다 훨씬 오래된 것인데, 그것은 2장에서 언급한, 3세기 순츠의 저술 「순츠수안칭(孫子算經)」에 한 자리 수는 수직, 십 자리 수는 수평, 백 자리 수는 수직, 천 자리 수는 수평 등으로 하고, 6을 나타낼 때에는 산가지 1개로 5를 충분히 나타낼 수 있으니 6개를 쓰지 말라고 적혀 있기 때문이다. 이 규칙은 아마도 6세기에 나왔을 중국수학의 또 하나의 고전인 「히아헤오우양수안칭(夏侯陽算經)」에 거의 축자적으로 반복되어 있다. 따라서 산가지들은 매우 오래된 것이고, 중국에서는 수를 나타내는 통상적인 수단으로 쓰였는데, 일본에서도 비교적 최근까지 사용되었다는 것은 다음에서 살펴보게 될 것이다.

산가지를 운용하는 방법에 관해서 양호우에이(楊輝)가 1275년 내지 1276년에 쓴 「시우코우차이키스완파(續古摘奇算法)」는 다음과 같은 곱셈의 예를 제시하고 있다.

𝍪 𝍣 𝍯	=	곱수	=	247
𝍯 𝍢 𝍮	=	곱하임수	=	736
𝍠 𝍰 𝍠 𝍯 𝍨 𝍪	=	몫	=	181792

산가지는 중국에서 한국으로 전해졌으며, 그곳 사람들은 오늘날까지도 그것을 사용한다. 이 산가지들은 흔히 대나무로 만들어지며, 정사각 프리즘처럼 절단되어 한 세트에 약 150개 가량 들어간다. 그것들은 대나무 통에 넣어 보관되는데, 어떤 것들은 뼈로 만들어져서 [그림 4]에 예시된 것처럼 보자기에 넣어 보관되기도 한다. 한국인들은 숫자를 왼쪽에서 오른쪽으로 표시하며, 산가지를 다음과 같이 늘어놓는다[70].

I	II	III	IIII	X	XI	XII	XIII	XIIII	—	T
1	2	3	4	5	6	7	8	9	10	11

70) 이 정보는 한국출신 지식인인 도쿄 Methodist Publishing House의 Mr. C. Cho 덕분이다. 한국 산학 전반에 관해서는 Lowell, P., *The Land of the Morning Calm*, Boston, 1886, p. 250을 볼 것. 그 나라에서 가장 유명한 수학 경전의 하나는 호가 키엔코앙(謙光)이었던 양호에이에 의해서 1275년에 저술된「송양호에이소안파(宋楊輝算法)」이다. M. Courant, *Bibliographie Coréenne*, Paris, 1896, vol. III, p. 1을 참조할 것.

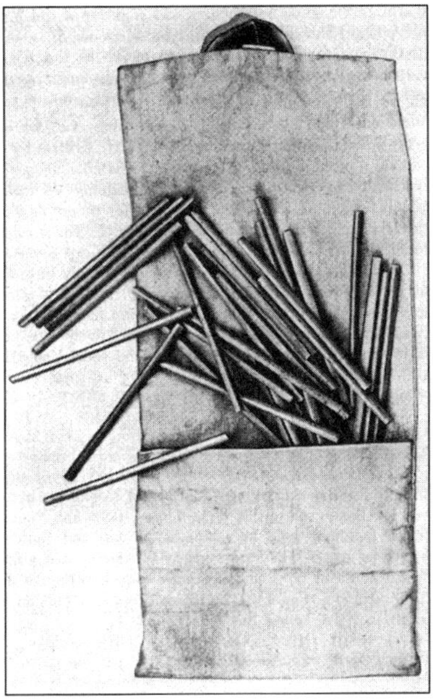

[그림 4] 한국의 산가지

일본에 산가지가 도입된 시점은 알려져 있지 않으나, 아무튼 스이코천황(A.D. 593-628) 시대[71]에는 치쿠사쿠(댓가지)들이 사용되었다. 이것들은 지름이 약 2mm이고 길이가 12cm인 가늘고 둥근 가지들이었으나, 이내 둘둘 말아야 할 필요성 때문에 두께가 약 7mm이고 길이가 5cm인 정사각 프리즘 형태의 상기 조각으로 대체되었다([그림 5]). 이런 전환이 언제 일어났는지 알 수 없지만, 둘의 사용법이 일치하기 때문에 아마 그럴 필요는 없을 것이다[72].

71) Hayashi, T., "A brief history of the Japanese Mathematics," in the *Nieuw Archief voor Wiskunde*, tweede Reeks, zesde en sevende Deel, part I, p. 18.

72) 사실상 한쪽에서 다른 쪽으로 갑자기 변화했는지, 또는 명칭들이 서로 다른 두 형태를 가리키는지 분명치가 않다. 옛 중국 이름들은 체우(일본어의 상기)와

[그림 5] 19세기 상기 내지 산가지의 예

상기로 수를 표시하는 방법은 중국에서 오랫동안 사용되어 온 것으로 이미 서술한 것과 동일하다. 단위, 백, 만 등의 홀수 자리들은 다음과 같이 표시된다.

십, 천, 십만 등의 짝수 자리들은 다음과 같이 표시된다.

이 수들은 우리들의 서양장기판을 닮은, 스완판(算盤, swan-p'an) — 비록 이 이름을 달고 있는 중국 주판과는 같지 않지만 — 이라고 불리는 일련의 정사각형 속에 배열된다. 사토오 시게하루(佐藤茂春)의 「텐겐 시난(天元指南)」(1698)에서 따온 다음 예시는 그것의 일반적인 형태를 보여준다.

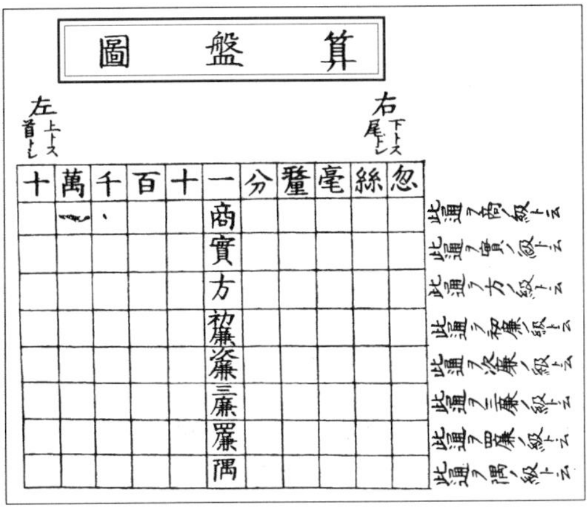

[그림 6] 사토오 시게하루(佐藤茂春)의 「텐겐시난(天元指南)」(1698)에 나타난 일반적 형태의 상기판

예컨대, 38,057은 다음과 같이 표시된다.

격자판의 도움 없이 상기만으로 표시된 1,267은 [그림 7]에 제시되어 있다.

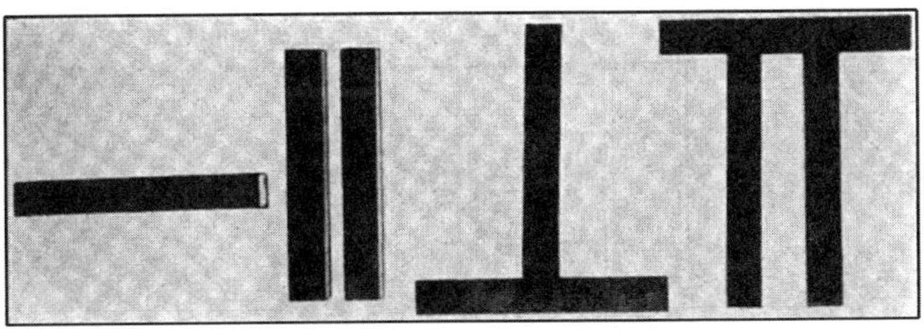

[그림 7] 상기로 표시된 1267

격자판 위에 상기로 수를 표시하는 것으로부터 종이에 줄을 긋고 원을 써서 빈칸을 나타내는 훨씬 후대의 방법이 발생하였다. 이것은 중국에 0이 도달하여 일본에 전해진 이후에나 발생할 수 있는 일이지만, 그 시점은 단지 추정의 대상일 뿐이다. 이 방법을 쓰면, 38,057을 위에 제시된 바와 같이 표시하는 대신에 다음과 같이 표시하게 된다.

산가지를 놓을 때, 빨간 것은 양수, 검은 것은 음수를 나타낸다. 그러나 숫자 위에 그은 사선은 뺄셈을 가리킨다. 그러므로 은 -3, 은 -6을 의미한다.

기본 연산에 상기를 사용하는 법은 나뉨수(지츠, 實) 276과 나눗수(호오, 法) 12가 주어졌을 때, 몫(쇼오, 商)을 구해야 되는 다음의 예에 의해서 예시될 수 있을 것이다[73].

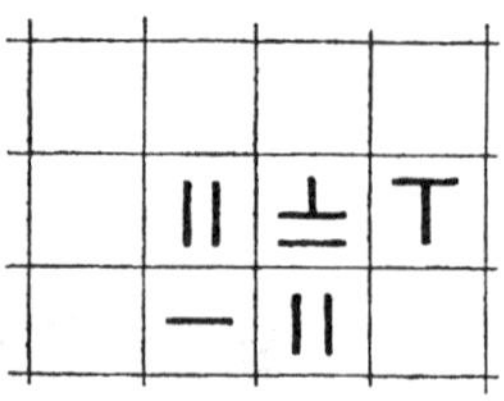

먼저, 다음 사실이 가리키는 바와 같이, 나뉨수를 음수로 간주하면,

73) 이 예들은 Hayashi, *History*로부터 인용한 것이다.

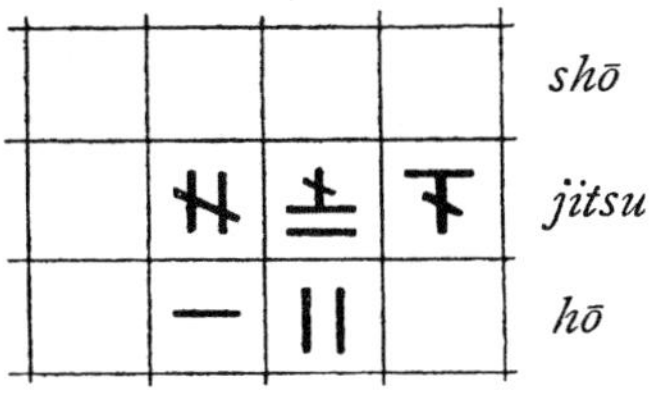

몫의 첫 번째 숫자는 분명히 2이다.

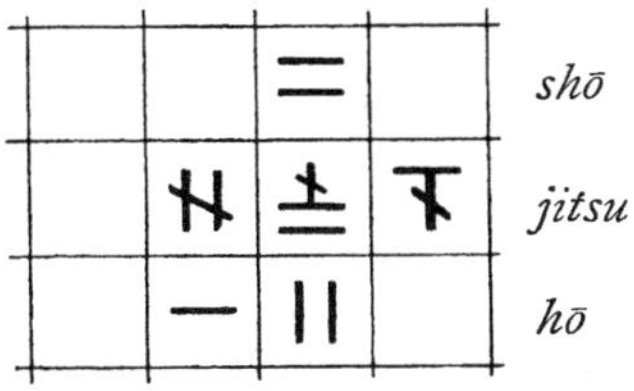

나눗수를 20으로 곱하고, 곱 240을 나뉨수 옆에 놓으면, 다음과 같이 되는데

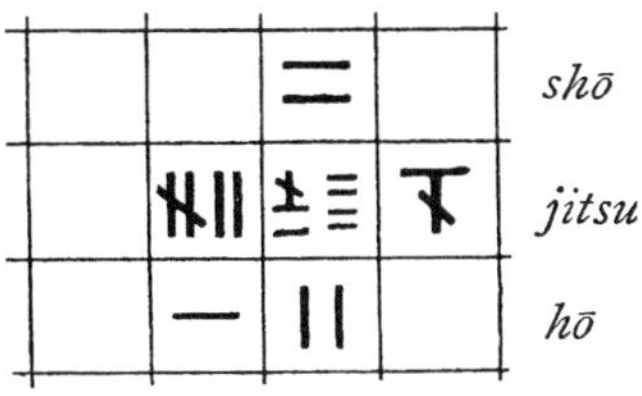

그것을 나뉨수의 숫자와 결합시키면,

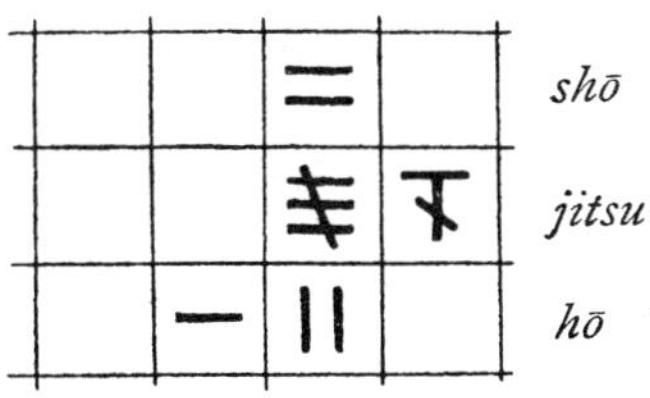

이 된다. 이제 나눗수를 마치 조판상자법(the galley method)에 의한 초기 유럽식 계산에서 그랬듯이 한자리 올리면, 몫의 다음 숫자는 분명히 3이 되어 다음과 같이 나타난다.

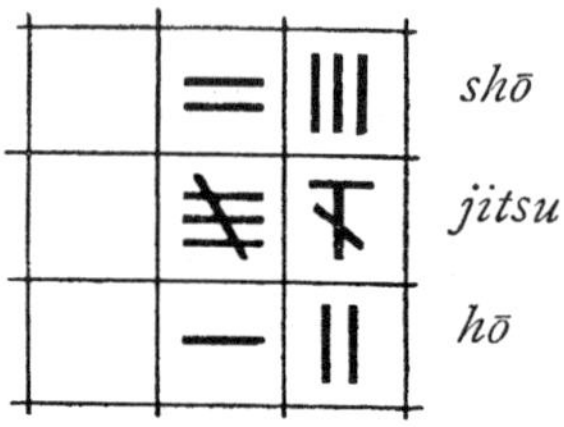

나눗수를 3으로 곱하고, 곱 36을 또 다시 나뉨수 옆에 놓으면,

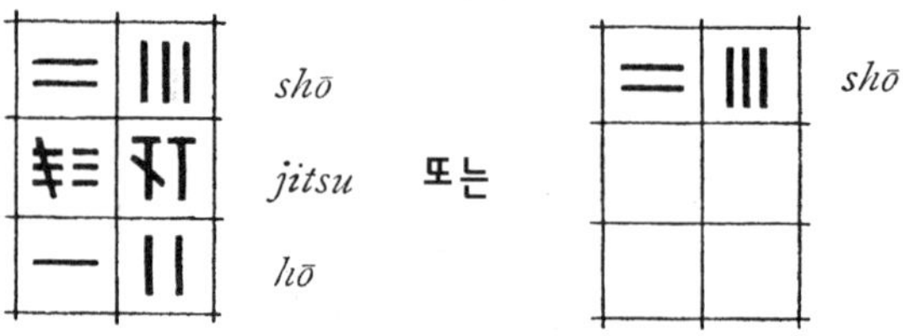

이 되는데, 그 결과는 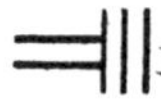과 같이 적을 수 있다.

상기를 실제 사용할 때의 모습을 좀 더 선명하게 나타내기 위하여 니시와키 리츄우(西脇利忠)의 「삼포오 텐겐로쿠(算法天元錄)」(1714)의 한 페이지를 [그림 8]에 그리고 미야케 켄류우(三宅賢隆)의 「쇼오쥬츠산가쿠즈에(正術算學圖解)」(1795)에 나오는 삽화를 [그림 9]에 다시 수록한다.

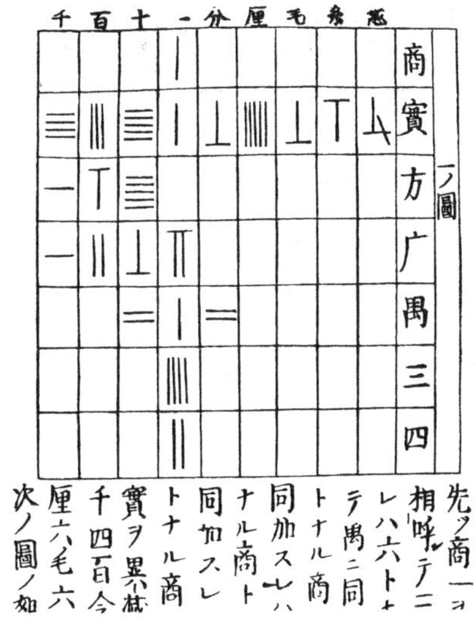

[그림 8] 니시와키 리츄우(西脇利忠)의 「삼포오 텐겐로쿠(算法天元錄)」(1714)에 보이는 상기 판

[그림 9] 미야케 켄류우(三宅賢隆, 1795)에 등장하는 삽화

후일의 상기 계산에서는 짝수 위치를 홀수 위치와 구별하여 배열하는 관습이 변화되어서 38,057을 35쪽에 제시된 옛날 방식[74]으로 나타내는 대신에 다음과 같이 표시하였다.

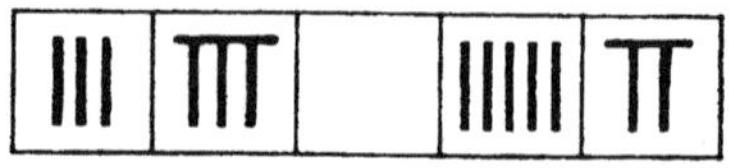

그러나 이것은 오로지 격자 위에서만 이루어졌을 뿐, 쓰는 방식은 여전히 35쪽에 제시된 것이 유지되었다.

다음으로는 중국에서 체오우(ch'eou) 내지 산가지 계산으로부터 현재 형태의 주판으로 옮아간 전환에 대하여 주목할 필요가 있다. 이미 이름을 언급한 메이웬팅은 주판의 정확한 도입 시기를 확정지을 수 없다는 점에 대해 유감스러워 했다. 그러면서도 그는 "만일 나더러 모르는 상태에서 추측을 해보라고 하면, 명 왕조의 성립과 더불어라고 할 것"이라고 덧붙이고 있다. 이것은 명 최초의 황제인 타이초우(太祖, T'ai-tsou)가 달력을 개정한 1384년 무렵이다. 아무튼 메이웬팅은 1281년의 역법 개정에서는 산가지가 사용되었지만, 1384년의 개정에서는 주판이 사용되었다고 결론 짓는다. 그러나 주판이 중국에서 12세기에 알려졌다고는 하지만, 14세기가 되어서야 흔히 사용하게 되었다는 증거가 있다[75]. 스완판을 운용할 때 사용되는 나눗셈표가 13세기 후반인 송 말에 활약한 양휘의 저작에 제시되었으므로, 스완판이 그 무렵에 알려졌다고 믿는 우리의 근거가 된다. 게다가 이 도구를 가리키는 듯이 보이는 「초우판치」(Chou-pan Chi)나 「판초우치」(Pan-chou Chi)와 같은 책제목들이 송대의 역사기록에 수록되어 있다. 또한, 비록 소수에게만 알려진 지역적 계획에 불과하기는 했으나, 그보다 훨씬 이전의 저작이 "구슬에 의한

74) 순츠의 배열법이라는 뜻의 "손시렙푸호오"로 불림.

75) Vissière, 앞의 책; Mikami, Y., "A Remark on the Chinese Mathematics in Cantor's Geschichte der Mathematik," *Archiv der Mathematik und Physik*, vol. XV(3), Heft 1.

계산"을 언급했다는 점도 인정되지 않으면 안 된다. 로마의 주판이 중국에서 매우 일찍부터 알려졌으리라는 것은, 카에사르들의 시대의 중국과 이탈리아 사이의 관계에 비춰볼 때, 가능할 뿐 아니라 상당히 확실하다고 여겨진다[76].

중국 주판은 보통 스완판(算盤)[77]으로 알려져 있다. 중국 남부에서는 그것이 수판(soo-pan)[78]이라고도 알려져 있으며, 화교 환전상들이 그것을 사용하고 있는 캘커타에서는 스윈본(swinbon)이라고 와전되었다. 문학적인 이름으로는 초우판(珠盤, chou-p'an)("구슬판" 내지 "진주판")으로 불린다. 도해에서 볼 수 있듯이, 알이 막대 아래에 5개가 있고, 위에 2개가 있는데, 나중 것의 하나는 5를 가리킨다. 도해(<그림 10>)에서 알들은 27,091을 나타내도록 놓여진 것이다. 그 알들은 진주를 가리키는 초우(珠, chou) 또는 아들, 아이, 종자를 가리키는 체(tse)로 불리며, 흔히 스완판 초우체(chou-tse)라고 지칭된다. 가름대는 레앙(梁, leang) 또는 치레앙(脊梁, tsi-leang)이다. 세로 가지는 웨이(wei), 싱(線, sing), 또는 탕(段, tang)이다. 왼쪽 치엔(前, ts'ien), 오른쪽은 헤오우(後, heou)라고 불린다. 이것이 1300년경 고대의 산가지를 대체한 도구인데, 어쩌면 그것은 매우 가깝게 닮은 고대 로마의 주판으로부터 암시를 받았거나, 중앙아시아의 도구 형태로부터 암시를 받았거나, 아니면 중국인들 자신의 발명일 수 있다. 그런데 로마 것과 비슷한 점과 서양과의 알려진 교류 모두는 이 가설들 중 첫 번째를 지지한다.

---

76) Smith and Karpinski, 앞의 책, p. 79를 볼 것.
77) 산반(算盤)의 중국음이며, 소로반과 더불어 모두 주판을 가리킨다.[역주]
78) Bowring, J., *The Decimal System*, London, 1854, p. 193.

[그림 10] 27,091을 가리키는 중국 스완판

일본인들은, 상기를 중국으로부터, 아마도 한국을 경유하여, 받아들인 것처럼, 주판도 마찬가지 경로를 통해 받아들였다. 그들은 그 도구를 소로반이라고 불렀는데, 그 이름은 중국어의 스완판[79]과 나란히 배열된 판을 뜻하는 소로이반(soroiban)이라는 단어에서 나온 다른 것들[80]이 와전된 것으로 여겨진다.

소로반은 도해에서 알 수 있듯이 스완판을 개량한 것이다. 그것은 5를 나타내는 알을 둘 대신 하나만 갖고 있으며, 종래의 구슬 대신 예리하게 각이 진 단추형태로 대체되어 손가락이 미끄러지지 않게 하였다. 도해([그림 11])에는 90,278이 소로반의 중앙에 표시되어 있다.

[그림 11] 90278을 가리키는 소로반

79) Knott, 앞의 책, p. 45.
80) 오야마다, 「마츠노야 힉키」.

소로반의 발명 혹은 스완판의 수입과 개량은 보통 16세기 말의 일로 여겨지지만, 우리는 이것이 너무 늦게 잡은 것임을 밝히게 될 것이다. 1879(明治 12)년에 간행된 후쿠다 리켄(福田理軒, 1815-1889)의 「삼포오 타마테바코(算法玉手箱)」에는 16세기의 학자인 모오리 캄베이 시게요시(毛利[勘兵衛]重能)의 중국 기행에 관한 설명이 실려 있다. 모오리는 소시 적에 이케다 테루마사 영주를 섬긴 적이 있고, 그 후에는 타이코오라고 더 잘 알려진 위대한 영웅 토요토미 히데요시의 가신이 되었는데, 그의 주군은 아시카가 쇼군[81] 말기의 난세에 무력으로 평화를 이룩하여 전국을 제패한 인물이다. 그 일화는 자신의 조정을 학문의 전당으로 만들려고 한 타이코오가 그 당시 일본에는 총체적으로 결핍되어 있었던 수학 지식을 획득하기 위하여 모오리를 중국에 보냈다는 것이다. 그러나 모오리는 지위가 낮았으며, 주군을 위한 그의 요구가 너무나도 경멸스럽게 취급된 나머지 낙향하여 뜻을 펴보지 못했다. 그의 노력과 수치를 타이코오와 관련지어서 후자는 그에게 데와노 카미 또는 데와 영주라는 작위를 하사하였다. 모오리는 또 다시 중국으로 출발하게 되었으나, 실망을 안고 돌아올 수밖에 없었는데, 그 이유는 중국 땅에 발을 내려놓으려고 할 바로 그 순간에 타이코오가 조선을 침략하기 시작했기 때문이었다. 중국은 즉각적으로 실질적으로 가신국가였던 나라의 방어에 참여하게 되었으며, 전쟁이 격화되자 일본인으로서 그 국경 내에 산다는 것은 점점 위태롭게 되었다. 모오리는 자신이 바라던 우호적인 대접을 받지 못했고, 얼마 되지 않아 고국으로 돌아왔다. 비록 외국에 얼마 동안 체류하기는 했으나, 그는 그의 목표 전부를 달

81) 이것은 1603년에서 1868년까지 지속된 토쿠가와 쇼군의 바로 직전 시기이다.

성하지 못했다. 그럼에도 불구하고, 그는 중국수학과 또한 후일 현재의 소로반으로 발전된 스완판에 관해서 상당한 지식을 갖추어 귀환했다. 만약 그 얘기가 사실이라면, 모오리는 중국에 수년간 체재했어야만 하는데, 타이코오가 1592년에 침략을 시작했고 1598년에 사망했기 때문에 그가 귀환했을 때 타이코오는 이미 사망했을 것이다. 모오리는 타이코오가 건축하여 살았으며, 위대한 군인의 아들이자 후계자로부터 환대를 받았던 오오사카성을 수리했다. 거기서 그는 1615년 그 도시가 점령당하고, 성이 일본 최대의 영웅이자 토쿠가와 막부의 설립자인 토쿠가와 이에야스에 의해 함락될 때까지 살면서 저술을 했다. 닛코오(日光)에 있는 토쿠가와의 묘소는 그 명소를 찾는 모든 관광객들의 메카이다. 18세기초까지 생존했던 아라키[82]로부터 우리는 모오리가 그 후 쿄오토에서 소로반 산술을 가르쳤다고 전해 듣고 있다.

모오리의 중국 방문과 소로반의 도입에 관한 이 일화는 비록 최근의 것이지만, 일본에서는 최상의 몇몇 저자들에 의해서 받아들여졌다[83]. 그럼에도 불구하고, 그의 여행에 관해서는 많은 불확실성이 존재하며[84], 그가 일본에 소로반을 도입했다는 데 대해서는 더욱 더 그렇다. 이미 언급한 바와 같이, 1879년 이 얘기를 최초로 출판한 후

---

82) 출처는 "아라키 손예이(1640-1718)의 이야기"라는 뜻의 「아라키 손예이 차단」.

83) Endo, Book I, p. 45-46, 54-56; Hayashi, *History*, p. 30와 「혼쵸오 스우가쿠코오엔슈우(일본수학강의)」, 1908, pp. 8-10에 실린 세키 코오와에 관한 그의 개략적 전기.

84) 이를테면, 웨스트팔(Alfred Westphal)은 모오리가 방문한 곳이 중국이 아니라 한국이라고 주장한다. *Mitheilungen der deutschen Gesellschaft für Natur- und Völkerkunde Ostasians in Tokyo*, IX, Heft, 1876에 실린 그의 "Beitrag zur Geschichte der Mathematik"을 참조할 것. 중국 여행은 일본수학자들의 전기를 매우 주의 깊게 연구해 온 C. 카와키타에 의해서 허구로 간주되고 있다.

쿠다 리켄은 자신의 정보에 대해 출처를 제시하지 않았다. 그는 그 정보를 주로 그의 친구인 C. 카와키타로부터 얻었는데, 후자는 여러 필자들에게 모오리의 최초 중국여행 일화를 시작한 것은 우치다 고칸이며, 그가 한번은 에도의 유시마(湯島) 도서관 소장의 저술의 관련 부분을 낭독했다고 얘기했다는 것이다. 유감스럽게도 쇼군 시대가 붕괴되고 근대 천황제가 성립될 무렵 그 도서관의 책들은 흩어지고 말았고, 문제의 원고는 회복 불가능하게 일실된 듯하다. 우치다가 그것을 보았다는 것을 우리는 카와키타 씨와 그가 상황을 얘기해 준 N. 오카모토 씨로부터 개인적으로 전해들은 바 있다. 그럼에도 불구하고, 이 모든 것들은 역사적 증거로서 실질적으로 쓸모없는 것들이다. 우치다는 박식한 인물이었으나, 그의 평판이 비판을 면하지는 못했다. 그 저술이 사라진 때까지 그는 그 일화를 얘기하지 않았고, 아무도 시대, 인물, 문서의 신빙성에 대해서 모르는 상태이다. 게다가 보다 오래된 저자들은 모오리의 생애로부터 한 세기 뒤에 쓰여져서 그의 생애에 대한 스케치와 초창기 화산에 관한 짤막한 서술을 제공한 「아라키 손에이 차단(荒木[村英]先生茶談)」이 증언하는 바와 같은 이 중국여행에 대해서 언급하지 않고 있다. 또한 그로부터 거의 한 세기 뒤에 쓰여진 무라이 츄우젠(村井中漸)의 「삼포오 도오시몬(算法童子問)」[85]에도 그 문제에 관해서는 전혀 언급이 없다. 사실상 우치다가 그 일화를 소개하기 시작해서야 비로소 우리는 그 얘기를 듣게 된 것이다[86].

---

85) 1781년에 간행된 1권 가운데 들어 있는 수학의 기원에 관한 장.

86) 그것을 전하는 것으로 우리가 발견한 가장 오래된 문헌은 시라이시의 「스우카 짐메이시」이지만, 저자가 우치다와 동시대인이므로 어쩌면 후자의 얘기를 그대로 옮겼을 가능성이 있다.

그러나 모오리가 중국에 갔건 가지 않았건 간에 그는 수학을 위해서 많은 일을 했으며, 소로반 운용의 대가였다. 그는 또한 쳉타이웨이(程大位)[87]에 의해서 쓰여져서 1593년에 간행된 스완판에 관한 중국의 유명한 저술[88]을 갖고 있었는데, 그 책은 모오리 사후에도 오랫동안 일본수학에 큰 영향을 미쳤다. 모오리 자신은 두 권으로 된 「키조 란조오(歸除濫觴)」[89]라는 제목의 산술서를 펴냈으며, 1628년에는 수학에 관한 저술을 남겼다고 한다[90]. 그러나 둘 다 일실되었으며, 그 어느 것의 내용에 관해서도 우리는 알지 못한다. 모오리는 오오사카 함락 이후 쿄오토에서 산술을 가르치며 생계를 유지한 것으로 보이는데, 그곳에 수백 명의 학생들이 그에게 수학하고, 스스로를 "세계 최초의 나눗셈 선생"이라고 내세운 사람과 공부하려고 몰려들었다. 그는 말년을 오늘날의 도쿄인 에도(江戶)에서 보낸 것으로 전해진다. 그의 제자 가운데 요시다 코오유우(吉田光由), 이마무라 치쇼오(今村知商), 타카하라 킷슈(高原[庄左衛門]吉種) 세 명[91]은 동시대인들 사이에서 "세 수학자들"[92]로 알려졌으며, 우리가 일본 수학의 셋째 시기라고 나타낸 때에 과학연구를 활성화시키는데 큰 기여를 했으므로, 그들에 대해서는 추후의 장에서 길게 논의하게 될 것이다.

일본에 스완판을 처음 도입한 것이 모오리가 아니라고 믿을 만한

87) 엔도오, Book I, p. 45에는 '주즈푸'로 잘못되어 있다.

88) 「수안파퉁총(算法統宗)」.

89) 소로반으로 나눗셈을 하는 "키조호오"법은 뒤에서 서술될 것이다. 무라이, 「삼포오 도오시몬」, 1781, 1권; Endo, Book I, p. 45를 참조할 것.

90) 이 사실은 「산와 즈이히츠」라는 제목이 붙은 필자미상의 문헌에 기록되어 있는데, 그것은 모오리 자신이 서명하고 인장을 찍은 원본이 19세기초에 쿠보데라라는 이름의 수학자의 소유였다고 전한다.

91) Endo, Book I, p. 55와 「아라키 손예이 차단」을 볼 것.

92) 또한 "세 명의 존경스러운 학자들"이라는 뜻의 "산시"로도 알려졌다.

데에는 여러 가지 이유들이 있다. 우선, 그와 같이 간단한 상인계급의 도구들은 학자의 노력보다 장사의 필요에 의해서 전파되는 것이 보통이다. 서양에서 힌두-아라비아 숫자가 그러했으며[93], 동양에서 스완판도 아마 그랬을 것이다. 전하는 바에 의하면, 이세 현의 야마다 주민이었던, 또 다른 모오리[94]인 모오리 미사부로오가 스완판을 분안 시대, 즉, 1444-1449년 사이에 소유했다고 한다. 이 도구는 여전히 보존되어 지금은 키타바타케 가에 소장되어 있다[95]. 또한 타이코오 시대에 위대한 장군이자 정치가였던 호소카와 유우사이도 작은 상아 스완판을 소유했다고 하는데, 물론 그것은 그의 동시대인이었던 모오리 캄베이로부터 유래되었을 것이다. 그러나 아시카가 쇼군 시대에 번창했던 중국과 일본 사이의 교역으로 미루어 볼 때, 14세기에서 16세기말까지는 스완판이 일본 상인들 사이에서 비록 널리 사용되지는 않았을지라도 그들에게 알려져 있었다고 믿는 것이 타당하다. 다른 한편으로 모오리 캄베이는 그것의 운용술에 대한 최초의 위대한 교사로서 그것이 전반적으로 채택되는데 큰 역할을 했다. 따라서 우리는 1600년경을 소로반이 사용된 시초로, 그리고 1600년에서 1700년까지의 한 세기를 그것이 산가지를 대체한 시기로 잡을 수 있을 것이다.

이런 맥락에서 소로반과 그것을 운용하는 법에 대한 — 특히 서구 독자들이 필요로 하는 것을 감안해서 — 간단한 서술을 제시하는 것이 적절하다. 이미 언급한 바와 같이, 가름대 위쪽 알의 값은 5, 아래쪽 알 한 개의 값은 1이다. [그림 12]에서 오른쪽 막대는 한 자리,

93) Smith and Karpinski, 앞의 책, p. 114를 볼 것.

94) 아무튼 모오리는 아니다.

95) 이것은 도쿄에서 얼마 전에 전시되었다. 이 정보는 N. 오카모토씨로부터 얻은 것이다.

그 다음 막대는 10 단위 등을 가리키는데 쓰인다. 그림에서 이 막대들은 알들을 배열하여 한 자리는 1, 10 단위는 2, 100 단위는 3 하는 식으로 숫자가 매겨져 있다. 따라서 제시된 수는 987,654,321이다[96].

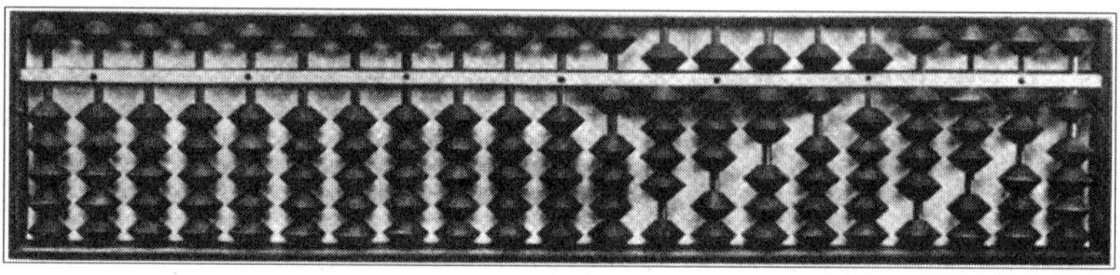

[그림 12] 987,654,321를 가리키는 소로반

두 숫자를 더하려면, 첫째 숫자를 예시된 것처럼 늘어놓은 다음, 그 위에 둘째 숫자를 덧붙이기만 하면 된다. 그리하여 2에다 2를 더할 때, 두 알을 막대 위로 올리고, 그 다음에 또 두 개를 올리니 4가 된다. 2와 3을 더할 때는 두 알을 막대 위로 올리고, 그 다음에 세 개를 올리게 되는데, 이것이 5가 되기 때문에 우리는 알 다섯 개를 내려놓는 대신 가름대 위쪽의 알 하나를 내린다. 4와 3을 더할 때는 네 알을 올리고, 그 다음에 3을 더하는데, 하나를 먼저 더하여 5를 대신하느라 가름대 위쪽의 알 하나를 내린 다음, 2를 더하므로, 5를 나타내는 알과 1 단위 짜리 알 2개가 남는다. 7과 6을 더할 때는 5를 나타내는 알과 1 단위 짜리 알 2개로 7을 표시하고, 그 다음에 알 3개를 더하면, 10이 되니 1 단위 막대를 정돈하는 동시에 10 단위의 알 하나를 올려서 그것을 나타낸 다음, 3을 덧붙이면, 10 단위 알 1개와 1 단위 짜리 3개가 된다. 어떤 숫자라도 재빨리 늘어놓아 그 이전 합계에 더하면 되

96) 이 도구에 관한 영어로 된 가장 좋은 설명은 Knott, 앞의 책, p. 45에 제시된 것이다.

므로 숙달된 사람의 손놀림으로는 매우 빨리 이루어지게 된다는 것을 알 수 있다. 뺄셈도 분명히 마찬가지로 용이하게 이루어진다.

소로반에서 쉽사리 곱셈을 하기 위해서는 구구단을 암기하는 것이 필요하다. 이 표에서 일본인들은 서양 사람들에 비하여 (1) 그들이 "곱하기"(times) 또는 "와 같다"(equals)는 말을 쓰지 않으므로, 그것을 쓸 때마다 시간과 정력에서 크게 절약되며, (2) 그들이 곱을 한 방향으로만 암기하기 때문에 6 7이라고 하지 7 6이라고 하지 않는다는 두 가지 점에서 크게 유리하다. 그리하여 6에 대한 그들의 표는 다음과 같이 나타난다[97].

일본식으로 부르기			서양식 숫자 표기		
이치	로쿠	로쿠[98]	1	6	6
니	로쿠	쥬우니	2	6	12
산	로쿠[99]	쥬우하치	3	6	18
시	로쿠	니쥬우시	4	6	24
고	로쿠	산쥬우	5	6	30
로쿠	로쿠	산쥬우로쿠	6	6	36
로쿠	시치	시쥬우니	6	7	42
로쿠	하치[100]	시쥬우하치	6	8	48
로쿠	쿠[101]	고쥬우시	6	9	54

97) Knott, 앞의 책, p. 50.
98) 이것은 보통 "인 로쿠 가 로쿠"라고 읽히는데, "이치"가 "인"으로 훼손되고, 활음조(euphony)를 위해 "가"가 들어간 것이다.
99) "사부 로쿠"로 훼손됨.
100) 이 경우에는 "하치"가 활음조 때문에 "하"로 축약된다.
101) 여기서 "로쿠 쿠"는 "록쿠"로 줄일 수 있다.

이 표는 우리에게 14-16세기에 이탈리아 상인들에 의해서 일상적으로 쓰였으며, 아마도 상가에서 매우 보편적으로 통용되었을 표를 상기시킨다.

역사적인 관심을 목적으로 우리는 곱셈 과정을 예시하기 위하여 요시다가 1627년에 펴낸 「진코오키」에 등장하며, 5장에서 좀더 충분히 설명될 예를 들려고 한다. 625를 16과 곱하기 위하여 소로반에서는 곱수가 곱하임수 왼쪽에 놓이는데, 이는 1593년의 「수안파통총(算法統宗)」에 제시된 중국식 절차와 완전히 배치되는 설계이다. 그것은 모오리나 요시다에 의해서 이뤄진 개선의 하나를 나타내며, 일본에서는 언제나 추종되어 왔다.

[그림 13] 16과 625

먼저 5×6 = 30이라는 부분적인 곱셈을 하여 30을 625의 오른쪽에 놓으면[102], 소로반은 다음과 같이 읽혀진다.

[그림 14] 16과 62,530

102) 일반적으로, 이런 곱셈의 단위 수는 곱수의 숫자들이 있는 만큼 오른쪽의 열에 놓는다.

이번에는 5×1＝5를 취하고 그 5를 3에 더하여 합을 80이 되게 한다. 625의 5가 이제 16으로 곱해졌으므로, 소거하면, 값은 다음과 같이 된다: 16 62,080.

[그림 15] 16과 62,080

그 다음 단계는 2를 16으로 곱하는 것이며, 이것은 5를 곱할 때와 마찬가지로 이루어진다. 소로반에서 작업이 이뤄지는 숫자로 표시하면, 다음과 같다:

	16 62,080
2×6＝	12
2×1＝	2
2를 빼면	16 60,400

62,080에서 2를 소거한 것은 16으로 곱한 것에 의해 영향을 받았기 때문이다.

[그림 16] 16과 62,400

다음 단계는 6을 16으로 곱하는 것이며, 소로반에 나타나는 작업은 다음과 같다:

	16 60,400
6×6 =	36
1×6 =	6
	16 10,000

따라서 결과는 10,000이다.

[그림 17] 16과 10,000

나눗셈의 절차는 훨씬 더 복잡하여, 기술적으로 쿠키호오(九歸法) 또는 "9로 돌아가는 방법"(Nine Returning Method)으로 알려진 표를 완전히 암기해야만 되었다. 여기서는 2, 6, 7에 대해서만 제시하기로 한다[103].

니 이치 텐 사쿠 노 고	2 1 5로 바꾸고(1을 2로 나누면 5로 바꾸고)
니친 인 쥬우[104]	2 2하면 10이 되고(2를 2로 나누면 10)
니 시 신 가 니 쥬우	2 4하면 20이 되고(4를 2로 나누면 20)

103) Knott, 앞의 책을 미카미씨가 교정한 것임.
104) 이것과 몇몇 다른 것들은 통상적인 축약형으로 표시되었다.

니 로쿠 신 가 산 쥬우　　2 6하면 30이 되고(6을 2로 나누면 30)
니 하치 신 가 니 쥬우　　2 8하면 40이 된다(8을 2로 나누면 40)

■ 6에 대한 표

로쿠 이치 칵카 노 시　　6 1 14(1을 6으로 나누면 14)
로쿠 니 산 쥬우 노 니　　6 2 32(2를 6으로 나누면 32)
로쿠 산 텐 사쿠 노 고　　6 3 50(3을 6으로 나누면 50)
로쿠 시 로쿠 쥬우 노 시　　6 4 64(4를 6으로 나누면 64)
로쿠 고 하치 쥬우 노 니　　6 5 82(5를 6으로 나누면 82)
로쿠 친 인 쥬우　　6 6하면 10이 된다(6을 6으로 나누면 10)

■ 7에 대한 표

시치 이치 칵카 노 산　　7 1 13(1을 7로 나누면 13)
시치 니 칵카 노 로쿠　　7 2 26(2를 7로 나누면 26)
시치 산 시 쥬우 노 니　　7 3 42(3을 7로 나누면 42)
시치 시 고 쥬우 노 고　　7 4 55(4를 7로 나누면 55)
시치 고 시치 쥬우 노 이치　　7 5 71(5를 7로 나누면 71)
시치 로쿠 하치 쥬우 노 시　　7 6 84(6을 7로 나누면 84)
시치 친 인 쥬우　　7 7하면 10이 된다(7을 7로 나누면 10)

이 표는 낯선 사람에게 그렇게 보이는 것처럼 불가해하지는 않으며, 사실상, 그것의 사용은 서양의 방법에 비해 어떤 장점마저 있다. 우선 그것은 "로 나눈다(divided by)"거나 "와 같다(contained in)"는 것과 같은 용어들에 의해 방해받지 않고, 둘째, 표 속에 표현된 나뉨수가 나눗수와 같을 때를 넘어서서는 수행되지 않는다. 사실

그것은 단지 몫과 나머지의 표일 뿐이다. 예컨대, 7에 대한 표를 보자. 이것은

10 : 7 =1 나머지 3

20 : 7 =1 나머지 6

30 : 7 =1 나머지 2

40 : 7 =1 나머지 5

50 : 7 =1 나머지 1

60 : 7 =1 나머지 4

70 : 7 =10

이라고 적고 있다.

다시 한번 요시다의 고전적 저작에서 예를 들어 1234를 8로 나눠보도록 하자. 이 숫자들을 통상적인 방식으로 소로반에 나타내면, 다음과 같이 배열된다.

8　　　　1234

표에는 "8 1 12"라고 되어 있고, 그 의미는 10 : 8 =1 나머지 2이다. 따라서 우리가 1을 그냥 놔둔 채 그 다음 숫자에 2를 더하면, 숫자는

8　　　　1434

로 나타나는데, 이 때 1은 몫의 첫 번째 숫자를, 그리고 434는 그 다음 나뉨수를 나타낸다.

이제 표는 “8 4 50”이라고 하는데, 그 의미는 40 : 8 =5 나머지 0이라는 것이다. 따라서 우리가 처음의 4를 없애고, 그 자리에 5를 넣으면, 소로반은 이제

8 1534

로 나타나는데, 이 때 15는 몫의 처음 두 자리 숫자를, 그리고 34는 그 다음 나뉨수를 나타낸다.

이제 표는 “8 3 36”이라고 하는데, 그 의미는 30 : 8 =3 나머지 6이라는 것이다. 이것은 몫의 다음 숫자가 3이며, 6+4는 여전히 나눠야 한다는 것을 뜻한다. 따라서 소로반은 이제

8 153 (10)

으로 나타난다.

그러나 “10 : 8 =1 나머지 2”이므로, 소로반은

8 1542

를 가리키도록 배열되며, 그 의미는 몫이 154이고 나머지가 2라는 것이다. 우리는 이제 결과가 $154\frac{1}{4}$ 이라는 걸 알게 되었으며, 이 과정을 지속하면, 소수점 이하의 분수를 얻는다.

나눗수가 둘 이상의 숫자로 되어 있을 경우에는 기왕에 주어진 표에 덧붙여서 다음의 표를 참조하면 편리하다.

1과 1하면 91
2와 2하면 92
3과 3하면 93

4와 4하면 94
5와 5하면 95
6과 6하면 96
7과 7하면 97
8과 8하면 98
9와 9하면 99

이것은 10 : 1 = 9 나머지 1, 20 : 2 = 9 나머지 2 등을 의미한다.

요시다가 제시한 289,899를 486으로 나누는 과정을 잠시 살펴보도록 하자. 소로반을 배열하여

486 289,899

라고 표시한다.

표에서 "4 2 50"이라고 하므로, 2를 5로 바꿔서 소로반을 배열하면 다음과 같이 표시된다.

	486	589,899
5×8 =		40
5×6 =		30
	486	546,899

여기서 5는 몫의 첫 숫자이며 46,899는 나뉘어져야 할 나머지이다. 이제 마지막 표를 보면 "4 4 94"라고 되어 있으므로, 4를 9로 바꾸고, 4를 다음 숫자에 더한다. 소로반을 배열하여 다음을 표시한다.

		486	546,899
그 다음		486	546,899
4를 더하고			4
그 다음	9×8 =		72
	9×6 =		54
72와 54를 빼면		486	593,159

여기서 59는 몫의 첫 부분이며, 3159는 나눠어져야 할 나머지이다. 마찬가지로 진행하면, 몫의 다음 숫자는 6이고, 소로반은

486 596759

486 596243

486 5965

를 가리키므로, 몫은 596.5이다.

[그림 18] 후지와라 노리카제(藤原德風, 1825)의 저작의 일부

이 나눗셈법은 「진코오키(塵劫記)」에 제시된 것이지만, 1645년에는 또 다른 방법이 유명한 교사였던 모모카와 츄베이(百川忠兵衛)[105]에 의해서 시사되었다. 이것은 쇼오조호 내지 통상적인 곱셈표의 도움을 받아, 써서 하는 산술에서처럼, 이루어지는 나눗셈법이었다. 모모카와는 「카메이잔(龜井算)」(1645)이라는 제목의 저술에서 그것을 개진하였으며, 따라서, 그 방법은 이 이름을 지니게 되었다. 이 방법은 「진코오키」와 마찬가지로, 1593년의 「스완파통총」에 등장하듯이, 기본적으로 중국식 방법이었으나, 일본에서는 결코 요시다가 「진코오키」에 제시한 것만큼 유행을 보지 못하였다.

[그림 19] 17세기에 간행된 저자 미상의 「콰이산키」의 일부

105) 엔도오는 자신의 이름이 지혜이라고 전하나, 의심의 여지가 있다.

소로반의 도움으로 제곱근을 구하는 법은 일반이론이 서양에서 사용된 것과 다르지 않고, 보조적인 연산들도 충분히 설명되었으므로 고찰할 가치가 별로 없다.

소로반은 1600년이 지나자마자 산가지를 대체하기 시작했으나, 후자가 계산도구로서 기능을 상실하기까지에는 한 세기 이상이 소요되었으며, 뒤에서 밝혀지겠지만, 대수적인 작업과 관련해서는 약 200년 동안이나 더 계속적으로 사용되었다. 예를 들면, 1660년(재판은 1684년)에 나온 이소무라 킷토쿠(礒村吉德)의 「삼포오 케츠기쇼오(算法闕疑抄)」와 1670년에 나온 사와구치 카즈유키(澤口一之)의 「코콘 삼포오키(古今算法記)」에서 우리는 산가지와 소로반 둘 다 설명되어 있는 것을 볼 수 있고, 1693년에 나온 다른 저작에는 단지 산가지들만 다뤄져 있다. 사토오 시게하루(佐藤[利左衛門]正興)가 1698년에 펴낸 「텐겐 시난」 역시 산가지만 제시하고 있으며, 아라키 히코시로오 손에이(荒木[彦四郎]村英, 1640-1718)가 연로하여 1709년[106]에 제자인 오오타카 요시마사(大高由昌)더러 준비케 한 「콰츠요오 삼포오」도 마찬가지이다. 1743년에 출간된 무라타 츠신의 「와칸 삼포오(和漢算法)」[107]에는 두 가지 체제가 사용되고 있으나, 1781년에 간행된 기초 산수서에는 산가지만 채택되어서, 소로반이 보다 오래된 계산법을 완전히 대체하기까지 오랜 세월이 걸렸음을 알 수 있다. 일반적으로 얘기하자면, 방정식을 푸는 "천원"술과 관련해서는 모든 대수가 상기를 사용했지만, 산술 계산을 위해 소로반이 점차 그것을 대체했다고 할 수 있다.

---

106) 인쇄된 것은 1712년이다.
107) 이 책의 3판을 가리킨다.[역주]

[그림 20] 미야케 켄류우(三宅賢隆, 1795)의 저작의 일부

소로반 사용법을 배우는 아동들의 그림들은, 후지와라 노리카제(藤原德風)의 1825년도 산수 책[108]에서 보이듯이, 자주 흥미를 끈다([그림 18]). 이 도구가 상업적으로 이용된 것을 보여주는 초기 그림들도, 지은이를 알 수 없는 17세기의 저작에서 취한 [그림 19]에서와 같이, 묘미가 있다. 미야케 켄류우(三宅賢隆)의 1795년 작[109]에서 따온 소로반 사용법을 배우는 학생의 삽화는 [그림 20]에 보인다.

---

108) 이는「古今名人算者鑑」으로 보인다.[역주]
109) 초판은 1716년에 나왔다.

제 4 장 대수에 대한 상기(算木)의 적용

앞 장에서 언급한 바와 같이, 소로반과 상기의 도입에 관해 설명함으로써 역사 서술의 연속성을 교란시키는 것이 불가피한데, 그 이유는 후대의 저자들의 업적들을 이해하기 이전에 이런 기계적 도구들에 대한 이해가 최소한 일반적인 방식으로라도 불가결하기 때문이다. 이미 설명한 바와 같이, 치쿠사쿠 내지 "댓가지"가 도입된 것은 어쨌든 A.D. 600년까지 소급될 수 있으며, 천년동안이나 계산 분야를 지배했다. 그것들이 사람들 사이에서 전통유산 가운데 하나를 이루었고, 한국에서 여전히 사용되고 있다는 사실은 일본인과 같은 애국적인 민족에게 있어서 그것들의 지배력이 당연히 얼마나 강력했을 지를 보여준다. 오늘날 서방세계에서 우리는 미터법과 관련하여 크게 유사한 경험을 하고 있다. 이 체계가 조만 간에 쟁점을 결정할 세계무역의 각축장인 영국과 미국에서 통상적으로 사용되리라는 점에 대해서는, 비록 이 체계의 장점이 그렇게 하는데 이르지 못하더라도, 누구도 전혀 의심치 않는다. 그럼에도 불구하고, 그와 같은 변화는 민주사회에서 점진적으로 일어날 수밖에 없으며, 복합적인 수들로 이루어진 우리의 복잡한 체계가 빠르게 퇴조하고는 있지만, 미터법이 그것을 그렇게 빨리 대체하지는 못하고 있다.

17세기 일본의 사정도 마찬가지였다. 사무라이는 평민들의 소로반을 경멸했으며, 학문 공동체도 이런 정신적 태도에 동조했다. 그 결과 사업 목적을 위해서는 소로반이 산가지를 대체했으나, 고등수학을 위한 계산에 있어서는 여전히 후자가 지배를 유지했던 것이다.

이러한 정신적 태도에 대해서는 산가지가 방정식을 푸는데 이미 사용되었으며, 친치우샤오(秦九韶, 1247), 리예(李冶, 1248, 1257), 그리고 추추치에(朱世傑, 1299)[110]가 그들의 저작에서 그것들을 서술한 이래 이 목적을 위해 널리 알려졌다는 사실에서 더 깊은 이유를 찾아볼 수 있다.

3장에서 언급한 바와 같이, 초기의 댓가지들은 판으로 말거나 늘어놓은 집합에서 제외되고는 했다. 이런 이유 때문에 33쪽에 실린 삽화에서 볼 수 있듯이 한국인들은 삼각기둥 모양의 프리즘을 사용하고 있으며, 일본인들도 이내 두께가 7mm 가량이고 길이가 5cm인 정사각기둥 모양의 프리즘을 쓰게 되었던 것이다. 이 나무 조각들은 산추 또는 보다 흔히 불리기로는 상기라는 이름을 지녔으며, 각각의 한 벌의 일부는 붉은 색으로, 일부는 검은 색으로 칠해졌는데, 전자는 양수, 후자는 음수를 나타낸다. 이제는 일본에서조차 희귀품이 되어버린 이 나무 조각 한 벌이 34쪽에 제시되어 있다.

양수와 음수의 구별은 매우 오래된 일이다. 중국어에서 쳉(正)은 양수이고 푸(負)는 음수이며, 같은 글자들이, 단지 그 용어들 가운데 하나가 쳉 대신 세이로 바뀌었지만, 오늘날의 일본에서도 사용되고 있다. 이 중국 용어들은 B.C. 2세기에 창창(張倉)이 편찬한 「치우창수안슈(九章算術)」[111]에서도 발견되며, 따라서 심지어 그 나중 시점보다도 훨씬 더 오래되었을 것이다. 양수와 음수에 대해 붉은 색과 검은 색을 사용하는 것은 A.D. 263년에 쓰여진 치우창에 대한 류

---

110) 추시치에 또는 추우시키라고도 부름. 그의 1299년작에 대한 타케베의 주석(1690)은 7장에서 언급된다. 그는 또한 1303년에 "네 원소에 대한 귀중한 거울"이라는 뜻을 지닌 「제위엔유키엔(四元玉鑒)」이라는 제목의 저작을 썼으나, 이것이 일본에 도달했는지는 미상이다.

111) 2장에서 서술한 목록 가운데 8번째(20쪽)를 볼 것.

휘의 주석에서 발견되지만[112], 그것이 그에게서 유래되었다고 믿을 만한 근거는 없다. 그것은 아마도 그 기원을 알 도리가 없는 중국인들의 오래된 수학적 유산들 중의 하나일 것이다. 그러나 방정식 풀이에 적용된 것으로서는 친치우샤오의 1247년 저작 이전에 그것들이 사용되었다는 기록을 우리는 갖고 있지 않다. "하늘의 원소를 이용한 방법(The method of the celestial element)"을 뜻하는 티엔위엔슈(天元術), 또는 일본인들에게 전해졌을 때 텐겐쥬츠라고 알려진 방법이 제시된 것은 리예와 추치치에[113]의 저술에서이다.

이 세 저자는 쟁탈전을 벌이던 송과 원 왕조 하에, 실질적으로는 13세기의 같은 시기에 서로 크게 떨어진 지역에서 나타났다[114]. 첫째 인물인 친치우샤오[115]는 미지수를 나타내는 기호로서 단자(Monad)를 도입했으며, 특정의 6, 7, 8차는 물론 보다 고차 방정식도 풀었다. 서양에서 예로부터 애호되어온 특사(couriers) 문제가 그의 예제 가운데 들어있다. 그는 자신이 당시에 원족(몽고족)이 지배하던 지방의 출신이라고 진술하였다.

이 세 대가 가운데 둘째인 리예[116]는 "원의 측정에 대한 귀감"

---

112) 20쪽을 볼 것.

113) 그의 저작은 「수안시아오치멩(또는 스완쉬크치몽, 算學啓蒙)」이라고 알려졌다. 그것은 중국에서는 오랫동안 망실되었다가, 로시린(羅士琳)이 1660년의 한국판을 발견하여 1839년에 재간행하였다.

114) Wylie, A., Chinese Researches, Shanghai, 1897, Part III, p. 175; Mikami, Y., "A Remark on the Chinese Mathematics in Cantor's Geschichte der Mathematik," Archiv der Math. und Physik, vol. XV (3), Heft 1.

115) 친키우우챠우, 친큐차우라고도 함. 「수슈치우창(또는 슈쉬에치우창, 數書九章)」이라는 제목을 지닌 그의 저작은 1247년에 나왔다. 그는 또한 「슈슈타루에(數術大略)」도 저술했다.

116) 또는 리야이라고도 함. 리가 성이고, 예 또는 야이는 이름인데, 이는 통상적인 배열이다. 그는 또한 진킹이라는 익숙한 이름과 리칭차이로도 알려져 있다.

을 썼는데, 그것은 대수를 삼각함수에 적용한 것이었다[117]. 이 그룹의 셋째는 우리가 방금 그의 저작에 대해서 언급한 추추치에이다. 다른 저명한 저자들이 이 시기 이전에 대수를 다루었다는 사실은 추추치에의 저작 서문의 일절을 보면 명백해진다. 거기서 그는 1원 방정식에 대해서 치앙초우리웬드, 시싱다오, 리우주시에를, 2원 방정식에 대해서 리테치를, 3원 방정식에 대해서 리우타치엔을 거명하고 있다. 추추치에[118]는 미지수가 넷인 선형방정식 체계를 옛 "구장"을 좇아서 다룬 최초의 중국 저자인 것으로 보인다.

일본 대수가 구축된 기초를 더 잘 이해하기 위해서는, 중국인들이 이 시기에 올려놓은 과학의 위상에 대해서 몇 마디 언급하는 것이 필요하다. 대수는 13세기 이전에도 알려져 있었으나, 이미 이름을 언급한 바 있는 세 대가의 노력을 통해서 그것이 일대 전진을 이루었던 것이다. 그들은 그들의 방법을 여러 가지 이름으로 불렀으나, 이미 제시된 것과 리티엔위엔이(立天元一, "The setting up of the Celestial Monad")이 흔히 사용된 것들이다.

대체로 이 새로운 대수에서는, 다음과 같이, 단자가 미지수를 나타내고, 연속적인 차수들은 자리로 표시되며, 상기가 계수들을 나타내는데 사용된다.

---

117) 그가 지은 두 저작의 제목은 「체위안하이칭(測圓海鏡)」(1248)과 「이쿠옌투안(益古演段)」(1257)이다. 리예가 두 번째 저작이 첫 번째보다 11년 뒤에 나왔다고 서문에서 진술하고 있기 때문에, 연대는 다소 불확실하다. "체위안"은 "원을 측정한다"를, "하이칭"은 "바다의 거울"을 뜻한다.

118) 그의 저작에 대한 번역을 필자는 북경대학의 첸 교수에게 힘입고 있다. (D.E.S.)

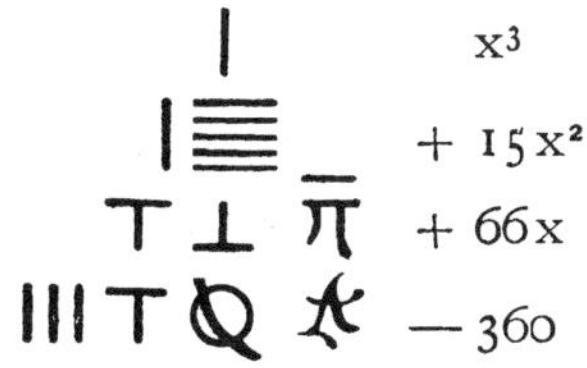

리예(李冶)는 그의 1248년 저작에서, 여기 보이는 바와 같이, 맨 아래쪽에 절대항을 놓았다. 그의 1259년 저작과 친과 추의 저작들에서 그것은 맨 꼭대기에 놓인다. 66 다음에 붙어있는 기호는 위엔(元)이라고 불리며, 단자를 나타내는데, 360 다음에 붙어있는 기호는 타이(太)라고 불리며, 타이키에(太極, “the extreme limit”)를 간략하게 표시한 것이다. 실제로 그것들은 보통 누락된다. 360에 붙어있는 원은 0이며, 삭제 표시는 그 숫자가 음수임을 표시하는데, 리예가 도입한 특징적인 면모이다. 상기에서 1, 15, 66를 위해서는 붉은 산가지들이 사용되며, 360을 위해서는 검은 산가지들이 사용된다. 이 상징체계가 이 시기에 유럽에서 사용된 것보다 앞섰으며, 그것이 12세기 인도의 바스카라(Bhaskara)에 의해 사용된 것과 약간의 유사성을 지니고 있다는 점은 주목할 만하다.

친치우샤오(秦九韶, 1247)는 그가 링룽카에팡(“Harmoniously alternating evolution”)이라고 부른 고차 수리방정식의 근을 접근하는 법을 제시하는데, 그것은 상기를 운용하여 그가 영국에서 1819년 호너에 의하여 실질적으로 재발견된 것으로 근을 구한 방법이었다. 같은 시기의 또 다른 저자인 양휘는 치우창(九章)[119]에 대한 그의 분석에서 창칭팡(“Accumulating involution”)이라는 이름 하에 동일한 방법을 제시했으나, 문제풀이에 의해서 예시하지는 않았다.

119) 20쪽을 볼 것.

따라서 우리는 호너의 방법이 13세기 중국의 산물이라는 사실을 인정하지 않을 수 없으며, 일본인들이 우리가 그들의 수학사 상의 세 번째라고 부른 시기에 그것을 채택했다는 것을 보게 될 것이다.

또한 추추치에가 「제위엔유키엔(四元玉鑒)」(1303)에서 유럽에서 "파스칼의 삼각형"[120]으로 알려진 이항계수들의 관계를 "옛날 방법"이라고 제시하였으며, 여러 가지 단자에 대한 그의 이름들 가운데 사물(thing)[121]에 해당되는 것이 들어있다는 사실을 발견하는 것도 흥미롭다. 이것은 라틴어의 res나 이탈리아어의 cosa와 마찬가지인데, 둘 다 동양에서 유래되었다는 점은 의심의 여지가 없다. 이 용어의 기원을 추적하는 것은 수학사상의 많은 흥미로운 문제 중의 하나이다[122].

추추치에는 $a+b+c+x$에 해당되는 것을 우리가 타이(太)라는 기호 대신에 T를 사용한 것과 상기 형태 대신에 현대의 숫자를 사용한 것을 제외하고는 여기 보이는 바와 같이 적었다.

$$\begin{array}{ccc} & 1 & \\ 1 & \mathrm{T} & 1 \\ & 1 & \end{array}$$

그리고 그는 이 표현의 제곱을 다음과 같이 적는데, 이 방법은 빨리 배울 수 있고, 쉽게 적용할 수 있는 것이다.

---

120) 이것은 유럽에서도 파스칼보다 훨씬 이전에 알려져 있었다. Smith, D. E., Rara Arithmetica, Boston, 1909, p. 156을 볼 것.

121) 그는 천(天), 지(地), 인(人), 물(物)을 사용하는데, 처음 세 가지는 보통 기지(旣知) 값들을 가리킨다.

122) 독자에게는 B.C. 1700년경의 아메스(Ahmes) 파피루스에 등장하는 이집트의 아헤(ahe), 덩어리(또는 hau, 더미)와의 유사성이 떠오를 것이다.

$$\begin{array}{ccccc} & & 1 & & \\ & 2 & 0 & 2 & \\ 1 & 0 & T^{2} & 0 & 1 \\ & 2^{2} & 0 & 2 & \\ & & 1 & & \end{array}$$

추추치에가 1299년에 제시한 "천원"술은 적어도 17세기 중엽에는 일본에 도입되었으며, 「수안시아오치멩(算學啓蒙)」은 그곳에서 세 차례 이상 간행되었다[123]. 수리방정식을 푸는데 상기를 사용하는 것에 관해서 이 고전적인 저작에 제시된 유일한 법칙은, 그러나 적극적인 정보를 거의 내포하지 못하고 있다. 일본식 용어들을 견지하면서 직역하면, 우리는 그것을 다음과 같이 적을 수 있을 것이다.

"지츠 계급의 세키를 배열하고, 호오, 렌, 그리고 구우 계급들을 조정한다. 그런 다음, 부호가 같은 것끼리 더하고, 부호가 다른 것끼리 빼며, 제곱근을 풀도록 한다."

이것은 중세와 초기 르네상스 유럽의 비밀규칙을 연상시키지만, 그것들과는 달리, 적어도 단서가 없는 철자바꾸기 놀이(anagram)는 아니다. 세키는 문제 속의 수량으로서 풀기 전에 절대값으로 표시해야 하며, 꼭대기 줄인 지츠 계급 다음에 상기로 표시된다. 그리고 나서 미지수의 1차, 2차, 3차 계수들은 그 다음의 연이은 줄들인 호오, 렌, 그리고 구우 계급들에 상기로 표시된다. 법칙의 나머지는 학생들이 가르침을 받은 대로 수행해야 한다는 것을 강조하는데 이른다. 그 방법은 실제로 고차 수리방정식을 풀어봄으로써 가장 잘 이해되

---

123) 첫 번째는 1658년인데, 바이쇼의 필명일 가능성이 있는 도오운이라는 불교 승려가 히사다(또는 쿠다) 겐테츠(이 역시 승려일 것)를 편집자로 거명하고 있다. 그것은 또한 1672년에 호시노 지츠센에 의해서, 그리고 얼마 뒤에 타케베 켄코오에 의해서 간행되었다.

겠지만, 상기에 대한 운용이 앞장에서 이미 설명된 만치, 계수들은 이제 현대적인 숫자들로 표시될 것이다. 우리가 이용할 문제는 1698년에 간행된 사토오 모슌 내지 시게하루(佐藤茂春)[124]의 「텐겐 시난([算法]天元指南)」의 여덟 번째 책에서 취한 것인데, 당시의 관행이 그랬듯이, 단지 일반적인 지침만 제시될 것이다. 독자는 그 연산을 개재된 추론이 보다 명확하게 드러나는 통상적인 호너의 방법과 비교하면 좋을 것이다.

$$11520 - 432x - 236x^2 + 4x^3 + x^4 = 0$$

라는 방정식을 푼다고 하자.

상기를 판 위에 다음과 같이 표시하도록 늘어놓는다.

(r)					
(0)	1	1	5	2	0
(1)		−	4	3	2
(2)		−	2	3	6
(3)					4
(4)					1

여기서 (r)로 표시된 맨 윗줄은 근을 위해 남겨지고, (0), (1), (2), (3), (4)로 표시된 줄들은 미지수의 0차, 1차, 2차, 3차, 4차 계수들을 나타내는 상기로 채워진다. 상기에서 음수 432와 236은 검은 색이고, 양수 11,520, 4, 1은 붉은 색이다.

124) 사토오는 「코콘 삼포키(古今算法記)」를 지은 사와구치 카즈유키(澤口一之)의 제자이다.[역주]

먼저 1차, 2차, 3차, 4차 계급들을 각각 1, 2, 3, 4 자리씩 나아가게 하면, 다음과 같다.

(r)					
(0)	1	1	5	2	0
(1)	-	4	3	2	
(2)	-2	3	6		
(3)		4			
(4)	1				

근은 두 자리 수가 될 것이며, 10자리 수는 1이다. 이 10을 계급 (4)의 1로 곱해서 계급 (3)에 더하면, 계급 (3)은 14가 된다. 이 14를 근 10으로 곱해서 계급 (2)의 -236에 더하면, 계급 (2)는 -96이 된다. 이 -96을 근 10으로 곱해서 계급 (1)의 -432에 더하면, 계급 (1)은 -1,392가 된다. 이 -1,392를 근 10으로 곱해서 계급 (0)의 11,520에 더하면, -2,400이 된다. 그리하여 결과는 다음과 같이 나타난다.

(r)				1	
(0)		-2	4	0	0
(1)	-1	3	9	2	
(2)		-9	6		
(3)	1	4			
(4)	1				

이제 그 과정을 반복하여, 근 10을 계급 (4)에 곱해서 계급 (3)에 더하면, 24가 된다. 24를 근으로 곱해서 계급 (2)에 더하면, 144가 된다. 144를 근으로 곱해서 계급 (1)에 더하면, 48이 된다. 그리하여 결과는 다음과 같이 나타난다.

(r)				1	
(0)		−2	4	0	0
(1)			4	8	
(2)	1	4	4		
(3)	2	4			
(4)	1				

그 과정을 반복하여, 근 10을 계급 (4)에 곱해서 계급 (3)에 더하면, 34가 된다. 34를 근으로 곱해서 계급 (2)에 더하면, 484가 된다.

다시 과정을 반복하여, 근을 계급 (4)에 곱해서 계급 (3)에 더하면, 44가 된다.

이제 계급 (1), (2), (3), (4)의 계수들을 나타내는 상기를 각각 올바른 1, 2, 3, 4 자리로 옮기면, 다음이 얻어진다.

(r)				1	
(0)		−2	4	0	0
(1)			4	8	
(2)			4	8	4
(3)				4	4
(4)					1

근의 두 번째 수는 2이다[125]. 이것을 계급 (4)에 곱해서, 계급 (3)에 더하면, 46이 된다. 같은 근(2)를 이 계급 (3)에 곱해서 계급 (2)에 더하면, 576이 된다. 이 576을 2로 곱해서 계급 (1)에 더하면, 1,200이 된다. 이 1,200을 2로 곱해서 계급 (0)에 더하면, 0이 된다. 이제 계산과정은 다음과 같이 나타난다.

(r)				1	2
(0)					
(1)		1	2		
(2)			5	7	6
(3)				4	6
(4)					1

따라서 근은 12이다.

여기서 17세기의 일본에서 수행된 이 13세기 중국의 방법을 호너의 방법(Horner's method)과 비교할 수 있도록 전체 과정에 대한 개관적인 배열을 제시하는 것이 도움이 될 것이다. 서술된 작업은 실질적으로는 다음과 같다.

125) 이 숫자들이 어떻게 확인되었는지에 관한 진술은 없다.

$x^4 + 4x^3 - 236x^2 - 432x + 11520 = 0$일 경우

1 +	4 −	236 −	432 +	11520
	10	140 −	960 −	13920
1	14 −	96 −	1392 −	2400
	10	240	1440	
1	24	144	48 −	2400
	10	340		2400
1	34	484	48	0
	10		1152	
1	44	484	1200	
	2	92		
1	46	576		

추추치에는 또한 「수안시아오치멩」에서 음수를 다루는 법을 제시하였다. 다음 번역은 상황이 허락하는 대로 직역한 것이다.

"이름이 같은 것들이 서로 소거될 때에 이름이 다른 것들은 서로 덧붙여져야만 한다[126]. 그리하여 양수 항에 맞서는 것이 없어지면, 그것을 음수로 만들고, 음수 항은 양수로 만들도록 한다[127]."

"이름이 다른 것들이 서로 소거될 때에는 이름이 같은 것들은 서로 덧붙여져야만 한다. 그리하여 양수 항에 맞서는 것이 없어지면, 그것을 양수로 만들고, 음수 항은 음수로 만들도록 한다[128]."

"이름이 같은 것들을 서로 곱할 때, 몫은 양수가 된다. 이름이 다른 것들을 서로 곱할 때, 몫은 음수가 된다."

126) 이것이 의도하는 뜻은 (+4)-(+3)=+(4-3)일 때, (+4)-(-3)이 +4+3이 되어야 한다는 것이다.

127) 즉, 0-(+4)=-4이며 0-(-4)=+4이다.

128) (+p)-(-q)=+p+q일 때, (-p)-(+q)=-(p+q)이다. 또한, 0+(+4)=+4이며 0+(-4)=-4이다.

"천원"술은 상기 및 이제 언급한 규칙들과 더불어 17세기 일본 수학에 들어왔는데, 그에 관해서는 다음 장에서 서술할 것이다. 그것들은 순수하게 중국에서 유래되었지만, 일본은 그 방법을 발전시켜서, 중국이 예수회 선교사들의 영향을 받아 고유 수학을 포기해가고 있을 즈음에 가서는 높은 완성도에 이르게 했다. 따라서 엄밀하게 동양적인 계산, 대수, 그리고 기하의 발달을 알아보려면, 17세기에는 중국보다 일본을 살펴보아야 한다.

같은 시기의 다른 저자들 가운데 몇몇은 마방진을 다루었다. 1673년「코오코겐 쇼오(股句弦鈔)」를 펴낸 호시노 사네노부(星野實宣)[129]도 그 가운데 하나이다. 그의 마방진 가운데 하나의 반쪽이 다음 복사에 나타나 있다.

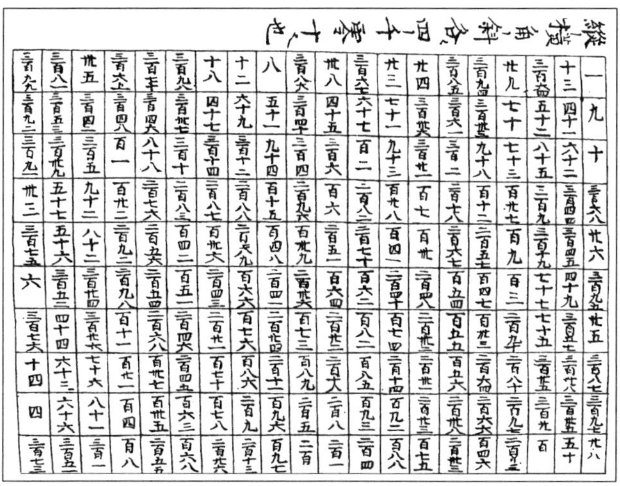

[그림 21] 호시노 사네노부(星野實宣)의 1673년 저작에 나타난 마방진의 반쪽

129) 호시노 사네노부 또는 사네요시(1637-1699)는「코오코겐 쇼오」외에도「新編算學啓蒙註解」4책의 저서로 알려져 있다.[역주]

일본인이 아닌 자는 17세기를 통하여 제기된 이런 많은 문제들의 독창성과 그것들을 푸는데 들인 각고의 노력에 놀라움을 금치 못한다. 그는 이렇게 독창적이고도 인내심 많은 민족의 정교한 상아조각들, 그들이 세상을 즐겁게 한 기묘한 수수께끼들, 그리고 그들의 예술품을 특징짓는 마감 처리를 떠올리게 된다. 이 문제들 가운데 서양의 산물로 여겨질 만한 것은 거의 없으며, 해답들도, 제시된 한에 있어서는 예술이나 문학과 마찬가지로 일본 땅에 고유한 것이다.

제 5 장 셋째 시기

우리가 임의대로 나눈 일본수학사의 시기들 가운데 셋째가 1600년경으로부터 1675년경까지 걸치는 1세기가 채 못되는 기간동안 지속되었다는 점은 첫 장에서 진술한 바 있다. 이 시대의 시작은, 3장에서 언급한 바와 같이, 대체로 모오리 캄베이 시게요시(毛利[勘兵衛]重能)의 활동이 개시된 것을 선택하였으며, 마지막은 세키의 그것이 개시된 것을 선택하였다. 그것은 일본으로서는 지적 각성의 시대였으며, 중국적 사고들을 환영하고, 토착적 노력을 고무하던 시대였다. 모오리의 작업에 관해서 이미 서술된 것은 그가 소로반을 널리 알리고, 개량했을 수 있는 일과 관련되었기 때문이다. 이제는 그의 제자들에 대해 논의해야 할 차례인데, 먼저 요시다부터 시작하기로 한다.

요시다 시치베이 코오유우 내지 미츠요시(吉田[七兵衛]光由, 1598-1672)는, 카와키타(川北朝鄰, 明治 25년)의 저술인 「혼쵸오 스우가쿠 시료오(本朝數學史料)」에 따르면, 쿄토 부근의 사가에서 1598년에 태어났다.[130] 그는 역사적으로 적지 않은 수의 걸출한 인물을 배출해 온 유서 깊은 가문의 소속이었다. 예를 들면, 1572년에 사망한 요시다 소오케이(宗桂)는 저명한 의사로서 지식을 구하러 중국을 두 번 여행하였는데, 한번은 1539년에 불교 '본체(bonze)[131]'와 함께, 그리고 두 번째는 1547년에 하였다. 그의 아들 코오코오(光好, 1554-1616)는 뛰어난 기술자로서 배들이 통행하기에는 너무나

130) 下平和夫, 1972: 15를 참조.[역주]
131) 승려를 가리키며, 일본말이 포르투갈어로 부패된 것이다.

위험했던 후지카와(富士川) 등의 강에서의 운항을 개선한 일로 유명하다. 코오코오의 아들 소안(素菴)도, 자신의 부친과 마찬가지로, 학식과 기술적 수완으로 잘 알려졌다[132]. 수학자 요시다 코오유우는 요시다 코오코오의 외손자이다[133]. 그는 또한 소오케이의 부친 소오추우(宗忠)의 증손자인 요시다 슈우안(周菴)의 장남이라는 점에서 요시다 가문과는 다른 식으로도 관계가 있었다.

요시다 — 이제 우리가 그를 부르려 하는 바와 같이 — 는 일찍부터 수학에 대한 취향을 드러냈으며, 어린 나이에 유명한 모오리 밑에서 공부하기 위하여 쿄오토로 갔다. 그러나 한문에 대한 그의 무지는 심각한 장애로 드러났고, 그의 진도도 실망스러울 수밖에 없었다. 그래서 그는 친척인 요시다 소안의 지도를 받으며 한문을 배웠는데, 이윽고 능통해져서 쳉타이웨이(程大位)의 「수안파 퉁총(算法統宗)」도 읽을 수 있게 되었다[134]. 그러자 그의 수학 진도도 매우 빨라져서 곧 그가 스승을 능가하게 되었으며, 모오리 자신이 기꺼이 그의 생도가 되려고 했을 정도라고 전한다[135]. 요시다는 또한 중국어에 있어서도 지속적으로 탁월함을 드러낸 결과, 모오리가 그 언어를 단지 무심하게 이해하는데 그친 반면에, 그의 옛 제자는 산학문헌 전반에 관한 대가가 되고 말았다.

모오리의 저작들은 일본 최초의 토착적 산학서들이지만, 복원불가능인 상태로 산실되었다. 그러므로 우리는 현존하는 가장 오래된 일본 산학서의 저자로서 요시다에게 눈을 돌리지 않을 수 없다.

---

132) 「센테츠 소오단 조쿠헨」, 1권을 볼 것.
133) Endo, Book I, p. 35.
134) 1593년의 일이다. p. 34를 볼 것.
135) 카와키타, 「혼쵸오 스우가쿠 시료오」에 나온다.

이 저작은 1627년에 쓰여졌으며, 제목은 「진코오키(塵劫記)」라고 한다. 이 제목이 흥미로운 것은 진(塵)이라는 한자가 (여러 가지 뜻 가운데) 작은 수, 코오(劫)가 큰 수, 그리고 키(記)가 논문을 가리킨다는 점에서, 결국 제목이 가장 작은 수로부터 큰 수에 관한 논문을 뜻하기 때문이다. 요시다는 서문에서 그것이 겐코오(玄光)라는 불교 승려에 의해서 붙여졌다고 얘기하고 있는데, 함축적인 표현이 쓰인 것은 일본적인 특징을 나타낸다.

그 저작은 주로 소로반으로 수행되는 제곱근과 세제곱근을 포함한 산술 운용에 관한 것이지만, 그것은 또한 몇 가지 흥미로운 응용들이 들어 있고, π 값으로 3.16을 제시하고 있다. 그것은 대체로 이미 언급한 「수안파 퉁총」에 기초한 것으로서, 서문에 따르면, 원래 18권으로 이루어졌다고 한다. 그러나 우리에게는 세 권만이 전해 내려오는데, 아닌 게 아니라 우리는 인쇄된 것이 단지 세 권뿐이라고 확신한다[136]. 이것은 일본에서 간행된 최초, 또는 적어도 중요성을 지닌 최초의 수학 논문이었다[137]. 그것은 1627년[138]에 발행되었으며, 즉각적으로 대단히 열렬한 반응을 얻었다. 심지어 요시다가 살아있는 동안에도 여러 판이 나왔으며[139], 「진코오키」라는 이름이 그의 사후에도 다른 작가들에 의해서 너무나 자주 사용된 나머지,

136) 서문을 쓴 승려 겐코오에 의해서, 그리고 1634년판은 요시다 자신에 의해서 이루어졌다.

137) 엔도오는 필자들에게 토쿄 학사원 도서관에 소장된 1634년판을 보여주면서, 1627년판이 중요성을 지닌 최초의 일본 수학서라고 보증한 바 있다. 모오리의 「키조 란조」도 간행되었다고 전한다.

138) 즉, 콴에이(寬永) 4년.

139) 1634, 1641, 1669년에 간행되었으며, 모두 요시다가 편집하였다. 해적판도 여러 종이 나왔었다. 무라마츠 모세이(村松茂淸)의 1663년작 「산소(算俎)」, 3권, Endo, Book I, pp. 58, 59, 84 등을 볼 것.

그것은, 중세 말 유럽에서 알고리스무스(algorismus)가 그랬듯이, 산술과 동의어가 되고 말았다[140]. 사실상 일본에서 「진코오키」가 누린 명성은 그리스 문명 말기에 니코마코스의 산술(the arithmetic of Nicomachus)가 누린 그것에 견주어도 손색이 없을 것이다. 요시다는 또한 역법에 관해서도 썼으나, 그 저서들[141]은 그다지 잘 알려지지 않았다.

요시다의 명성이 매우 자자했으므로 그는 히고(肥後)[142]의 봉건 영주인 호소카와(細川侯) 성의 부름을 받아 자신의 후원자에게 산술을 가르치게 되었다. 거기서 그는 한 동안 머물렀으며, 1641년 영주가 사망하자 자신의 향리로 돌아와 그 이전에 모오리가 했던 것처럼 자신 주위에 많은 학생들을 불러모았다. 만년에는 소시 적부터 그를 괴롭혀 온 안질이 더욱 심해져서 마침내 완전실명에까지 이르게 되었는데, 이는 손더슨(Saunderson)이나 오일러(Euler)의 운명과 흡사하다. 그는 1672년 향년 74세를 일기로 생을 마쳤다[143].

모오리와 요시다의 연구의 직접적인 효과는 계산과 측정에 관한 관심을 크게 불러일으킨 것이었다. 1630년에 쇼군이 코오분인(弘文院)이라는 문리과 공립학교를 설립했으나, 유감스럽게도, 수학은 그 교과과정에 편입되지 못하고, 독일의 계산장(Rechenmeister) 시대처럼, 사적인 교사들의 수중에 넘겨졌다. 그럼에도 불구하고, 학문이 맹렬히 발전되어 그 과목에 관한 많은 책들이 쏟아져 나왔다.

---

140) 독일의 "Nach Adam Riese," 영국의 "According to Cocker," 초기 미국의 "According to Daboll"이라는 표현과 불어의 Baréme와 비교하라.

141) 예를 들면, 「와칸 고오운」과 「코레키 벤란」과 같은 것들이다.

142) 1871(明治 14)년 폐번(廢藩)되기 전까지 오늘날의 큐슈지방 쿠마모토켄(熊本縣)에 있었던 히고노쿠니(肥後國)을 말한다.[역주]

143) C. 카와키타, 「혼쵸오 스우가쿠 시료오」; Endo, Book I, p. 84.

요시다는「진코오키」의 나중 판본 가운데 하나에다 다수의 문제를 부록으로 싣고, 그의 후계자들로 하여금 풀어보라고 제안했다. 이것들은 많은 논의와 관심을 유발하면서 다른 작가들도 같은 계획을 따르게 하여, 소위 '이다이 쇼오토오[144]'라는, 답을 요구하는 문제를 제출하고 후속 저작에서 정답을 알려주는 것을 낳았다[145]. 이 양식은 커다란 선풍을 불러일으켰으며, 이시구로 신유우(石黑信由, 1760-1836)의「산가쿠 코오치(算學鉤致)」에 마지막으로 나타난 1813년까지 지속되었다.

현재는 이 문제들이 게재된 요시다의「진코오키」특정 판본이 남아있지 않지만, 문제들만큼은 나중 작가들이 그것들을 취급한 것을 통해 알 수 있으며, 그것들 가운데 일부는 이소무라의 저작을 언급할 때 제시하려고 한다.

3장에서 언급된 모오리의 "영예로운 세 학자" 가운데 둘째는 이마무라 치쇼오(今村[仁兵衛]知商)이며,「진코오키」가 등장한지 12년이 지난 1639(寛永 16)년에 그는「쥬가이로쿠(竪亥錄)」라는 제목으로 논문을 출간하였다[146]. 요시다의 저작은, 비록 중국 체제를 따르기는 했지만, 일본어로 나왔는데, 이마무라는 고전적인 한문으로 썼다. 소로반을 다루는 법부터 시작해서, 그는, 요시다가 그랬던 것처럼, 산술에 머무르지 않고, 더 나아가 자신의 수리적인 작업을, 원,

144) 후대의 학자들이 붙인 말.

145) "이다이 쇼오토오"는 또한 "遺題繼承"이라고도 불리는데, 이를테면,「진코오키」가 남긴 문제를 푼 책으로는「參兩錄」,「圓方四卷記」,「改算記」,「算法闕疑抄」,「算法至源記」가 있다.[역주]

146) 엔도오는 필자들에게 도쿄 학사원 도서관에 있는 안도오의 논평을 보여주었으며, K. 카노 박사는 현재 그의 귀중한 서재에 원본 한 부를 소장하고 있다. 저자는 권말에 단지 100부만 인쇄에 붙였다고 밝히고 있다.

구체, 뿔의 경우와 같은 넓이와 부피를 계산하는데 적용했다. 요시다가 π 값으로 3.16을 취한 반면, 이마무라는 3.162를 취했다. 쿄오토의 안도오 유우예키(安藤有益)는 1660년에 간행된 「쥬가이로쿠카나쇼오(竪亥錄假名抄)」에서 이것을 10의 제곱근을 구해서 얻어지는 것으로 언급했다. 만약 이것이 사실이라면, 요시다도 그의 값을 마찬가지 방식으로 얻었을 것인데, 10의 제곱근은 중국뿐만 아니라 인도와 아라비아에서도 오랫동안 π로 통용되어 온 값이었다. 「구장산술」에 대한 류휘(劉徽)의 주석은 이 값을 최초로 사용한 중국 저자를 창헹(張衡, 78-139 A.D.)이라고 주장한다. 그것은 또한 11세기에 첸후오에 의해서 사용되었으며, 1247년에 나온 「수슈츄창(數書九章)」을 통하여 친츄샤오(秦九韶)에 의해서도 사용되었다[147]. 일부 중국 저자들은 지금 왕조에 들어와서까지 그것을 사용해 왔으니, 그것은 그 나라로부터 일본으로 유입되었을 가능성이 높다. 일본의 어떤 지방에서 나무꾼과 목수들이 지금도 이 값을 사용한다는 점은 주목할 만하다.

이마무라는 둘레와 지름의 곱을 4로 나누라는 원의 넓이를 구하는 공식을 제시하고 있다. 지름이 1인 구체의 부피는 0.51로 주어지는데, 그것이 자신의 π 값과는 기대한 만큼 썩 잘 들어맞지 않았다. 그는 또한 현의 길이에 관해서도 많은 문제들을 제출하고, 카쿠쥬츠(角術) 내지 "다각형론" — 삼각형에서 12각형에 이르는 정다각형에 관한 계산 — 에 관하여 광범위하게 썼다. 이 이론은 그의 후계자들 사이에서 상당한 관심을 불러일으켰으며, 이마무라의 명성을 크게

---

147) Mikami, Y., "On the development of the Chinese mathematics"(in Japanese), in the *Journal of the Tokyo Physics School*, No. 203, p. 450; *Mathematical papers from the Far East*, Leipzig, 1910, p. 5.

드높였다[148]. 이 논문은 이마무라의 제자인 안도오 유우예키에 의하여 1660년에 일본어로 번역되고 해설이 부가되었다.

원래의 판본이 출간된 다음 해에 이마무라는 「인키 산카(因歸算歌)」(1640)라는, 운문으로 쓰여진 소로반에 관한 작은 책을 펴냈다. 이렇게 해서 계산법들을 좀더 쉽게 암기하자는 발상에서 나온 것인데, 그런 발상은 문명만큼이나 오래된 것이다. 인도인들은 수 백년 전에 같은 생각을 좇았으며, 영국의 산술 저자들도 이마무라가 그것을 쓴 때 보다 한 세대 가량 전에 같은 생각을 좇았다.

모오리의 산시들 가운데 셋째는 타카하라 킷슈 내지 요시타네[149](高原[庄左衛門]吉種)이다. 출간된 저서의 측면에서 그가 기여한 바는 없으나, 그는 위대한 스승이었으며, 그의 학생들로부터 당대 최고의 수학자의 하나로서 손꼽혔다.

이 왕성한 활동기 동안, 특히 소로반과 측정 분야에 관한, 수많은 탁월한 저자들이 나타났다. 이 작가들 중 몇몇은 여기서 잠깐 언급할 가치가 있다. 타와라 카메이(田原嘉明)는 1652년에 「신칸 삼포오키(新刊算法記)」를 썼고, 에나미 와쇼오 내지 토모스미(榎並和澄)는 그 이듬해에 「산료오로쿠(參兩錄)」썼다. 1656년에 야마다 쥬우세이(山田正重)가 「카이산키(改算記)」를 펴냈는데([그림 22]), 매우 널리 읽혀졌으며, 후대의 여러 저자들이 다양한 접두사를 붙여서 그 제목을 차용하였다. 그 다음 해(1657)에는 하츠사카(初坂重春)의 「엠포오시칸키(圓方四卷記)」와 시바무라(柴村盛之)의 「카쿠치산쇼(格致算書)」가 간행되었다. 그 다음 해(1658)에는 나카무라(中村与左衛門)의 「시카쿠 몬도오(四角問答)」가 등장했으며, 1660년에는

148) Endo, Book I, pp. 59, 60.
149) 이 이름들은 동의어이다.

이소무라 킷토쿠(礒村吉德)의 「[삼포오]케츠기쇼오(算法闕疑抄)」, 1663년에는 무라마츠 모세이(村松茂清)의 「산소(算俎)」, 1664년에는 노자와 테이쵸오(野澤定長)의 「도오카이쇼오(童介抄)」, 그리고 1666년에는 사토오 세이코오(佐藤正興)의 「삼포오콘겐키(算法根源記)」가 뒤를 이었다. 서구의 독자들에게 이들은 단지 이름들에 불과하겠지만, 모오리와 야스다의 노력의 결과로서 기초수학분야에서 두드러지게 나타난 활동을 보여주는 것이다. 그 저작들 자체는 전혀 상업수학이 아니었으니, 그 이유는 그것들이 측정이라는 주제, π 값을 근사적으로 구하는 법, 정다각형의 취급을 점진적으로 완성시켜나가면서, 그 밖에도 마방진과 원진에 대한 상당한 통찰력을 제공했기 때문이다. 우리는 이 책들, 특히 「카이산키」(1656), 「시카쿠몬도오」(1658), 「케츠기쇼오」(1660)에 힘입어 이 시기의 업적에 관한 지식을 얻고 있다.

[그림 22] 소박한 삼각함수를 보여주는 야마다 쥬우세이(山田正重)의 「카이산키(改算記)」(1656)의 일부

맨 마지막에 언급된 책인「케츠기쇼오」는 모오리의 산시의 하나였던 타카하라 킷슈(高原吉種)의 한 제자에 의해서 쓰여졌다[150]. 그의 이름은 이소무라[151] 킷토쿠(礒村[喜兵衛]吉德)로서 일본 북동부의 니홈마쓰 출신이었다. 이소무라의「케츠기쇼오」는 1660년에 5권으로 나타났으며, 1684년에는 주석이 붙여져서 재차 간행되었다. 그의 생애에 대해서는 별로 알려진 것이 없으나, 재판이 나왔을 때는 매우 고령이었음이 분명한데, 그 이유는 그가 당시에는 소로반이나 상기를 거의 집을 수 없는 상태라고 서문에서 밝히고 있기 때문이다.

「케츠기쇼오」에 관해서는 두 가지 특징이 언급할 만한 가치가 있는데, 그 하나는 요시다 문제들(the Yoshida problems)과 자신의 비슷한 것들에 대한 이소무라의 진술([그림 23]에 보이는 바와 같은 적분에 대한 접근을 포함해서)이며, 다른 하나는 마방진과 원진에 대한 그의 취급이다. 이것들 각각은 일본 최대의 수학자인 세키의 등장 바로 직전에 해당되는 문예부흥기의 수학의 성격에 대해 엄청난 통찰력을 던져주며, 따라서 각각에 대해 주목할 필요가 있다. 요시다 문제들의 유형은 다음과 같다[152].

"길이가 18피트[153]인 귀한 수종의 통나무가 있는데, 양쪽 끝의 둘레가 각각 5보, $2\frac{1}{2}$보이다. 부피를 3등분하려면 어떤 길이로 잘라야 되겠는가?"

---

150) 오자와,「산카 후리아쿠」, "수학자들의 간략한 계보," 1801.

151) 엔도는 Book I, pp. 65, 67, Book II, p. 20 등에서 그의 성을 이소무라라고 하여 하야시,「수학사」, part I, p. 33도 처음에는 그를 따랐으나, 후자는 이내 이와무라가 더 나은 호칭이라는 것을 발견했다. 하야시는 그의 이름을 요시노리라고 부르고 있다.

152) 1660년판「케츠기쇼오」, 4권.

153) 원문에는 "3 단위"라고 되어 있다.

"어떤 건물의 토대[154]를 닦는데 쓰려고 흙 560 단위를 파냈다. 토대는 한 변이 30 단위인 정사각형으로서 높이가 9 단위이다. 토대 윗쪽의 크기를 구하라."

"원뿔 절두체(截頭體, frustum) 모양의 흙 언덕이 있다. 양면의 둘레들은 40 단위와 120 단위이고, 언덕 높이는 6 단위이다. 만일 1,200 단위의 흙을 윗면으로부터 덜어내면, 높이는 얼마가 되겠는가?"

"지름이 100 단위인 구형의 토지를 세 사람이 나눠서 각각 2,900, 2,500, 그리고 2,500 단위를 받으려고 한다[155]. 현의 길이와 나뉘어진 부분의 높이를 구하라."

나머지 문제들은 「구장산술」, 「수안파 퉁총」, 「수안시아오치멩(算學啓蒙)」 등의 저술들에서 볼 수 있는 바와 같이 삼각형과 선형 연립방정식에 관한 것이다. 위에 제시된 문제들 가운데 마지막 것에 대한 이소무라의 풀이는 다음과 같다.

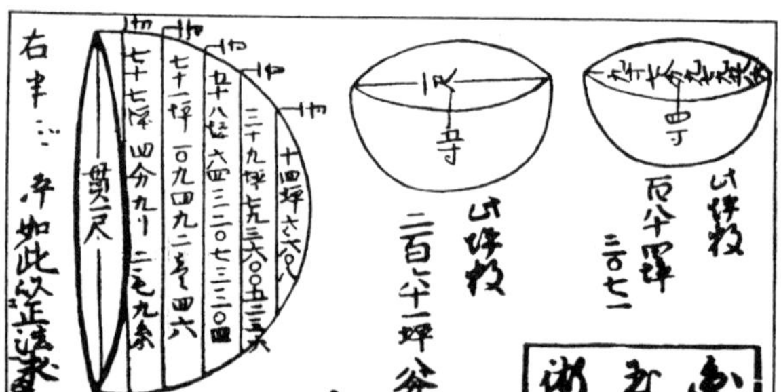

[그림 23] 이소무라 킷토쿠(礒村吉德)의 「케츠기쇼오(算法闕疑抄)」 2판(1684)의 일부

154) 즉, 정사각형 피라미드 절두체 형태의 토대.
155) 두 개의 평행 현을 긋는 것을 뜻한다.

"전체 넓이 7,900 단위[156]를 북쪽 부분의 2,900 단위로 나누면, 결과는 2,724[157]이다. 이 결과를 두 배하면, 5448이 된다. 지름 100 단위의 제곱을 5448로 나누면, 결과는 1835.554[158] 단위이다. 이것의 제곱근은 42.85 단위이다. 반지름에서 이것을 빼면, 7.15 단위가 된다. 42.85를 이것으로 곱하면, 306.4 단위가 된다. 이제 정사각형과 원에 대한 일정한 상수를 곱하고, 지름으로 나누면, 3.45 단위가 나온다. 이것을 42.85 단위에서 빼면, 북쪽 부분의 높이는 39.4 단위가 된다..."

요시다의 선례를 따라서, 이소무라는 모두 100개에 달하는 일련의 문제들을 제출하여 그의 다섯 번째 책에 실었다. 이것들 가운데 몇몇을 보면, 이소무라가 살았던 당시의 수학 수준을 알 수 있을 것이다.

"삼각형 속의 한 점으로부터 꼭지점까지 선을 그었다. 이 선분들과 삼각형의 두 변의 길이가 주어졌을 때, 삼각형의 세 번째 변의 길이를 구하라."([문 28])

"길이가 62.5보인 실이 세이메이의 도장(Seimei's seal)[159]을 이루며 놓여 있다. 중심으로부터 정오각형의 한 변까지의 길이를 구하라"([문 38])

"실이 감겨 있는데, 처음에는 지름이 0.05보인 원을 이루다가, [그 다음에는 나선이] 0.05보의 거리를 유지하고, 최종적으로는 나선의 지름이 125보로 측정된다. 실의 길이는 얼마인가?"([문 39]) 이

---

156) 만일 그가 $\pi = 3.1416$을 취했더라면, 7,854가 되었을 것이다.

157) 즉, 2.724+.

158) 명확성을 위해서 소수를 도입한 것이다.

159) 아베 노 세이메이는 1005년에 사망한 유명한 천문가였다. 그의 도장은 피타고라스 형제단(Pythagorean brotherhood)의 휘장인 정오각형의 별로 되어 있다.

문제를 그냥 읽어서는 뜻이 분명치 않으나, 이소무라는 아르키메데스의 나선(a spiral of Archimedes)이 안쪽 원 주위를 감다가, 마침내 바깥쪽 원에서 마무리 짓는 것을 의미한 것으로 보인다. 이 곡선은 일본에서 큰 반향을 불러 일으켰다.

"길이가 18보이고, 양쪽 끝의 둘레가 각각 1보, 2.6보인 통나무가 있다. 그것이 길이가 75보인 실에 의하여 나선형으로 감겨져 있는데, 나선 사이의 간격은 2.5보이다. 실은 그것 둘레를 몇 바퀴나 감고 있는가?"([문 41])

"원뿔 절두체의 양끝 면의 둘레가 각각 1보와 2.6보이다. 이것이 길이가 75보의 실에 의하여 나선형으로 감겨져 있는데, 나선 사이의 간격은 2.5보이다. 실은 그것 둘레를 몇 바퀴나 감고 있는가?"([문 44])

"원뿔 절두체의 양끝 면의 지름이 120 단위와 250 단위이고, 높이가 25 단위이다. 이 절두체를 비스듬히 잘랐을 때, 절단면의 둘레를 구하라."([문 45]) 절단면은 두 끝 면과 맞닿아서 완전한 타원을 이루었을 것으로 여겨지는데, 이런 도형은 일본 저작에서 흔히 찾아볼 수 있다.

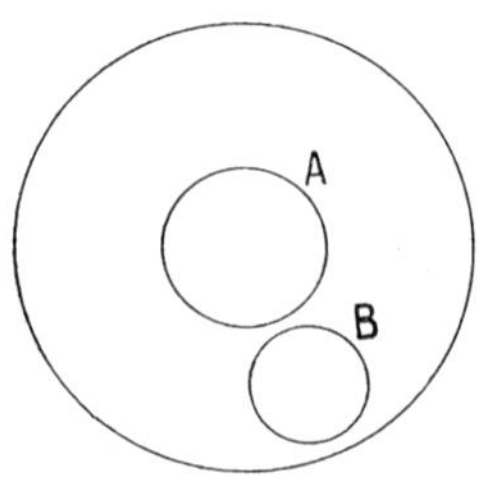

"만일 지름이 3보인 원 속에 9개의 다른 원들이 들어있는데, 각각 서로 서로로부터, 그리고 보다 큰 원으로부터 0.2보 떨어져있다. 중심에 놓여있는 보다 큰 원의 지름과 그 주위를 에워싸고 있는 보

다 작은 원들의 지름을 구하라."([문 60]) 조건을 충족시키기 위해서는 원 A는 중심에 놓고, 8개의 보다 작은 원 B들은 주위에 배치하여야 한다.

"만일 19개의 같은 원들이 둘레가 12보인 원 주위에 있는데, 주어진 원과, 그리고 서로 서로와 맞닿아 있으며, 또한 19개의 다른 원들이 비슷하게 주어진 원 내부에 있다면, 이 두 집단의 원들의 지름은 얼마인가?"([문 61])

"넓이가 748.940625이고, 장축이 38 단위인 타원의 단축 길이를 구하라."([문 84])

"공전 타원체의 한 축을 구하려고 하는데, 다른 축은 1.8보이고, 부피는 2,422이며, 부피의 한 단위는 한 변이 0.1보인 정육면체이다."([문 85])

여기서 장축은 공전 축으로 간주된다.

이소무라는 또한 마방진에도 관심을 갖고 있었는데, 그의 1684년판「케츠기쇼오」에 동 주제와 관련된 내용이 상당수 포함된 것으로 미루어 볼 때, 그런 유형들이 그의 후기 연구의 대상이었음은 명백하다. 초판(1660)에는 홀수와 짝수의 칸을 지닌 방진들이 함께 나타난다. 다음 형태들은 그의 작업을 예시하기에 충분할 것이다[160].

---

160) 마방진의 역사가 제대로 다뤄진 적이 없다는 점은 지적되지 않으면 안 된다. 그런 방진들은 중국에서 생겨나 고대에 동양 제국으로 전파되었던 것으로 보인다. 그것들은 서구의 고전기에는 발견되지 않으나, 12세기중과 그 이후에는 더 이상 희귀한 것이 되지 않았다. 그것들은 지구상의 특정 지역에서는 부적으로 사용되었으며, 언제나 신비적인 뜻을 지닌 것으로 여겨져왔다. 동 주제에 대한 현대적 관점에서의 연구로는 Andrews, W. S., *Magic Squares*, Chicago, 1907과 *The Open Court*에 실린 후속 논문들을 참조할 것.

40	38	2	6	1	42	46
41	20	17	37	19	32	9
3	16	26	21	28	34	47
39	36	27	25	23	14	11
43	35	22	29	24	15	7
5	18	33	13	31	30	45
4	12	48	44	49	8	10

55	4	2	62	64	60	6	7
51	20	22	17	50	42	44	14
9	49	40	28	25	37	16	56
12	46	29	31	34	36	19	53
13	18	35	33	32	30	47	52
54	41	26	38	39	27	24	11
8	21	43	48	15	23	45	57
58	61	63	3	1	5	59	10

51	46	53	6	1	8	69	64	71
52	50	48	7	5	3	70	68	66
47	54	49	2	9	4	65	72	67
60	55	62	42	37	44	24	19	26
61	59	57	43	41	39	25	23	21
56	63	58	38	45	40	20	27	22
15	10	17	78	73	80	33	28	35
16	14	12	79	77	75	34	32	30
11	18	13	74	81	76	29	36	31

92	91	15	89	4	84	14	99	11	6
13	73	22	20	80	83	78	24	25	88
85	69	38	40	35	68	60	62	32	16
3	27	67	58	46	43	55	34	74	98
96	30	64	47	49	52	54	37	71	5
8	31	36	53	51	50	48	65	70	93
18	72	59	44	56	57	45	42	29	83
94	26	39	61	66	33	41	63	75	7
1	76	79	81	21	19	23	77	28	100
95	10	86	12	97	17	87	2	90	9

마지막 판(1684)에서 그는 다음을 포함한 많은 새로운 배열들을 제시한다.

4	9	5	16
14	7	11	2
15	6	10	3
1	12	8	13

5	23	16	4	25
15	14	7	18	11
24	17	13	9	2
20	8	19	12	6
1	3	10	22	21

10	8	35	33	24	1
19	26	17	15	6	28
5	12	30	34	16	14
23	21	3	7	25	32
18	31	22	20	11	9
36	13	4	2	29	27

이소무라는 또한 원진에 대해서도 상당한 연구를 기울였는데, 다음은 1660년 판에 나타난 것들이다.

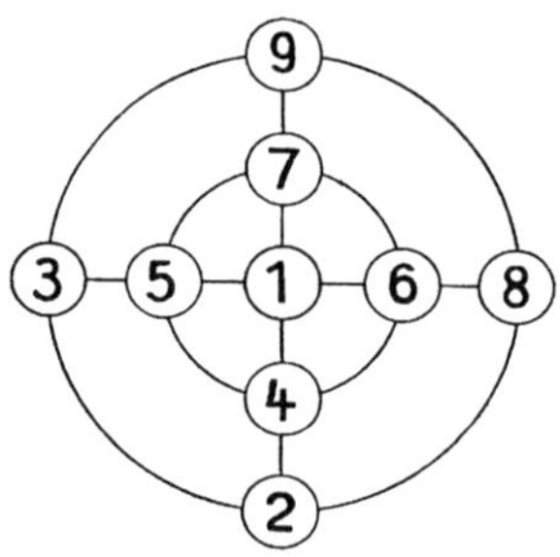

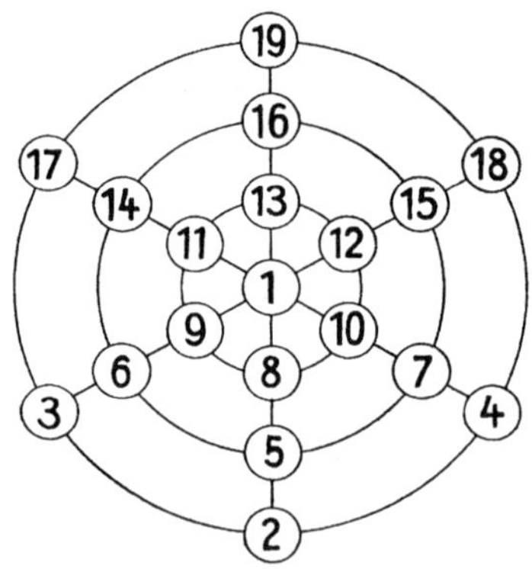

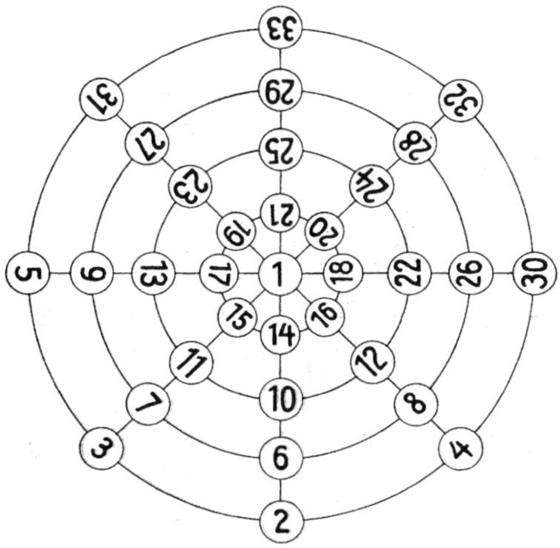
1
2
3
4
5
6
7
8
9
10
11
12
13
14
15
16
17
18
19
20
21
22
23
24
25
26
27
28
29
30
31
32
33

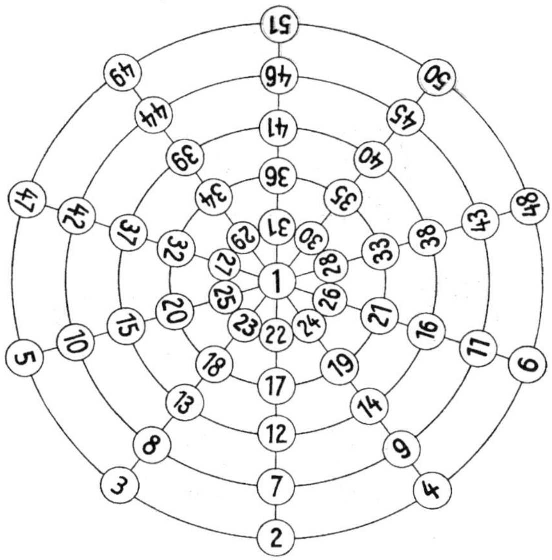
1
2
3
4
5
6
7
8
9
10
11
12
13
14
15
16
17
18
19
20
21
22
23
24
25
26
27
28
29
30
31
32
33
34
35
36
37
38
39
40
41
42
43
44
45
46
47
48
49
50
51

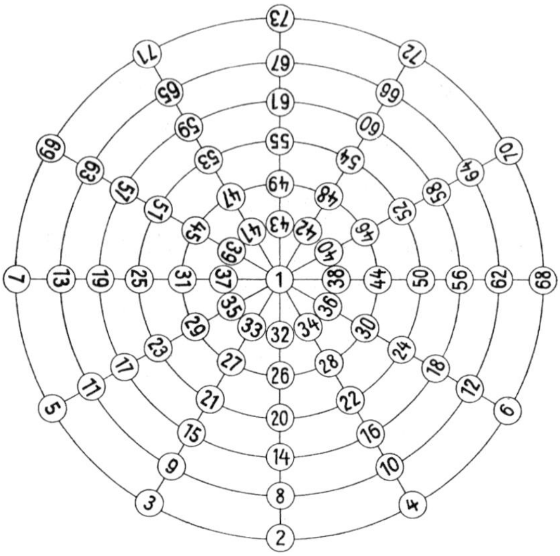

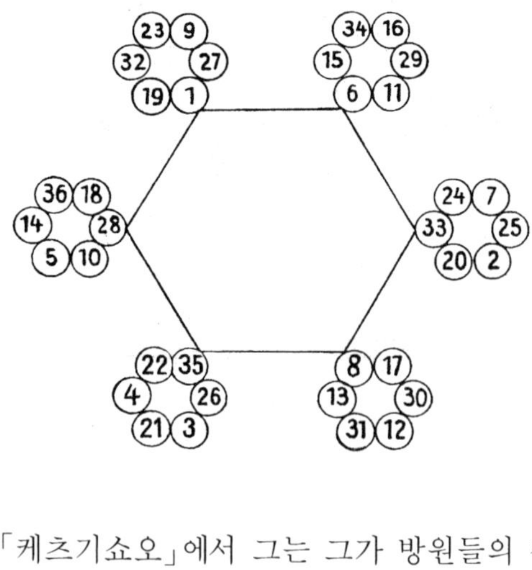

1684년판 「케츠기쇼오」에서 그는 그가 방원들의 집합이라고 부른 것들을 제시하고 있다. 93쪽과 94쪽에 있는 작은 원들의 합계는 모두 일정하다.

이소무라가 원의 넓이를 구한 방법[161]은 다음과 같다: 지름이 10 단위인 원을 취하여, 둘레를 길이가 1 단위인 조각들로 나누도록 한다. 그러면 동일한 호 31개와 길이가 0.62인 작은 호가 나타날 것이다. 분할점들을 중심에 연결하면, 일련의 삼각형 모양들이 생긴다. 이 삼각형들로 열장이음(dove-tailing)하면, 직사각형 모양이 얻어지는데, 길이가 15.81이고, 너비가 5이므로, 넓이는 $5\times15.81=79.05$이다. 따라서 현대적으로 표기하자면, $\frac{\pi}{4}\times$지름이 넓이이다.

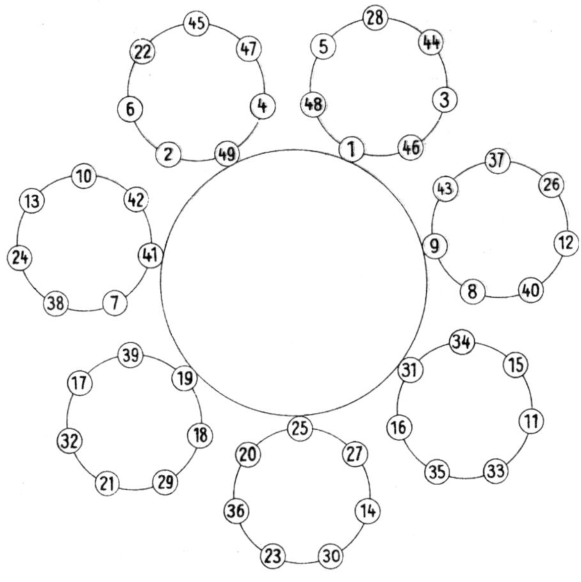

1660년판「케츠기쇼오」에서 그는 원의 표면적이 둘레의 제곱의 4분의 1이라고 함으로써 $4\pi r^2$ 대신에 πr^2이라고 한 바 있다. 그

161) 1660년판「케츠기쇼오」, 3권.

러나 1684년판[162]에서 그는, 비록 모오리, 요시다, 이마무라, 타카하라, 히라가, 시마다 등에 그렇게 적혀있다고 주장하기는 했으나, 그것이 오류라고 말한다.

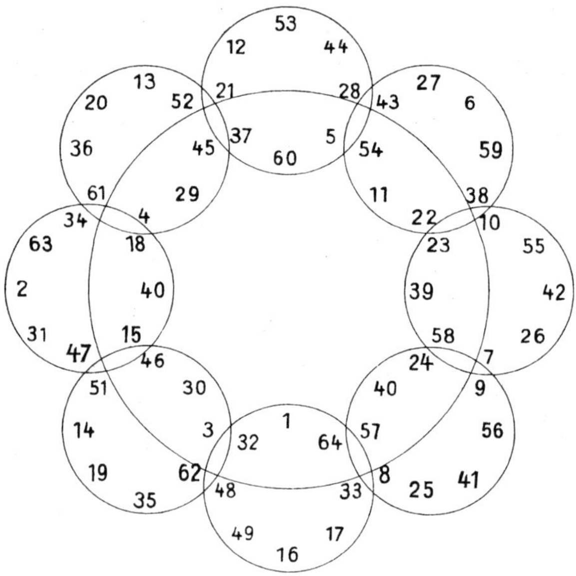

그 풀이법은 구의 표면적을 흡사 벗겨서, 삼각형 모양으로 잘라내어 원의 부분들과 마찬가지로 맞춘 감귤 껍질처럼 간주한 데서 유래한 듯하다. 잘못은 표면의 곡면을 감안하지 못한 데서 일어난 것이다. 이 오류를 바로잡기 위하여 이소무라는 지름이 10과 10.0002인 두 개의 중심을 공유하는 구체들을 취했다. 그 다음에 그것들의 부피 차이를 구하고, 그것을 두 표면 사이에 놓인 껍질의 두께인 0.0001로 나누었다. 이렇게 해서 구의 표면적이 314.160000041888로

162) 4권, 주석.

나왔으며, 그로부터 그는 $s=\frac{6v}{d}=\pi d^2$라는 공식을 도출해내었다. s를 구하려는 이 독창적인 절차는, 물론 구체의 부피를 구하는 능력을 전제로 하지만, 그 후 몇몇 저자들에 의해서 채택되었다163).

이소무라의 저작들을 떠나기에 앞서, 1684년판「케츠기쇼오」가 몇몇 연립방정식을 이미 언급한 "천원"술로 풀려는 시도를 한 주석 몇 개를 포함하고 있다는 점이 지적되지 않으면 안 될 것이다. 그러나 저자는, 그것이 정신을 속박하는 듯해서, 그가 이 방법을 선호하지 않으며, 예전의 산술적 방법이 보다 애호할 만하다고 적고 있다.

이소무라는 그의 저작 속에 원과 같은 주제들에 대해 그가 알고 있었던 전부를 집어넣지 않았던 듯한데, 그 이유는 이 측정치들 가운데 몇몇에 관해서는 개인적으로 교습을 받지 않으면 안 된다고 그가 분명히 언명하고 있기 때문이다. 아마도 그는, 타르타글리아(Tartaglia)가 3차 방정식을 그렇게 하려고 했듯이, 이 지식을 비밀에 붙이려고 원했는지 모를 일이다. 실제로, 혹시 후루카와 켄(古川氏一)이 썼을는지 모르지만, 저자미상인「산와 즈이히츠(算話随筆)」(수학적 주제에 관한 수필)164)라는 제목의 19세기 저술이 있는데, 거기에는 이소무라가 원의 측정과 특히 원호에 관한 비밀스러운 책을 갖고 있었다고 적혀 있다. 이것은 나중에 아이다 암메이(會田安明)의 제자이며, 니홈마츠(二本松) 번주의 가신인 와타나베 만조오카즈(渡邊一)에 의해서 소유되었다고 전한다.「산와 즈이히츠」의

---

163) 타케베 켄코오의 1722년도 필사본 저술「후큐우 테츠쥬츠」, 저자 미상의「키겐카이」라는 제목의 저술, 그리고 와다 네이가 19세기에 쓴 저작에 그것이 제시되었다.

164) 日本學士院 編,「明治前 日本數學史」, 第一卷 38쪽 참조.[역주]

저자는 그가 그 책을 1811년 와타나베가 자신의 집을 방문했을 때 보았으며, 그 때 그것을 한 부 베꼈다고 주장한다. 그는 그 방법들이 현대적인 것들이 아니었고, 오류를 포함하고 있었지만, 설명들은 자세했다고 말한다. 그 저작의 제목은 「코시겐 엔세츠 홈포오(弧矢弦圓截本法)」이었고, 날짜는 1679년 3월 15일로 잡혀 있었다[165].

이 시기에 서열이 이소무라 다음이었던 것은 무라마츠 쿠다유우 모세이(村松九太夫茂清)였다[166]. 그는 뛰어난 선생이었으나 저자는 아니었으며, 미토(水戶)의 봉건 영주를 섬기다가 1683년에 비극적인 죽음을 맞이한 히라가 야스히데(平賀保秀)의 제자였다[167].

무라마츠는 아코오 성주(赤穗城主) 아사노(淺野內匠頭)의 가신이었는데[168], 일본 연대기 독자들에게는 너무나 낯익은 "47인의 로오닌"의 영웅적 행위를 야기한 것이 바로 후자의 강요된 자살이었다. 무라마츠는 이따금씩 영예로운 "47인"의 하나로 기록되기도 하지만, 그들 가운데 꼽히는 자는 그의 양자 키헤이와 키헤이의 아들이다[169]. 무라마츠 자신은 자기가 선택한 분야에서 크게 활약한 생을 영위한 끝에 노경에 사망하였다.

1663년에 무라마츠는 「산소(算俎)」라는 제목의 다섯 권 짜리 저작을 간행하기 시작했다[170]. 거기서 그는 62쪽에서 언급한 바 있는 중국 저작, 추추치에의 「수안시아오치멩」을 부분적으로 추종하여 주로 산술과 측정을 다루었으나, "천원"술을 도입하지는 못하였다.

---

165) 日本學士院 編, 「明治前 日本數學史」, 第一卷 294쪽 참조.[역주]
166) 엔도오에 의해 제시된 바와 같은 마츠무라는 아님. 모세이라는 이름은 그의 「만토쿠 진코오키」(1665)에 '시게키요'로 등장한다.
167) 「荒木先生茶談」을 참조할 것.
168) 日本學士院 編, 「明治前 日本數學史」, 第一卷 313쪽 참조.[역주]
169) 아오야마, 「충성스러운 47인의 전기」(일어판).
170) 마지막 권은 1684년이라고 되어 있어서, 그 이전에 나오지는 못했을 것이다.

그의 저작에서 가장 주목할 만한 부분은 다각형에 대한 연구[171]와 원의 측정이다[172].

외접원의 반지름을 5로 잡고, 정다각형의 변들을 다음과 같이 계산한다.

정 n다각형	변의 길이	정 n다각형	변의 길이
5	5.8778	11	2.801586
6	5	12	2.5875
7	4.3506	13	2.393
8	3.82682	14	2.22678
9	3.4102	15	2.07953
10	3.0876	16	1.95093

둘레를 계산하기 위하여 무라마츠는 대각선이 1인 내접 정사각형으로부터 출발한다. 그런 다음 그는 변의 수를 두 배로 늘려서 외접원의 지름이 1인 정8각형을 만든다. 계속해서 그는 내접 정다각형의 변의 수가 3,278개가 될 때까지 변의 수를 배증시킨다. 그는 이 변들의 둘레들을 피타고라스 정리를 써서 차례로 계산하여 다음과 같은 결과를 얻었다.

171) 2권.
172) 4권.

정 n다각형	둘레
2^{3}	3.06146745892071817384
2^{4}	3.121445152258052370213
2^{5}	3.136548490545939347853
2^{6}	3.140331156954753
2^{7}	3.1412792509327729134016
2^{8}	3.141513801144301128448
2^{9}	3.141572940367091435162
2^{10}	3.14158772527715976659
2^{11}	3.141591421511186733296
2^{12}	3.1415923455701046761472
2^{13}	3.1415925765848605108681
2^{14}	3.14159263433855298
2^{15}	3.141592648777698869248

이 지점에 이르렀을 때, 무라마츠는 더 나아가 중국의 여러 가지 π 값을 비교하고, 자신의 숫자가 8 자리까지 정확하다는 사실은 모르고, 3.14를 써야 할 것이라는 결론을 내린다[173].

무라마츠는 구의 부피를 구하는 자신의 방법에 관하여 짤막하게 언급하고는 있으나, 구체적으로 풀이하지는 않았다[174]. 그는 10을 지름으로 삼았으며, 평행적인 평면에 의하여 구체를 고도가 같은 100개의 조작으로 잘랐다. 그런 다음에 그는 이 조각들의 각각을 두 밑수 가운데 보다 큰 것이든 작은 것이든 간에 그것의 밑수가 되는 원통이라고 가정했다. 만약 그가 보다 큰 밑수를 취하면, 부피의 합

173) Endo, Book I, p. 70.
174) 「산소」, 5권.

은 562.5 세제곱 단위가 되지만, 보다 작은 밑수를 취하면, 그 합은 단지 493.04 세제곱 단위에 불과해진다. 그 다음에 그는 구의 부피가 이 범위 내에 놓여 있다고 말하고, 근거를 대지 않은 채, 그것이 그것들의 산술평균(527)이나 기하평균(526.6)보다는 약간 작으며[175], π를 3.144로 잡은 것에 해당되는 524이라고 추정했다.

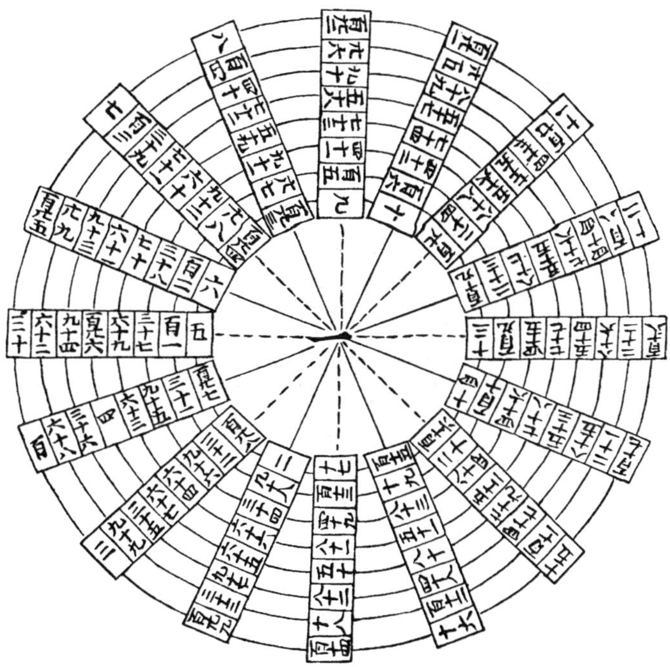

[그림 24] 무라마츠 쿠다유우 모세이(村松九太夫茂清)의 「만토쿠 진코오키」(1665)에 등장하는 마방진

175) 엔도오는 원을 200개, 400개, 또는 어떤 다른 수의 같은 조각으로 절단함으로써 이 값에 도달할 수 있을 것으로 생각했다. 「수학사」, 1권, p. 71.

무라마츠는 또한 방진[176]과 방원[177]에 대해서도 흥미를 가졌다. 그의 방진 가운데 하나는, 그 다음 해에 노자와 테이쵸오(野澤定長)에 의해서 발간된 것[178]과 마찬가지로, 19^2개의 칸을 지닌 것이다. 129개의 숫자가 사용된 그의 방진 하나는 99쪽에 보이는 [그림 24]에 제시되어 있다. 수들을 아라비아 숫자로 표시하면 다음과 같다.

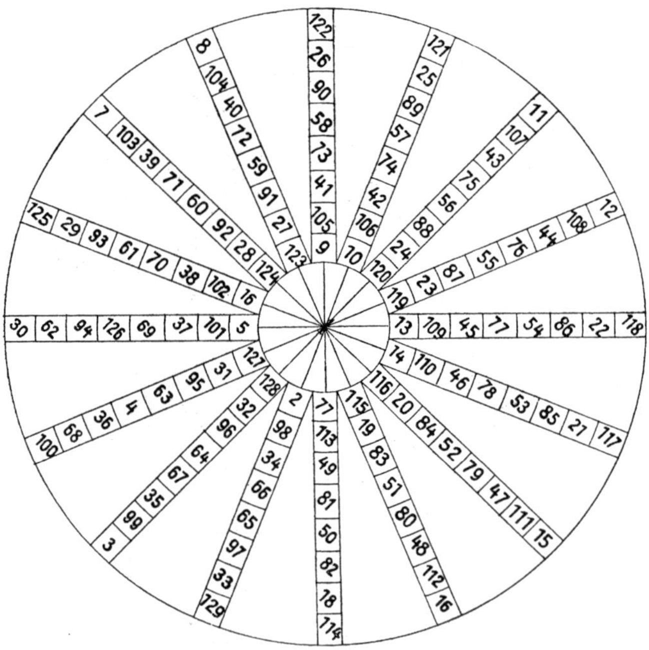

무라마츠의 저작에는 또한 유명한 — 서양에서 흔히 불리기로는 — 죠세퍼스 문제(Josephus problem)의 한 변종이 등장하는데, 그

176) 그의 "라쿠쇼"(나중에 "호오진(方陣)"으로 불림) 문제들.
177) 그의 "엔산" 문제들. 「산소」, 2권.
178) 1664년판 「도오카이쇼오」.

문제는 요시다의「진코오키」에 이미 나타났던 것이다.

[그림 25] 무라마츠 쿠다유우 모세이의「만토쿠 진코오키」(1665)에 등장하는 죠세퍼스 문제

그것이 얼마 뒤에 세키에 의해서 제기된 바로는 다음과 같다. “옛날에 30명의 자녀를 둔 부유한 농부가 있었는데, 반은 전실 소생

이고, 나머지 반은 둘째 부인의 소생이었다. 후자는 자신이 애지중지하는 아들이 전 재산을 물려받기를 원했으므로, 하루는 그에게 '30명의 아이들을 원 주위에 정렬시키고, 그들 가운데 하나를 첫째로 정하고, 10명마다 하나를 빼서 마지막 남는 아이를 후계자로 지목하는 것이 좋지 않겠습니까?'라고 요구했다. 남편이 그 말을 받아들이자 그녀는 아이들을 그림에 보이는 바와 같이 정렬시켰다[179]. 그리고 나서 헤아리기가 제시된 바와 같이 시작되었는데, 즉각적으로 전실 소생들이 한 명을 제외한 14명이나 제거되기에 이르렀다.

[그림 26] 미야케 켄류우의 「쇼쥬츠 산가쿠 주예」(1795)에 등장하는 죠세퍼스 문제

179) 전실 소생들은 검은 원, 그녀 자신의 아이들은 흰 원으로 표시되었다. 옛 필사본에는 후자들이 붉게 채색되었다.

그러자 그 부인은 자신의 성공을 확신한 나머지, '제거한 것이 이 단계까지 진행되었으니, 내가 택한 아이로부터 시작해서 순서를 바꿔봅시다.'라고 말했다. 남편이 또 다시 승낙하고, 헤아리기가 반대 방향으로 진행되었는데, 그 결과는 둘째 부인의 소생 전부가 강타를 당하고, 전실 소생 한 명만 남게 되어, 따라서 그가 재산을 물려받는 엉뚱한 방향으로 벌어지고 말았다." 원본은 [그림 25]에 제시되어 있고, 미야케의 1795년간 저작에 실린 흥미로운 삽화는 [그림 26]에 제시되어 있으나, 다음 그림이 독자에게 도움이 될 것이다.

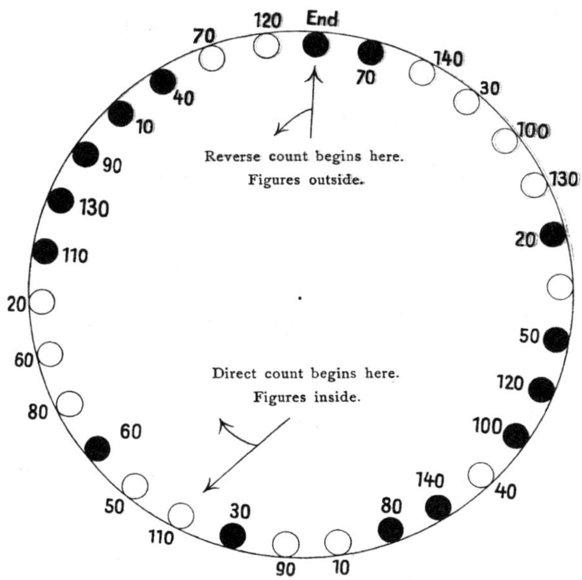

이 흥미로운 동의가 효력을 갖고, 배열을 기도한 부인의 전실 소생이 후계자로 되고 만 결과는 아마도 서양보다는 동양적인 성격과 더 부합될는지 모른다. 세키 역시 요시다의 「진코오키」에서 그 문

제를 취하여 그것을 제시했지만, 그것이 오랜 관습이라고만 논평하는데 그쳤다. 그것은 12세기의 미치노리의 문제들 가운데 하나일 수 있겠지만, 그것이 동양에서 시작되어 서양으로 건너갔는지, 아니면 그 반대인지에 대해서는 알 길이 없다. 유럽에서 비슷한 문제를 추적해보면, 비록 로마시대의 라틴어 저작[180]이 그것을 플라비우스 죠세퍼스(Flavius Josephus)의 작으로 돌리고는 있으나, 최초의 확실한 흔적은 10세기 초 Codex Einsidelensis에서 찾을 수 있다. 그것은 또한 뮨헨의 11세기 수고와 랍비 아브라함 벤 에즈라(Rabbi Abraham ben Ezra, d. 1067)의 「타불라」에도 언급되어 있다. 그것을 최초로 인쇄(1518)에 붙인 것으로 보이는 엘리아스 레비타(Elias Levita)가 그것의 기원을 전가한 것이 바로 이 후자이다. 그것은 흔히 터어키인과 기독교도, 또는 유태인과 기독교도에 관한 — 그 중에서 반이 가라앉는 배를 구제하기 위하여 희생되어야 하는 — 문제로 등장한다[181].

다음에 주목할 작가는 노자와 테이쵸오(野澤定長)이며, 그는 「도오카이쇼오(童介抄)」를 1664년에 펴냈는데, 요시다에서 시작된, 답을 요구하는 문제들을 제출하는 관례를 따랐다. 노자와는 이 소무라의 문제들을 모두 풀고, 100개의 새로운 문제들을 제시했다. 그는 또한 원을 다수의 조각으로 나눈 다음, 이 부분적인 넓이들을

180) *De bello judaico*, III, 16. 전에는 이것이 A.D. 2세기의 Hegesippus에게 돌려졌으나, 이제는 연대미상의 후세 작가의 것으로 여겨지고 있다.

181) 흔히 불리는 이름은 Ludus Josephi, Josephsspiel, Sankt Pder's lek(스웨덴어), Josephus Problem이다. 일본 명칭은 "마마코다테"로서 전실 소생의 문제를 뜻한다. 그것은 Cardan(1539), Ramus(1569), Thierfelder(1587) 등에서 볼 수 있듯이, 과거에 인쇄된 산수책에서 흔히 찾아볼 수 있다. 이 문제에 대한 최상의 일본판 논평은 후지타 사두스케의 1774년간 「산다츠 카이기」(산다츠에 대한 논평)이다.

더하는 원적법(quadrature)을 제안하기도 했다. 그는 심지어 구체에 대해서도 마찬가지 계획을 시사했으나, 그 어떤 경우에 있어서도 자신의 작업을 완성에 이르게 하지는 못했다. 일본에서의 미적분에 대한 이러한 접근을 같은 시기의 유럽에서의 비슷한 접근과 견주어보면 흥미로울 것이다. 무라마츠 모세이(村松茂清)는 구체의 부피에 대해 평행면을 따라 자른 원 위에 생긴 원통들을 더해서 근사치를 구했다. 그는 절단된 부분들 100개 — 또는 그 이상도 가능하지만 — 를 취해서 일종의 평균을 냈는데, 그 결과 지름이 5인 구체의 부피를 524로 정하게 하였다. 노자와가 한 걸음 더 나아가 보다 얇은 막(laminae)을 쓰려는 의도를 갖고 있었고, 따라서 카발리에리가 그의 「불가분법(*Methodus indivisibilibus*)」[182]에서 사용한 방법에 접근했다는 점은 명백하다. 나중에 보게 될 것과 같이, 서양 방법의 어떤 단서가 이미 극동에 도달했을 수도 있고, 또는 자주 그런 일이 벌어지는 것과 같이, 서로 크게 동떨어진 지역에서 마찬가지 속도로 지적으로 성숙되는 것을 세계가 보여줄 뿐일 수 있다.

두 해 뒤인 영국의 경이로운 연도(annus mirabilis)인 1666년에는 사토오 세이코오가 「콘겐키」라는 제목의 저작을 썼다[183]. 그 속에서 그는 이소무라와 노자와에 의해서 제기된 문제들을 풀려고 시도하고, 150개의 새로운 문제들도 제시했다. 그가 원진에 대해서 관심을 가졌다는 사실에 대해서도 언급되어야 할 것이다. 그와 더불어 세키의 저작에 앞서서 원과 구의 측정에 대한 시도가 종식된다는 점에서 이 때까지의 결과들을 표로 정리하는 것이 적절할 것이다[184].

182) 1629년에 저술하여 1635년에 인쇄하였다.

183) 후쿠다의 1879년간 「삼포오 타마테바코」와 Endo, Book I, p. 73에는 사토오 세이오쿠라고 잘못 적혀 있다.

저자	연도	원주율	원의 넓이	구의 부피
요시다	1627	3.16	0.79	0.5625
이마무라	1639	3.162	0.7905	0.51
야마다	1656	3.162	0.7905	0.4934
시바무라	1657	3.162	0.7905	0.525
이소무라	1660	3.162	0.7905	0.51
무라마츠	1663	3.14	0.785	0.524
노자와	1664	3.14	0.785	0.523
사토오	1666	3.14	0.785	0.519

사토오의 1666년도간 「콘겐키」는 「수안시아오치멩」에 제시된 식의 "천원"술 대수가 성공적으로 사용된 최초의 일본 저술이라는 점에서 특별히 주목할 만하다[185]. 그에 의해서 제기된 문제들 중 몇몇은 6차까지 이르는 수리방정식의 풀이를 요구하며, 사토오가 그의 선배들에 대해서 진보를 나타낸 것이 바로 이 점에서이다. 수리 2차 방정식은 물론, 심지어 몇몇 3차 방정식까지도 일본에서 그 이전에 풀리고 있었으나, 이 풀이법을 고차 방정식의 풀이에 확장시킨 최초는 사토오이다. 그러나 그가 원리를 알고 있었다는 사실에도 불구하고, 사토오는 그것을 수행할 의욕을 보이지 않았으며, 결과적으로 중국식 방법을 더 널리 알리고, 그것의 위대한 가능성을 제시하는 일은 그의 후계자에게 넘겨졌다.

이 후계자는 타카하라 킷슈의 제자이며, 나중에 위대한 세키의

184) 실질적으로 같은 형태의 「콘겐키」 표가 하야시의 「수학사」, p. 37에 등장한다. 또한 키일(Kiel) 재판본으로 나온 Herzer, P., 앞의 책, p. 35과 Endo, I, p. 75을 참조할 것.

185) p. 48을 볼 것.

제자가 된 사와구치 카즈유키(澤口一之)[186]였다. 1670년에 사와구치는「코콘 삼포오키」내지 "고금의 수학적 방법들"을 썼다. 그 저작은 일곱 책으로 이루어져 있는데, 처음 세 책은 당대의 평상적인 수학적 작업을 담았으며, 그 다음 세 책은 사토오에 의해 제기된 문제들을 방정식으로 푼 것을 담았다[187]. 그는 또한 얼마간 카발리에리에게 알려진 바와 같은 조야한 미적분을 노자와를 좇아서 사용하려고 시도하기도 했다([그림 27]). 사와구치는 한 동안 영주 세키 빙고노카미의 가신을 지냈으나, 그 자신의 잘못으로 인하여 자리를 잃었으며, 생애의 마지막 시기를 어떻게 보냈는지는 알 길이 없다[188].

사토오의 문제들에 대한 사와구치의 풀이들은 완전한 형태로 주어지지 않았다. 방정식들은 적혀 있지만, 그 다음에는 답만이 뒤따른다. 1차 방정식은 그것을 푸는데, 물론 전치시키고, 항들을 결합하고 나서이기는 해도, 나눗셈만 필요하므로, 키조시키 또는 "나눗셈 식"이라고 불렸다. 보다 고차의 방정식들은 카이호오시키(開方式) 내지 "근을 구하는 식"이라고 불렸다. 하나의 식에 대해서는, 비록 몇몇 문제에서 제대로 지켜지지는 않았으나, 일률적으로 단 하나의 근만이 취해졌다[189].

---

186)「荒木先生茶談」에 따르면, 그는 말년에 이름을 고토오 카쿠베이로 바꿨다고 하나, 다른 저자들은 그 둘을 다른 인물로 간주한다.

187) 유사한 방정식의 사용이 같은 해에 나온 스기야마 테이지의 저작에서도 발견된다는 점도 지적하지 않을 수 없다.

188)「荒木先生茶談」.

189) 사토오는 그의「콘겐키」에서 이미 복수의 근을 인정하고 있었다.

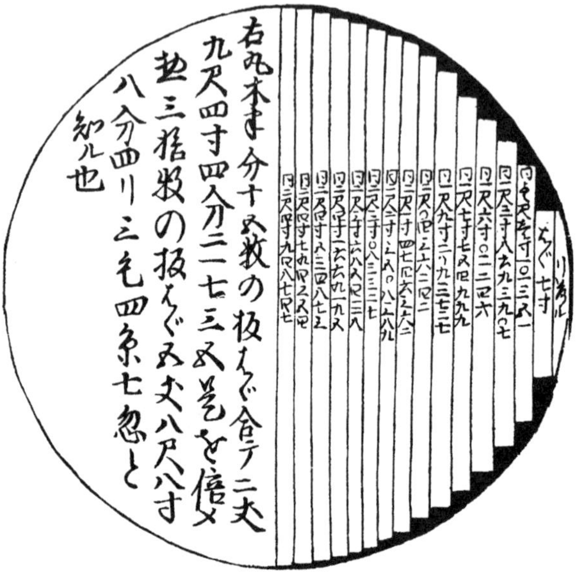

[그림 27] 사와구치 카즈유키(澤口一之)의「코콘 삼포오키」(1670)에서 엿볼 수 있는 초기 수준의 미적분

복수의 근이라는 개념은 그 이전의 중국 저자들의 업적에서 뚜렷이 진일보한 것을 나타내는데, 그 이유는 후자들이 어떤 식에서건 단지 한 근만을 인정했기 때문이다. 그러나 그와 같은 발전적인 운동에서 흔히 그러하듯이, 사와구치는 복수의 제곱근의 중요성을 인식하지 못하고, 그것들을 낳는 문제들을 본질적으로 잘못된 것이라고 불렀다.

사와구치의 방법들은 그의 연구의 성격이 허용하는 만큼 충분히 이해될 수 있다는 점에서 사토오의 문제들에 대한 그의 풀이법 몇 가지는 다음과 같이 제시된다.

"빗변이 6인 직각삼각형이 있는데, 넓이와 한 변의 제곱근의 합

이 7.2384이다. 나머지 두 변을 구하라."([문 64])

사와구치는 다음과 같은 풀이법을 제시한다.

"첫 번째 변을 '천원'(天元)으로 잡는다. 이것을 제곱하여 그 결과를 빗변의 제곱에서 뺀다. 그 나머지는 두 번째 변의 제곱이 된다. 이것을 첫째 변의 제곱과 곱하면, 넓이 제곱의 4배가 되는데, 그것을 A라고 부르기로 하자. 첫째 변의 제곱의 4배를 B라고 부르기로 하자. 합을 놓고, 제곱한 다음, 4배하라. 그 결과에서 A와 B를 뺀다. 남는 것의 제곱은 A와 B를 곱한 것의 4배가 되며, 그것을 X라고 부르기로 하자. A를 놓아 B로 곱하고, 그 값을 4배한 다음, 그 값을 X에서 빼면, 8차 방정식이 생긴다. 이것으로부터, 역의 방법으로 밟아나가면[190], 첫째 변이 나온다." 그리하여 두 변들을 위한 결과는 5.76과 1.68로 주어진다[191].

사토오의 문제 16은 다음과 같다: "원에서 정사각형 하나를 잘라 냈는데, 남은 부분의 넓이가 47.6255이다. 원의 지름이 정사각형 한 변의 제곱근보다 7이 많을 때, 원지름과 정사각형의 변을 구하라[192]." 사와구치는 그 문제가 두 가지 근, 즉, $d=9, s=4$와 $d=7.8242133\cdots$, $s=0.67932764\cdots$를 갖기 때문에 "혼란스럽다"고 간주했다. 그래서 그는 문제에 주어진 수량들을 바꿔서 넓이가 12.278이고 차이가 4가 되게 하였다. 그런 다음 그는 전처럼 방정식을 고찰하였으니, 곧, $\frac{1}{4}\pi d^2 - s^2 = 12.278$과 $d-\sqrt{s}=4$이다. 그리하여, $\frac{1}{4}\pi$를

---

190) 즉, 계수들의 부호가 계산 도중에 바뀔 때.

191) 현대적인 부호로 나타내어 s=합계, 7.2384, h=빗변, x=첫째 변이라고 하자. 그러면, 그의 법칙은 $[4s^2-(h^2-x^2)x^2-4x^2]^2-16x^4(h^2-x^2)=0$이 된다.

192) 즉, $\frac{1}{4}\pi d^2 - s^2 = 47.6255$와 $d-\sqrt{s}=7$

0.7855로 잡으면, $d=6$, $s=4$가 된다.

사와구치는 그 다음에 노자와 테이쵸오의「도오카이쇼오」(1664)에 나오는 문제 하나를 고찰하는데, 그것은 곧 다음과 같다. "길이가 300 단위이고 너비가 132 단위인 직사각형의 땅이 있다. 여기 보이는 바와 같이 네 사람에게 똑같이 나눠주려고 하는데, 세 부분은 정사각형이 되도록 한다. 각 부분의 크기를 구하라."

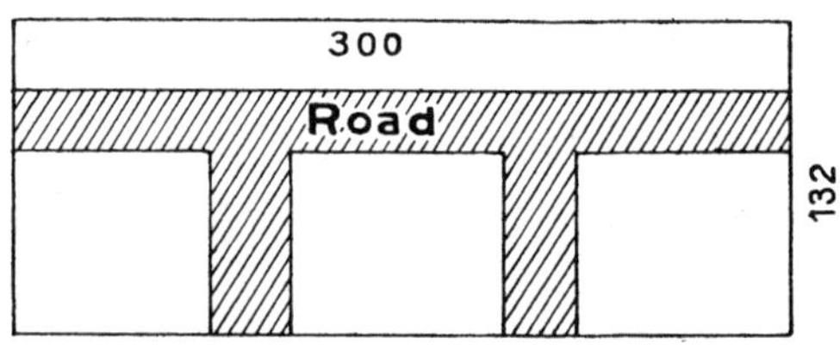

사토오 세이코오(佐藤正興)는 그의「콘겐키」(算法根源記)에서 이 문제에 대한 해답 둘을 다음과 같이 제시하고 있다.

1. 정사각형 부분 각각의 한 변은 90 단위이고, 네 번째 부분의 너비는 27 단위이며, 길들의 너비는 각각 15 단위이다.
2. 정사각형 부분 각각의 한 변은 60 단위이고, 네 번째 부분의 너비는 12 단위이며, 길들의 너비는 각각 60 단위이다.

사토오의 이 해답은 사와구치로 하여금 명백히 단순한 문제에 대해 하나 이상의 답을 허용하는 수학의 미묘한 성격에 관하여 부연하게 만들었다.

사와구치는 사토의 저작에 들어있는 150개의 문제 중에서 16개를 풀리지 않는 것으로 남겨둔다고 말하였다. 그러나 그는 그의 의

도가 이런 성격의 문제들을 제자들과 말로 고찰하는 것이라고 밝히면서, π 값을 뚜렷한 설명 없이 3.142로 제시하였다.

풀리지 않은 16개의 문제들 가운데 두 개는 다음과 같다.

"원의 한쪽 부채꼴 넓이가 41.3112인데, 지름이 8.5이고, 현에 의하여 절단된 호시의 높이는 2이다. 현을 구하라."([문 34])

"호시로부터 원을 잘라내니, 나머지 넓이가 92.27632이다. 현은 24이며, 그림에서 보는 바와 같이, 원이 잘라낸 부분의 높이 둘이 각각 1.8씩이다. 작은 원의 지름을 구하라."

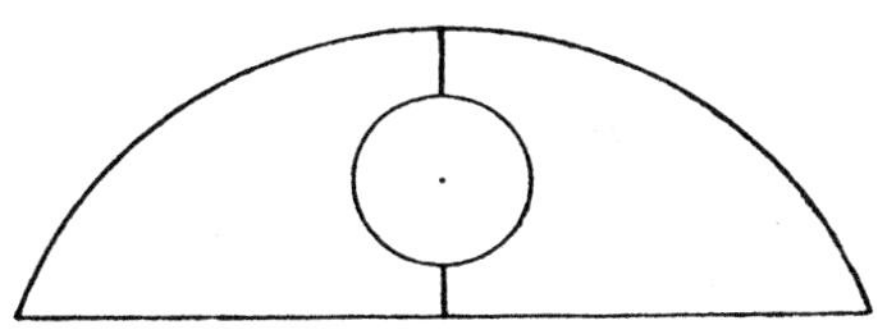

사와구치의 일곱 번째이자 마지막 연구서는 15개의 새로운 문제들로 이루어져 있으며, 모두 4년 뒤에 세키에 의해서 풀렸는데, 그는 그 가운데 하나는 1,459차 방정식까지 가야 했다고 말했다. 이 방정식은 20년 뒤[193] 쿄오토의 미야기 세이코오(宮城淸行)에 의해서 「와칸 삼포오(和漢算法[大成])」라는 제목의 저서를 통하여 실질적으로 풀렸다.

193) 정확한 연대는 1695(元祿 8)년이다.[역주]

제 6 장 세키 코오와(關孝和)

1642년[194] 음력 3월 코오즈케 지방의 후지오카(上州藤岡)[195]에서 살고 있던 사무라이 신분의 일원인 우치야마 시치베이(內山[七兵衛]永明)에게 아들이 태어났다. 생부모에게 작은아들이었던 이 아이는 유아기에 다른 귀족인 세키 고로자예몬(關五郎左衛門)의 가문으로 입양되어, 세키라는 성이 붙여졌으며, 그렇게 세상에 알려지게 되었다. 세키 신스케 코오와[196](關[新助藤原]孝和, 1640년경-1708)는 동·서양 수학계 격동기에 갈릴레오(Galileo)가 사망한 것과 같은 해[197]에 태어났다. 마치 뉴턴이 케플러(Kepler), 카발리에리(Cavalieri), 데카르트(Descartes), 페르마(Fermat), 배로우(Barrow)와 같은 직계 선배들의 노력을 고맙게 여기며 자신이 거인들의 어깨에 무등을 탔다고 말할 수 있었던 것과 같이, 세키도 요시다 코오유우(吉田光由), 이마무라 치쇼오(今村知商), 이소무라 킷토쿠(礒村吉德), 무라마츠 쿠다유우 모세이(村松[九太夫]茂清), 사와구치 카즈유키(澤口一之)[198]의 노력 위에 구축될 수 있었던 일본수학 발전의 일대 호기(好機)에 등

194) 일본 연호로는 관영(寬永) 19년에 해당한다.[역주]

195) 쇼군의 도성인 에도(오늘날의 도쿄)로부터 그다지 멀지 않은 곳.

196) 또는 타카카즈라고 함. 세키의 생애에 관해서는 Mikami, Y., "Seki and Shibukawa," *Jahresbericht der Deutschen Mathematiker-Vereinigung*, Vol. XVII, p. 187; Endo, Book II, p. 40; 오자와 세이요오(小澤正容), 「算家略譜(*Lineage of Mathematicians*)」(일본어판), 1801; 하야시, 「수학사」, part I, p. 43과 세키 서거 200주년을 맞아 1908년에 발간된 기념논문집(일본어판)을 참조할 것.

197) C. 카와키타는 「혼쵸오 스우가쿠 코오엔슈우」에 게재된 논문에서 혹자는 세키가 1637년에 태어난 것으로 믿고 있었다고 언급했다.

198) 사와구치 카즈유키(澤口[三郎左衛門]一之)는 「코콘 삼포오키(古今算法記)」의 저자이다.[역주]

장했다. 그의 출생은 서양에서 뉴턴이 유율(fluxion) 미적분을 발명하고, 세키가 동양에서 엔리(圓理) 내지 "원의 원리"를 발명함으로써 각자 마찬가지 목적을 성취하려는 뜻을 품고, 후대를 위해 실질적 개선을 이뤄내고 말았다는 업적의 유사성 때문에 더더욱 중요한 사건이 아닐 수 없다. 엔리가 썩 잘 알려져 있지 못한 데다, 이런 형태의 미적분과 뉴턴과 라이프니츠에 의하여 세계에 제시된 것의 상대적 장점에 대해서 일본 학자들 자신이 결정을 보지 못하여 비교적 가치를 판단하기는 얼마간 어렵다[199].

세키의 탁월한 재능은 어린 시절에 드러났다. 일설에 의하면, 불과 다섯 살 때에 어른들이 자기 앞에서 어떤 계산을 두고 논란을 벌이는데 그가 잘못을 지적하여, 사람들이 그의 성취에 너무 놀란 나머지 그에게 신동이라는 칭호를 붙여줬다고 한다[200].

또 다른 일화는 세키가 아홉 살 때 하인이 요시다 코오유우의 「진코오키(塵劫記)」를 공부하고 있는 것을 본 것과 관련된다. 그 하인이 어떤 문제를 놓고 어려워하자, 세키가 그를 돕겠다고 나서서 올바른 해답을 쉽사리 가르쳐줬다는 것이다[201]. 이 두 번째 일화는, 카미자와 테이칸[202]의 서술에 따르면, 그 하인이 어린 세키로 하여금 「진코오키」의 산술에 처음 흥미를 갖게 하고, 그에게 최초의 수

199) 그리하여 엔도오는 엔리가 미적분과 매우 같다고 보고 있다 (「수학사」, Book III, p. 203). 또한, 하야시, 「수학사」, part I, p. 44와 「혼쵸오 스우가쿠 코오엔슈우」, pp. 33-36을 볼 것. 이와 반대되는 견해로는 엔리가 중국식 방법과 비슷하며, 미적분보다 훨씬 열등하다고 한 동경대학 R. 후지사와 교수의 주장을 들 수 있다. 이 문제는 후속 장에서 보다 충분히 고찰될 것이다.

200) 카미자와 테이칸(神澤貞幹, 1710-1795), 「오키나구사(翁草)」, Book VIII. 카미자와는 쿄토에서 살았다. 이 칭호는 1794년 도쿄에 건립된 세키 기념비에도 새겨져 있다.

201) 쿠이치 산진, 「스우가쿠 호오치」, No. 55.

202) 「오키나구사」, Book VIII.

학을 가르쳤다고 하여 다르게 전해진다. 다른 사람들[203]은 세키가 수학을 위대한 스승인 타카하라 킷슈(高原吉種)로부터 배웠다고 말하지만, 그가 모오리의 발아래 그의 산시(算士)의 일원으로 앉았었다는 점을 — 비록 이 주장을 일반적으로 받아들이기는 어렵지만 — 상기해야 할 것이다. 그의 저작들이 다른 선생들의 뚜렷한 영향을 나타내지 않고, 오히려 소시 적부터 스스로 터득했다고 봐야 좋을 만한 독창성을 나타낸다는 점[204]에서 대부분의 저자들[205]은 그가 자수성가했고, 스스로 깨우쳤다는 점에 동의하고 있다. 그의 초기 훈련과정이 어쨌든 간에 세키는, 그가 어린 나이에 일본과 중국의 표준 수학 저작들로 된 장서를 획득했던 것으로 미루어 볼 때, 매우 빠른 진보를 나타냈음에 틀림없었고, 고차 수리방정식의 풀이법은「수안시아오치멍(算學啓蒙)」[206]으로부터 배웠음이 분명하다. 그리고 이러한 학문적 진보와 더불어 대중적인 인정도 찾아와, 이내 학생들이 그 주위에 몰려들었으며, 그에게 산성(算聖, The Arithmetical Sage)[207]이라는 칭호가 주어졌다. 이윽고 그는 사무라이 신분의 후예로서 공공 업무에 종사하게 되었는데, 흡사 뉴턴이 앤 여왕 치하에서 조폐국장이 되었던 것처럼 그는 코오슈우 공[208]의 회계감사관[209]이 되었다. 그의 영

---

203) 후쿠다,「삼포오 타마테바코」, 1879; Endo, Book II, p. 40; 하야시,「혼쵸오 스우가쿠 코오엔슈우」, 1908을 볼 것.

204) 긴 비문 가운데 어떤 스승도 거명 되어 있지 않다는 사실이 동일한 결론을 가리킨다.

205) 후지타 사다스케의「세이요오 삼포오」서문; 오자와,「算家略譜」; 저자미상,「상카 케이즈」라는 저술을 참조할 것.

206) 카미자와의「오키나구사」에는 이것이「산가쿠 고모오」로 되어 있으나,「산와 즈이히츠」라는 제목이 붙은 저자미상의 저술에는 그 중국 고전의 출전이 사토오라는 사람의「부린 인켄 로쿠」로 되어 있다.

207) 일본어로는"산세이"라고 함. 이 칭호는 그의 무덤에도 새겨졌다.

208) 세키의 주군은 文昭院(綱豊)이며 나중에 家宣이라고 불렸다.[역주]

주가 쇼군[210]의 양자가 되었을 때, 세키는 쇼군의 사무라이가 되었으며, 1704년에는 쇼군가의 의전장[211]이라는 영예로운 자리가 주어졌다[212]. 그는 1708년 10월 24일 66세를 일기로, 자신의 피를 이어받은 후손을 남기지 않은 채, 숨을 거두었다[213]. 그는 에도(도쿄)의 우시고메(牛込七軒寺町)에 있는 조린지(淨輪寺)라는 불교 묘지에 묻혔는데, 그의 묘는, 비문이 전하는 바에 따르면, 80년 뒤에 그의 학파 소속 수학자들에 의하여 재건된 것으로 되어 있다.

세키에 대해서는 몇 가지 일화가 전해지는데, 그 가운데 몇몇은 그의 성격에 대해 흥미로운 시사점을 던져준다[214]. 이것들 중 하나는 그가 주군의 파견을 받들어 에도에서 코오슈우 내지 카이 현의 수도인 코오후(甲府)까지 여행했을 때에 관한 것이다. 가마로 여행하면서 그는 방향과 거리, 도중의 풍물, 고저와 그 지방의 위상을 나타내는 모든 것을 기록하기를 즐기고, 가는 대로 그 결과를 종이에 적어 놓았다. 그가 이 여행기를 토대로 지역의 지도를 어찌나 자세하고 꼼꼼하게 작성하였던지 에도로 귀환한 뒤 그의 주군은 사무라이처럼 여행하면서도 지리학자처럼 관찰한 자의 묘사력에 그만 크게 감탄하고 말았다.

다른 일화는 코오슈우 공이었던 쇼군(六代將軍)이 한번은 소중한 향나무[215] 큰 조각 하나를 어떻게 자기 집안 식구들에게 균등하

209) 이 직책은 "勘定奉行" 또는 "勘定方吟味役"이라고 불렸음.[역주]

210) 이는 五代將軍 綱吉을 가리킨다.[역주]

211) 영어로는 master of ceremonies로 표시되어 있는데, 이 직책의 원래 호칭은 "旗本の詰士"이다.[역주]

212) 카미자와, 「오키나구사」, 8권 ; 「스우가쿠 호오치」에 수록된 쿠이치 산진; 엔도오, 2권, p. 40.

213) 그의 후계자는 신시치 또는 신시치로오라는 이름의 조카였다. 엔도오, 2권, p. 81.

214) 카미자와, 「오키나구사」, 8권.

게 분배하려고 했는지에 관한 것이다. 그러나 나무를 자르기로 되어 있는 관리가 분배하려고 했을 때, 그는 몫이 같아야 된다는 영주의 요구에 부응할 길을 발견할 도리가 없었다. 그리하여 그는 동료 관리들에게 호소했는데, 그들은 한결같이 그에게 세키 말고는 누구도 향나무를 절단하는 방법을 정할 수 없을 것이라고 충고하였다. 그 관리는 크게 안도하면서 "산성"에게 호소하게 되었으며, 결국 헛되지 않았다[216].

세키에 대해서는 또한 중국 천자가 쇼군에게 선물로 보내온, 인형이 시간을 울리도록 마련된 경이로운 시계와 관련된 일화가 있다. 몇 해가 지나자 정교한 용수철이 빠져 나와서 더 이상 인형이 종을 치지 못하게 되고 말았다. 그래서 나라 안의 최상의 기술자들이 소환되었지만, 누구도 그 시계를 수리할 수 없었는데, 때마침 세키가 주군의 고민거리에 대해 듣게 되었다. 자기 집에 시계를 가져가도 좋으냐고 묻고는 얼마 후 그것을 성공적으로 고쳐서 다시금 정확하게 시간을 알리도록 만들어 쇼군에게 돌려주었다.

이러한 일화들은 이 인물의 예리함과 다재다능함을 보여주는데 다소나마 가치가 있으며, 왜 그가 회계감사관과 같은 요직에 등용되었는지를 설명해준다[217].

세키의 이름은 오랫동안 그에 의해서 발명되었을 수 있으며, 8장에서 고찰될 미적분의 한 형태인 엔리와 결부되어 왔다. 그러나 그가 중국인들로부터 유래된 "천원"술(天元術, the method of the

215) 이 향나무는 가라(伽羅)라고 불리는 종류이었다.[역주]

216) 이 일화는 83-84쪽에 이미 제시된 요시다의 문제를 토대로 한 것임에 틀림없다.

217) 카미자와, 「오키나구사」, 8권.

"Celestial Element")을 개선한 대수 체계인 자신의 텐잔(点竄)술과, 중국에서 전래되고, 이소무라나 사와구치와 같은 일본 저자들에 의해서 개선된 방법보다 훨씬 간단하게 방정식 및 다른 대수분야를 다루는 방법인 엔단쥬츠(演段術)와, 따라서 첫 번째 발견으로 여겨져 온 것, 곧 라이프니츠의 연구보다 앞선 행렬식에 관한 업적으로 알려지는 것이 보다 확실할 것이다.

그의 저술들에 관해서는, 그가 수백 편의 미간행 수고들을 남겼다고 전해지는데[218], 그러나 만약 이것이 사실이라면, 그것들 대부분은 일실된 셈이다[219]. 그는 또한 1674년에 「하츠비 삼포오(發微算法)」를 펴냈다[220]. 여기서 그는 사와구치 카즈유키(澤口一之)의 「코콘 삼포오키(古今算法記)」(1670)에 제기된 15 문제를 풀었는데, 최종식들만이 주어져 있다[221].

세키의 진정한 능력과 그를 서양의 위대한 동시대인들과 같은 반열에 올려놓는 것의 정당성에 관해서는 많은 의문점이 남는다. 그가 대수에서 이용되는 방법들을 개선한 것은 사실이지만, 그의 이름이 엔리와 제대로 결부되었는지는 확실치 않은 것이다.

이런 이유 때문에, 그리고 그의 명성으로 인해서, 독자들이 자료를 직접 보고 개별적 판단을 내릴 수 있도록, 그의 어떤 선배의 저작

218) 엔도오, Book II, p. 41.

219) 더 자세한 사항들에 관해서는 엔도오, 앞의 책과 1908년 도쿄에서 발행된 세키 기념논문집(「세키류우 시치부쇼」, 또는 세키학파의 수학에 관한 일곱권의 책)을 볼 것.

220) 이것은 하야시 교수가 미타키와 미에의 「학키 삼포오」로 언급한 저술이다.

221) 1685년 세키의 제자 가운데 하나인 타케베 켄코오가 「하츠비 삼포오 엔단 겐카이」 내지 "「하츠비 삼포오」에 대한 완전한 설명"이라는 제목의 저술을 펴냈는데, 그 문제들은 그 속에서 풀이되었다. 그는 그 저술을 인쇄할 목판들이 1680년에 소실되어, 그 손해를 복원하려고 애썼다고 적고 있다.

보다 그의 저작을 더 깊이 살펴보는 것이 최선으로 여겨졌다.

먼저 사와구치에 의해서 제기된 문제들 가운데 몇몇을 세키의 식 및 타케베 켄코오의 풀이와 함께 제시해보도록 하자.

사와구치의 첫 번째 문제는 다음과 같다. "원 속에 세 개의 다른 원들이 여기 보이는 것처럼 내접해 있는데, 남은 넓이가 120 단위이다. 두 개의 작은 원들의 공통적인 지름은 그 다음 크기의 원 지름보다 5 단위가 모자란다. 여러 원들의 지름들을 구하라."

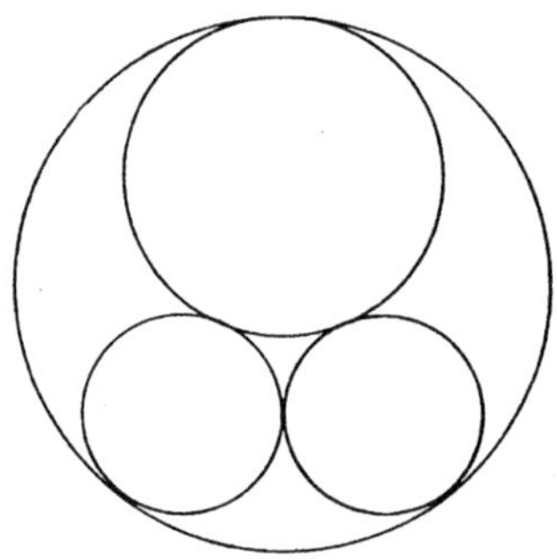

세키는 이 문제를 다음과 같이 풀었다. "천원을 배치하고, 그것을 가장 작은 원들의 지름으로 잡도록 하자. 그것에다 일정한 양을 더하면, 결과는 중간 크기의 원 지름이 된다. 그것을 제곱하여 그 값을 A라고 부르자.

가장 작은 원들의 지름의 제곱을 두 배하고, 그것을 A에다 더하고, 합을 둘레의 적률(moment)[222]로 곱하라. 이 값을 B라고 부르자.

222) "둘레의 적률"은 분수 π 값의 분모를 가리킨다. π를 $\frac{22}{7}$로 잡을 경우, 이것은 22이다.

남은 넓이의 4배를 지름의 적률[223]로 곱하라.

이것을 B에 더하면, 결과는 가장 큰 원 지름의 제곱을 둘레의 적률로 곱한 값이 된다. 이것을 C라고 부르자[224].

가장 작은 원의 지름을 취하여, 그것을 A와 둘레의 적률로 곱하라. 이 결과를 D라고 부르자[225].

중간 크기의 원 지름의 4배로부터 가장 작은 원 지름을 빼고, 이 값의 C배로부터 D를 빼라. 나머지의 제곱은 중간 크기의 원 지름의 4배와 가장 작은 원 지름의 2배의 합의 제곱, 중간 크기의 원 지름의 제곱, 둘레의 적률의 제곱, 그리고 가장 큰 원 지름의 제곱의 곱이다. 이것을 X라고 부르자.

중간 크기의 원 지름의 4배와 가장 작은 원 지름의 2배의 합을 제곱하고, 그것을 A, C, 그리고 둘레의 적률로 곱하라[226]. 이 양을 X로 소거하면, 6차 방정식이 된다[227]. 차수의 역순으로 이 방정식

---

223) "지름의 적률"은 분수 π 값의 분자를 가리킨다. $\frac{22}{7}$의 경우, 이것은 7이다. 따라서 7×120가 되는 것이다.

224) 지금까지의 풀이 과정은 다음과 같다: x=가장 작은 원의 지름, y=가장 큰 원의 지름이라고 하자. 그러면, $x+5$가 소위 "중간 크기의 원"의 지름이 된다. 그러면 $x^2+10x+25=A$, $22(3x^2+10x+25)=B$가 되고, $\pi=\frac{22}{7}$일 경우, $7\cdot4\cdot120+B=C=22y^2$이 된다. 그리하여

$$7\cdot4\cdot\frac{22}{7}\left\{\frac{y^2}{4}-\frac{(x+5)^2}{4}-\frac{2x^2}{4}\right\}+B=C,$$

또는 $22(y^2-x^2-10x-25-2x^2+3x^2+10x+25)=C$,
또는 $22y^2=C$가 되는데, 그것이 바로 법칙에 적힌 바와 같이, "가장 큰 원의 지름의 제곱을 둘레의 적률로 곱한 값"인 것이다.

225) 즉, $22x(x^2+10x+25)=D$

226) 즉, $\{C[4(x+5)-x]-D\}^2=X$.

의 근을 구하면[228], 가장 작은 원의 지름이 나온다.

이 값으로부터 따져 들어가면, 다른 원들의 지름들이 얻어진다."

여기서 타케베의 분석을 덧붙이면, 이 시기의 수학에 대한 평가 내지 이해에 도움이 될 것이다.

가장 큰 원의 지름을 x, 중간 크기의 원 지름을 y, 그리고 가장 작은 원의 지름을 z라고 하자[229].

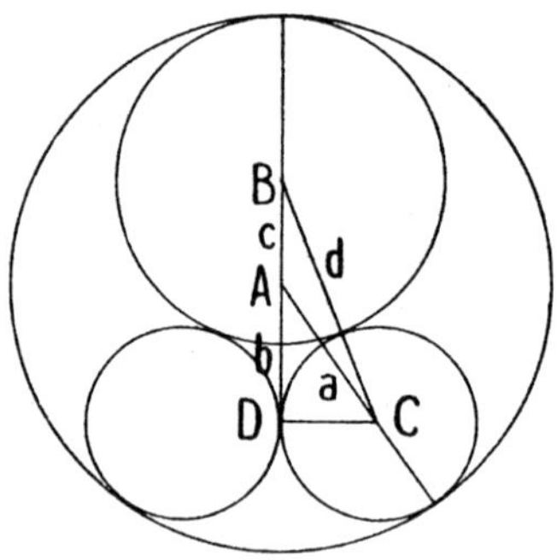

---

227) 즉, $X = 22^2(3xy^2+5y^2-x^2)^2$이며, 이 값은 $22^2y^2(x+5)^2(6x+20)^2$과 같다.

228) 69쪽에 설명된 바와 같이 한다.

229) 타케베는 이 값들을 물론 한자로 표시하였다. 그는 계수들을 통상적인 상기 형태로 나타냈는데, |x, |̸y, ||xy는 각각 $x, -y, 2xy$를 뜻했다. 이러한 표시는 보오쇼 내지 옆에 하는 표기(side-notation)라고 불리는데, 나중에 언급될 것이다. 미지수를 포함하는 표현들은 수직으로 배열하고, 다른 항들은 수평으로 배열한다. 그리하여, 한자를 사용할 뿐, $x, -a+x, a^2-2ax+x^2$은 각각

O	|̸ a	| a^2
|	|	ǁ̸ a
		|

으로, 그리고 $a^2+2ab+b^2$은

|a^2 ||ab |b^2

으로 표시되는 것이다.

그리고 나서 $AC=a$, $AD=b$, $AB=c$, $BC=d$라고 놓아 일단 보조 미지수로 삼도록 한다.

그러면

$$2a=-z+x$$

이어서

$$4a^2=z^2-2zx+x^2$$

또는

$$4a^2-z^2=-2zx+x^2$$

이 된다. 따라서

$$4b^2=-2zx+x^2 \tag{1}$$

이다. x에서 y만큼 빼면, $-y+x$가 되는데, $2c$와 같다. 제곱하면,

$$4c^2=y^2-2yx+x^2 \tag{2}$$

이 된다. y에 z를 더하면,

$$2d=y+z$$

가 되는데, 제곱하면,

$$4d^2=y^2+2yz+z^2$$

이 된다. z^2을 빼면[230],

$$4(b+c)^2 = y^2 + 2yz$$

이 된다. 여기서 (1)과 (2)를 빼면,

$$b \times 8c = 2yz + (2z+2y)x - 2x^2$$

이 된다. 2로 나누면,

$$b \times 4c = yz + (z+y)x - x^2$$

이 된다. 제곱하면,

$$b^2 \times 16c^2 = y^2z^2 + (2y^2z + 2yz^2)x + (y+z)x^2 - (2y+2x)x^3 + x^4 \qquad (3)$$

이 된다. (1)과 (2)를 곱하면, 우리는 또한

$$b^2 \times 16c^2 = -2y^2zx + (y^2 + 4yz)x^2 - (2y+2z)x^3 + x^4$$

을 얻게 되는데, (3)에 표시된 것으로 소거하면,

$$y^2z^2 + (4y^2z + 2yz^2)x + (-4yz + z^2)x^2 = 0$$

이 되고, z로 나눠주면,

$$y^2z + (4y^2 + 2yz)x + (-4y + z)x^2 = 0$$

---

230) 아울러 $d^2 - \left(\frac{1}{2}\right)z^2 = (b+c)^2$임에 주목함.

이 된다. 이것은

$$y^2z+(x^2z-4x^2y)+(4y^2+2yz)x=0$$

라는 형태로 쓸 수 있다.

타케베는 이제 보조 미지수들을 제거하고, 첫 번째 괄호 속의 양을 제곱하여 나머지 표현의 제곱을 소거케 하고[231], 나머지 단계는 세키의 해법에서와 같게끔 한다. 여기서 그는 y와 z를 x와 주어진 양들로 나타내고, 그렇게 하여 x의 6차 방정식에 도달한다. 그의 암시에 따라 수행하려고 시도하지 않더라도, 그의 소거하는 재주를 보여주기에는 충분히 제시한 셈이다.

사와구치가 제기한 12번째 문제는 다음과 같다.

세 선분 a, b, c가 그림과 같이 그려진 삼각형이 있다. $a=4$, $b=6$, $c=1.447$이고, 가장 긴 변과 가장 작은 변의 세제곱의 합이 637이며, 나머지 변과 가장 긴 변의 세제곱의 합은 855로 주어졌다. 변들의 길이를 구하라.

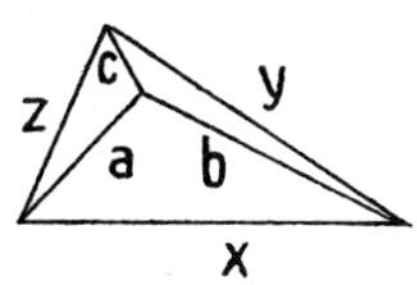

세키는 이 문제를 54차 방정식을 사용하여 풀었다.

14번째 문제도 얼마간 같은 성격의 것으로서 다음과 같다.

변들과 대각선들이, 그림에 나타난 바와 같이, u, v, w, x, y, z로

231) 이것은 x^2z-4x^2y를 $-[y^2z+(4y^2+2yz)x]$과 등치시킨 다음, 항처럼 제곱하여 소거하는 것이 된다.

표시되는 사변형이 있는데,

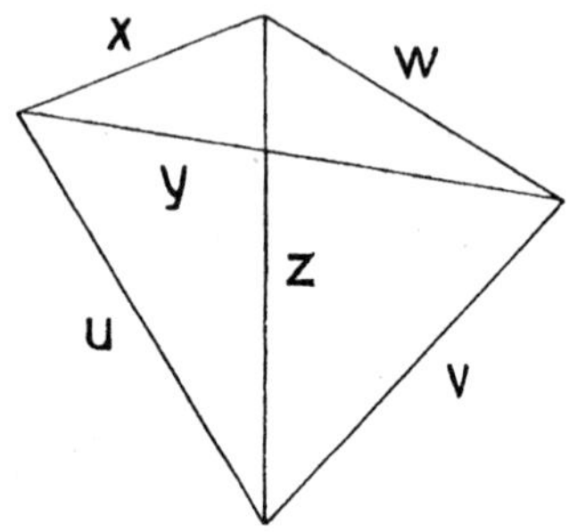

$$z^3 - u^3 = 271$$
$$u^3 - v^3 = 217$$
$$v^3 - y^3 = 60.8$$
$$y^3 - w^3 = 326.2$$
$$w^3 - x^3 = 61$$

이라고 주어져 있다. u, v, w, x, y, z의 값을 구하라[232].

세키는 풀이를 위한 식을 적지는 않은 채, 다음과 같이 말하고 있다.

"z 값을 구하기 위해서는 1458차 방정식을 역산으로 풀어야만 한다. 그러나 분석이 매우 복잡한데다가 간단히 적을 수 없기 때문에, 생략하고, 단지 풀이의 힌트만을 제공하기로 한다.

z를 위해 '천원'을 취하면, 그로부터 u, v, w, x, y의 세제곱들

232) 말을 부호로 바꿨을 뿐, 이것은 정확히 원문 그대로이다. 다만 이 식들만으로는 결정될 수가 없다. 타케베는, s를 z에 대한 u의 투영이라고 할 때, $z^2 + u^2 - x^2 = z \cdot 2s$라는 또 하나의 식을 추가하였다.

의 표현이 도출될 것이다.

그런 다음, x^3을 소거하면, 분석이 18차 방정식에 이른다.

그 다음에 w^3을 소거하면, 54차 방정식에 이르게 된다.

그 다음에 y^3을 소거하면, 162차 방정식에 이르게 된다.

그 다음에 v^3을 소거하면, 486차 방정식에 이르게 된다.

이제 u^3을 소거하면, 마지막에 1458차 방정식이 얻어지는 것으로부터 두 개의 동일한 표현이 나온다. 이 방정식을 역산으로 풀면, z 값을 얻게 된다. 이 분석법[233]은 단계별로 우리를 결과로 이끌 것이며, 난제를 공략하는 방법의 일례로 쓰일 수 있을 것이다."

세키의 설명은, 그가 말한 바대로, 매우 모호하다. 의심할 여지없이, 그는 그 작업을 제자들에게, 손에 상기를 쥔 채, 말로 설명했을 것이다. 그의 진술 속에서 사안이 드러나는 바와 같이, 그는 6개 미지수에 대해서 5개의 방정식이 갖고 있었지만, 개재된 기하적인 관계를 이용하지 않았던 듯하며, 그 결과 그가 무슨 특별한 방정식을 사용했었는지에 대해서 우리는 짐작이나 하도록 남겨져 있는 상태이다.

세키가 제시한 설명들은 비록, 인용된 몇 가지 예제에서 나타나듯이, 명백히 불완전하고 모호하지만, 그럼에도 불구하고 수학적 분석상의 진일보를 획한 것으로 주목할 만하다. 그의 선배들은, 많은 유럽의 초기 대수학자들도 그랬듯이, 결과를 얻는 풀이법만을 진술하는데 만족했다. 예컨대, 피사의 레오나르도(Leonardo of Pisa)는 3차 방정식을 놀라운 정도의 근사값까지 구하고 있지만, 우리는 그의 방법에 대한 추호도 짐작할 수 없다. 심지어 16세기 이탈리아와

233) 기본적으로 방정식을 세우는 법.

독일의 대수학자들도 "그렇게 하라"(Fac ita)라는 라틴어 표현을 사용하는데 만족했다[234]. 그러나 세키는 그의 문제들의 분석에 각별한 관심을 기울였으며, 교사로서의 그의 성공이 이에 주로 기인했다. 그가 과정을 밟은 방법은 엔단쥬츠(演段術)로 알려진 것으로서, 엔단은 설명이나 제시를 뜻하고, 쥬츠는 과정을 뜻하는[235], 중국의 천원술에서 상기를 운용하면서 설명을 가하는 방법이다. 둘 또는 그 이상의 미지수가 들어있는 문제가 대두될 때, 일반적으로는, 그 미지수들이 포함된 둘 또는 그 이상의 표현이 있게 된다. 세키는 이 표현들을 종이에 적고, 그것들 간의 관계를 그가 될 수 있는 대로 기본적인 형태의 방정식에 도달할 때까지 단순화시키는 습관이 있었다. 이것은 방정식을 도출하는 방법을 알려주지 않은 채 그것을 단번에 진술하려고 한 그 이전의 계획과는 정반대 되는 일이었다. 더욱이 그것은 제자들이 그 작업을 단순화시키고, 따라서 가능한 한 최종적으로 풀어야 할 방정식의 차수를 줄이는 과정을 단계별로 고찰하도록 이끌었다[236]. 세키의 제자인 타케베 켄코오(建部賢弘)는 스승의 분석의 명징성을 다음과 같은 말로 열렬하게 옹호했다[237]. "사실상 이 엔단은 중국에서는 일본에서처럼 명쾌하게 제시된 적이 없었던 절차이다. 그것은 우리 스승님 학파의 혁혁한 업적 가운데 하나이며, 고금을 통틀어서 모든 다른 수학적 성취들을 능가한다고 인정되어야만 할 것이다."

---

234) 고대 독일어로는 thu ihm also.

235) 그 표현은 한 마디로 분석이라고 옮길 수 있을 것이다.

236) 엔도오는 엔단쥬츠가 63쪽에 언급된 텐겐쥬츠를 반복적으로 적용한 것으로 간주될 수 있다는 사실에 주목을 환기시킨다. 그의 *Biography of Seki*(일본어판), 「토오요오 가쿠게이 잣시」, vol. 14, p. 313을 볼 것.

237) 타케베, 「하츠비 삼포오 엔단 겐카이(發微算法演段諺解)」, 1685, 서문.

이런 말은 단순한 사실의 기록자라기보다는 열렬한 사도의 그것으로 보이는데, 그 이유는 우리 앞에 놓여진 증거로 미루어 보면, 엔단이, 비록 그의 선배들이 그것을 전혀 이용하지 않았다고 할지라도, 어떤 수학자나 교사라도 사용할 만한 상식적인 형태의 분석에 불과하기 때문이다.

그러나 타케베는 교사로서의 세키의 명성이 이에 머무는데 만족하지 못하고, 그래서 마치 피타고라스 형제단의 한 선도자가 위대한 스승의 꼼꼼하게 감춰진 원리에 대해 신비스럽게 참조했었을 것과 마찬가지로, 또 다른, 보다 밀교적인 이론에 대해 암시를 보내고 있다.

"비록 보다 강력한, 또 다른 방법이 있으나, 지식이 나처럼 그렇게 제한적인 사람은 그것의 중요성을 오해할 염려가 있으므로 나는 그것에 대해 설명하려고 시도하지 않을 것이다."라고 그는 말하는데, 아마도 세키가 "천원"술을 개선시킨 텐잔술[238]에 대한 찬사로 여겨진다. 그것을 얘기하는데 있어서의 타케베의 과묵함은 세키 자신의 겸손함을 반영할 뿐일 것인데, 왜냐하면 이 겸손에 대해서는 다양한 작자들이 우리를 납득시켜주고 있기 때문이다. 그런 발명에 대한 과시는 세키의 사무라이 정신과 부시도오(武士道)의 고양된 원리와 전혀 어울리지 않는다. 반면에, 이런 비밀의 관습은, 타르타글리아(Tartaglia)와 카르단(Cardan)의 태도는 물론, 심지어 갈릴레오(Galileo)와 같은 인물의 태도에서도 엿볼 수 있듯이, 세키의 시대 이전에도 곳곳에 존재했다. 일본에서는 모오리(毛利重能)가 그의 수

238) 여기서 텐잔은 보다 넓은 의미를 지닌 것으로 이해될 수 있을 것이다. 그것은 실제로 아마도 엔리를 제외한 일본 수학 전부를 포함한다. 좁은 의미에서 그것은 수학으로 기록되나, 가끔 "천원"술을 포함하기도 한다.

제자들에게만 보여준 비밀스러운 책을 갖고 있었다고 전해지고[239], 이소무라에게도 원과 호에 관한 계산들을 다룬 그런 책이 있었다[240]. 세키는 자신의 발견에 탄복한 나머지 그것을 자신의 가장 촉망되는 추종자들에게 결코 공개하지 않겠다는 피의 맹세를 받고서야 보여주었다. 그리하여 세키 사후 반세기 이상동안 비밀이 유지되었으며, 큐우슈우의 섬 쿠루메의 번주(久留米藩主)[241]인 아리마 라이도오 내지 요리유키(有馬頼僮, 1714-1783)가 1769년 자신의 「슈우키 삼포오(拾璣算法)」[242]에서 그것을 밝힐 때까지는 세상에 알려지지 않았다.

이 방법을 가리켜 세키는 키겐 세이호오라고 불렀는데, 그 뜻은 사물의 참된 숨겨진 근원을 밝혀내는 법이라는 것이었다. 그 단어는 3천년 이상 전에 쓰여진 아메스(Ahmes)의 파피루스의 제목인 “어두운 것에 대한 과학”(the science of dark things)을 연상시킨다. 대수 내지 특정한 대수적 과정을 지칭하는 이 명칭들의 기원과 역사를 알아내는 일은, 그것이 세계의 다양한 지역과 다양한 시대에서 발견된다는 점에서, 흥미로울 것이다. 타케베가 1685년의 그의 저서에서 언급했던 것과 같은 텐잔술도 우리는 그것이 그 연대 이전의 어떤 시점에 발명되었다는 것을 확신한다[243]. 그것을 그런 이름으로 처음 부른 것은 마츠나가 료오히츠(松永良弼, 1693년경-1744)이다. 그 자신 보통 수학자가 아니었던 큐우슈우 노베오카의 나이토오

239) 「산와 즈이히츠」를 볼 것.
240) 앞의 책.
241) 다이묘오.
242) 일본에서 소수점 이하 50째 자리까지의 π 값이 인쇄된 것은 바로 이 책에서였는데, 그 접근은 이미 마츠나가에 의해서 도달된 바 있다.
243) 엔도오, 「토오요오 가쿠게이 잣시」, vol. 14, p. 314.

공이 세키의 직계 제자인 아라키(荒木村英, 1640-1718)[244]의 생도였던 마츠나가로 하여금 그 용어가 나타나는 「호오로오요산」을 쓰도록 요구하여 그것을 채택하도록 만든 장본인이었다고 전한다[245].

텐잔(点竄)이라는 말은 한자 둘로 이루어져 있는데, 텐은 복원한다는 뜻이고, 잔은 쳐버린다는 뜻이다. 만약 이 단어와 모하메드 이븐 무사 알 코와라즈미(Mohammed ibn Musa al-Khowarazmi, 830년경)가 자신의 대수에 붙였던, 실질적으로 같은 것 — 복원과 축소 — 을 뜻하는 이름 — 알 제브르 왈 무카발라(al-jebr w'al-muqabala) — 사이의 관계(만일 존재한다고 할 때)를 알 수 있다면, 지극히 재미있을 것이다[246]. 이 유사성이 온 세상의 위대한 학자들로 이루어진 공화국에서의 끊임없는 사상 교류가 한 학파에서 다른 학파로 "어두운 것에 대한 과학"의 신비를 전파하는 것을 말하는 것일까, 아니면 수학사에서 계속 만나게 되는 이러한 유사성들은 단순한 우연에 불과할까? 그러나 텐잔술은 세키 학파의 산물로서 순수하게 일본적인 산물이라고 불러도 좋을 것이며, 중국적인 처리와는 크게 무관하다[247].

이제 우리는 이 방법에서 사용되는 표기에 대해서 언급하려고 한다. 이 표기는 앞서 말한 보오쇼시키이다. 그 이전에는 수를 추우시키[248]라고 알려진, 4장에서 서술된 상기법에 의해 나타내는 것이 일본 수학자들의 습관이었다. 세키는 이것을 확장하여 숫자들을 수직 선분 옆에 적었는데, 각각의 의미는 잠시 후에 해설하려고 한다.

244) 그의 이름은 손에이 또는 무라히데로 읽는다.[역주]

245) 오자와, 「算家略譜」, 1801. 「호오로오요산」은 연도가 표시되지 않은 저술이다.

246) 유럽에서 벌어진 대수라는 이름의 다양한 운명은 흥미롭다. 그 결과 생겨난 명칭은 algiebr, algobra, mukabel, almucable, arte maggiore, ars magna, coss, cossic art 등이다.

247) Endo, Book II, p. 8.

248) 상기 표기법.

이 숫자들은 직선 옆에 적기 때문에 그것들을 쓰는 방법은 보오쇼시키 내지 "측면 표기(side notation)"로 알려져 있다. 우리의 설명에서는 부득불 한자 대신에 라틴 문자와 힌두-아라비아 형태들을 사용하지 않을 수 없으나, 그것 말고는 표시가 실질적으로 같다. 세키는 $\frac{2}{3}$, $\frac{1}{n}$, $\frac{abc}{mn}$을 3 | 2, n | 또는 n | 1, mn | abc로 적어, 분자를 오른쪽, 분모를 왼쪽에 놓았다. 4 ab, $\frac{2\pi}{r}$, $\frac{35abc}{27}$을 각각 ||||ab, r||π, 27≡|||||abc로 나타내는 경우와 같이, 가끔 수직막대가 상기 계수로 대체되기도 한다. 수량의 승수는 a^4, $3a^6 b^8$, $\frac{372\ r^8\ k^{16}}{18\ d^4}$을 각각

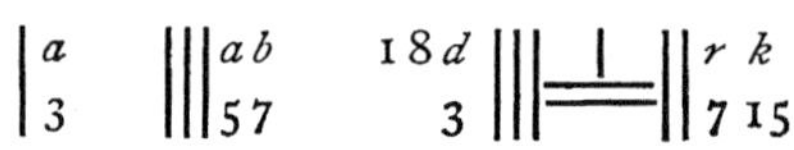

로 나타내듯이 표시한다. 각각의 경우에서 지수(exponent)가 서양수학에서 사용되는 것보다 하나 적다는 점이 주목된다. 그 까닭은 와산에서도 중국수학에서와 마찬가지로 어떤 수량의 n승이 "$(n-1)$번 자승한" 것으로 불리기 때문이다. 다시 말해서, 동양 고유의 지수는 인수의 개수가 아니라 어떤 수가 몇 번 곱해졌는가를 나타내는 것이다. 분수 지수는 토착 일본대수에서는 사용되지 않았다.

"마구리 부호"(side notation)는 또한 다른 식으로 사용되기도 했다. 그리하여 $a+b$는

| a
| b 또는 | a | b

가운데 어떤 식으로도 표시될 수 있었다. 뺄셈을 나타내는 데에는 사선의 삭제부호가 사용된다. 그리하여 $b-a$는 다음 네 가지 방식으로 표시되었다.

$$\begin{matrix} + a \\ | b \end{matrix} \quad \begin{matrix} | b \\ + a \end{matrix} \quad + a | b \quad | b \times a$$

세키의 엔단술에 이 텐잔 표기가 사용되었다는 점에 주목할 필요가 있다. 실제로 텐잔은 표기로 간주되고, 엔단은 분석 방법을 가리킨 듯하다. 세키의 제자들이 그의 작업의 이런 국면들 각각에 대하여 과도하게 칭송하는 것을 정당화하기는 곤란하다. 그는 제자들과 분석할 때 매우 명쾌했었음에 틀림없으며, 그러기에 그들이 엔단에 대해 우리에게 전해진 어떤 것에 대해서보다 높이 평가하게 되었을 터이다. 그리고 표기로 말할 것 같으면, 그것이 중국 것에 대한 개선이기는 하나, 그 개선이 그로 인해 야기되었던 칭송을 보증할 정도로 그렇게 위대해 보이지는 않는다. 그것은 옌리 내지 원의 원리를 제외한 일본 수학의 모든 분야에 적용되었으나[249], 그 작업이 성취되기 위해서는 중국식 표기만으로도 충분했을 것임을 우리는 알고 있다. 인수분해, 최대공약수와 최소공배수의 발견, 무한급수와 $1^n+2^n+3^n+\cdots$ 형태의 승수급수의 합, 쇼오사호오(招差法), 수 이론, 테츠쥬츠 내지 이차방정식의 근의 급수들에 대한 전개, 정다각형에 관한 계산, 극대값과 극소값 연구에 적용함에 있어서, 텐잔 표기는 그 목적들에 매우 훌륭하게, 사실상 당시까지 일본에 알려진 어떤 표기보다 더 잘 쓰였던 것 같다. 다양한 대수 분야에 대한

249) 아리마, 「슈우키 삼포오」, 1769; 엔도오, Book II, pp. 4, 5와 「토오요오 가쿠게이 잣시」, vol. 14, pp. 362-314를 볼 것.

이 적용의 어디까지가 세키의 몫이고, 어디까지가 제자들의 몫인지 우리로서는 알 길이 없다. "스승이 말씀하시다"(*ipse dixit*)는 옛 피타고라스 학파적인 관념이 세키 학파에 풍미했던 듯하며, 제자가 한 것에 대해 스승이 명예를 받는 일이 잦았을 것이다.

지금까지 우리는, 사실상, 발견의 면에서는 세키의 높은 명성을 정당화시켜줄 것을 크게 찾아내지 못한 셈이다. 그러므로 그에게 돌려지는 보다 중요한 기여들 가운데 몇 가지를 고찰하는 것이 좋을 것이다. 이 목적을 위해서 우리는 오오타카 유쇼 내지 요시마사(大高由昌)에 의해서, 비록 세키가 숨을 거둔 직후인 1709년에 편찬되기는 했으나, 1712(正德 2)년에 간행된 저작을 살펴보려고 한다. 오오타카는 세키로부터 직접 배웠던 아라키 손에이(荒木村英)의 제자로서, 그 책은 아라키의 지도하에 오오타카에 의해서 편찬된 세키의 유고 출판의 성격을 띠고 있다. 「카츠요오 삼포오(括要算法)」(1712)[250]라고 알려져 있는 이 책은, 비록 텐잔 체계를 싣고 있지는 않지만, 세키의 다른 연구들은 잘 보여주는데, 바로 이런 이유 때문에 그 출판이 그의 추종자 집단으로부터 깊은 유감의 대상이 되고 말았다. 전해오는 말에 따르면, 세키의 저작들이 이용할 수 있는 자료들이 풍부하던 때에 더 이상 출판되지 않은 것은 이 추종자들의 저항 때문이라고 한다.

「카츠요오 삼포오」에서 다뤄진 주제중의 하나는 쇼오사호오 또는 쇼오사의 방법으로서 $1^n+2^n+3^n+\cdots$의 합과 같은 문제들에 대한 연구로부터 생겨난 것으로 보이는 이론이다. 예를 들어, 계수가 아직 결정되지 않은 그와 같은 함수

250) "산법의 요약"이라는 뜻.

$$P = a_1 x + a_2 x^2 + \cdots + a_n x^n$$

이 있다고 하자. 만약 충분한 수의 P_i 값이 여러 x 값에 대해 알려져 있다면, a_i 값이 결정될 수 있을 것이며, 이것이 바로 쇼오사호오 문제들 중의 하나인 것이다. 하야시(林鶴一, 1873-1935) 교수는 그 방법 일반을 유한 차이의 그것으로 부르고 있는데, 이것은 확실히 그것을 구별짓는 특징 가운데 하나이다.

이 쇼오사호오의 일반적인 형태는 세키의 발명품은 아니다. 그것은 중국에서 유래한 것으로서 아마도 13, 14세기 원 황실의 저명한 천문학자였던 쿠오쇼우칭에 의해서 발명되었거나 아니면 그보다도 기원이 더 오래된 것인지 모른다. 그러나 세 가지 특수한 형태가 있어서 (1) 방금 예시했던 루이사이 쇼오사, (2) 호테이 쇼오사, 그리고 (3) 콘톤 쇼오사가 그것인데, 나중 두 가지는 1769년간 「슈우키 삼포오(拾璣算法)」에서 최초로 서술되었으니, 따라서 세키의 기여는 오래된 중국의 고안물을 가치 있게 일반화하고, 이렇게 개선시킨 것을 새로운 문제들에 적용한 점으로 볼 수 있다.

쇼오사호오는 오오타카의 「카츠요오 삼포오」(1712)에서도 어김없이 채택되었으며, 그 속에는 $r = 1, 2, 3, \cdots, N$에 대하여

$$S_r = 1^r + 2^r + 3^r + \cdots + n^r$$

이라는 승수들의 급수에 대한 공식들을 나타낸 표가 등장한다. 그러한 승수들의 급수는 호다라는 이름으로 지칭되었는데, 그것들을 합한 결과들 중 몇몇은 다음과 같다. 즉,

$$S_1 = \frac{1}{2}(n^2 + n),$$

$$S_2 = \frac{1}{6}(2n^3 + 3n^2 + n),$$

$$S_3 = \frac{1}{4}(n^4 + 2n^3 + n^2),$$

$$S_4 = \frac{1}{30}(6n^5 + 15n^4 + 10n^3 - n),$$

$$S_5 = \frac{1}{12}(2n^6 + 6n^5 + 5n^4 - n^2),$$

등등으로 제시되다가

$$S_{11} = \frac{1}{24}(2n^{12} + 12n^{11} + 22n^{10} - 33n^8 + 44n^6 - 33n^4 + 10n^2)$$

로 이어지는 것이 그것이다.

「카츠요오 삼포오」 제 3 권[251]에는 "카쿠호 나라비니 엔단즈(角法並演段圖)"라는 정다각형 — 즉, 변이 3, 4, …, 20에 이르는 것들 — 주제에 대한 처리가 실려 있다. 몇몇 결과를 예시하기 위하여 정13각형의 변심거리(apothem)의 경우를 고려해보도록 하자. 「카츠요오 삼포오」에 제시된 바와 같이, 첨부된 그림을 사용해서 다각형의 한 변을 1, 변심거리를 x, 그리고 반지름을 y라고 하면,

251) 「카츠요오 삼포오」는 모두 4권으로 이루어져 있는데, 각각 원형이정(元亨利貞)을 붙여서 권을 표시했기 때문에, 제3권은 권리(卷利)라고 되어 있다. 다음에 인용되는 제4권도 권정(卷貞)으로 되어 있음은 물론이다.[역주]

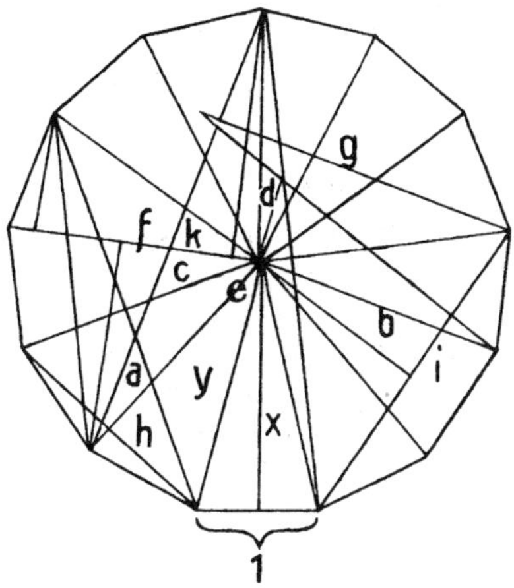

$$1^2 + 4x^2 = y^2$$

이 된다. 이제

$$(1+4x^2)^3 = 1 + 12x^2 + 48x^4 + 64x^6 = 4096xabcde$$

라는 진술이 아무런 설명도 없이 제시되고 있다. 한편 오오타카는 더 나아가 일련의 진술을 통해 증명 없이 두 방정식, 즉, 변심거리 x를 구하는

$$-1 + 312x^2 - 114,400x^4 + 109,824x^6 - 329,472x^8 + 292,864x^{10} - 53,248x^{12} = 0$$

과 반지름 y를 구하는

$$-1 + 13y^2 - 65y^4 + 156y^6 - 182y^8 + 91y^{10} - 13y^{12} = 0$$

을 전개한다.

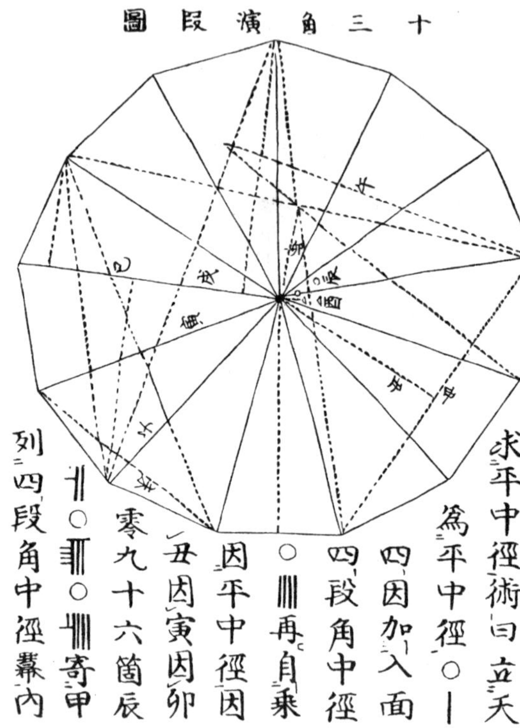

[그림 28] 오오타카 요시마사의「카츠요오 삼포오」(1712)의 일부

원을 다룬 것은「카츠요오 삼포오」제 4 권에 제시되어 있는데, 1663년 무라마츠 모세이(村松茂淸)에 의하여「산소(算俎)」에서 시도된 것과 비슷하다. 지름이 1인 원을 취해서, 정사각형을 내접시킨 다음, 내접 정다각형의 변들을 변의 수가 2^{17}인 다각형에 도달할 때까지 지속적으로 배가시킨다. 지금까지의 처리는 전혀 독창적인 것은 아니지만, 그 작업은 무라마츠의 논문에서보다 더 진전되었으며, 무라마츠보다 50년 전쯤 또는 세키의 사망보다 1세기 전쯤 유럽에서 일어난 수학상의 발전과 엇비슷한 상태를 나타낸다. 그러나 두

가지 새로운 특징들이 등장하였다. 이 가운데 첫 번째는 만일 마지막 세 다각형의 둘레가

$$a = 3.\ 14159\ 26487\ 76985\ 6708 -$$
$$b = 3.\ 14159\ 26523\ 86591\ 3571 +$$
$$c = 3.\ 14159\ 26532\ 88992\ 7759 -$$

라면,

$$\pi = b + \frac{(b-a)(c-b)}{(b-a)-(c-b)}$$
$$= 3.\ 14159265359 -$$

라는 것이며, 우리에게 안티폰-브라이슨(Antiphon-Bryson) 시대와 유럽의 16세기말의 그릇된 몇몇 가정들을 연상시킨다.

그러나 두 번째 특징은 흥미로운 것이다. $\frac{3}{1}$ 이라는 분수에서 출발하여, 만약 우리가 분모를 1씩 증가시키고, 그 다음에 그 이전의 분수가 π의 알려진 소수 값보다 크냐 작으냐에 따라 분자를 4나 3씩 연속적으로 증가시키면, 우리는 다음과 같은 일련의 값들을 얻게 된다.

(1) $\frac{3}{1} = 3$, "오래된 값(古法)" π보다 작음

(2) $\frac{7}{2} = 3.5$, π보다 큼

(3) $\frac{10}{3} = 3.33\ldots$, 〃 〃 〃

(4) $\frac{13}{4} = 3.25$, 〃 〃 〃

(5) $\frac{16}{5}=3.2,$ 〃 〃 〃

(6) $\frac{19}{6}=3.166...,$ 〃 〃 〃

(7) $\frac{22}{7}=3.142857...,$ "정밀한 값(密率)[252]" 〃 〃 〃

(8) $\frac{25}{8}=3.125,$ "치의 값(智術)[253]" π보다 작음

(20) $\frac{63}{20}=3.15,$ "퉁링의 값(桐陵法)" π보다 큼

(25) $\frac{79}{25}=3.16,$ "일본의 오래된 값(和古法)" 〃 〃 〃

(45) $\frac{142}{45}=3.155...,$ "류치의 값(陸績率)" 〃 〃 〃

(50) $\frac{157}{50}=3.14,$ "류휘의 값(徽術)" π보다 작음

(113) $\frac{355}{113}=3.14159292...,$ π보다 큼

위에 인용된 이름들은 오오타카에 의해서 붙여진 것인데, 아마도 세키가 사용한 것일는지도 모른다. 마지막 값인 $\frac{355}{113}$에는 이름이 부여되지 않았는데, 세키가 추충치(祖冲之)의「추이슈(綴術)」에 제시되었으며, 웨이치의「수이슈(隋書)」에 기록된 원의 측정을 몰랐다는 것을 보여주는 듯하다. 인쇄된 형태로서 그 값 자체는 일본에서 이케다 쇼오이(池田昌意, 1672)[254], 마츠다 세이소쿠(松田正則,

252) 이는「수서율력지(隋書律曆志)」에 $\frac{22}{7}$를 약률(約率), $\frac{355}{113}$를 밀률(密率)이라고 한 것과 차이를 나타낸다.[역주]

253) 치는 진(晉)의 류치(劉智)를 가리킨다.[역주]

254) 이케다의 본명은 古郡彦左衛門으로서「수가쿠 조조 오라이(數學乘除往來)」를 지었다.[역주]

1680)[255], 타케베 켄코오(1683)의 저작들을 통하여 처음 나타난다.

원호의 길이를 계산하는 문제는 또한「카츠요오 삼포오」에도 등장하여, d = 지름, h = 시(矢), a = 호의 길이라고 할 때, 공식이

$$\begin{aligned}
&1276900(d-h)^5a^2 \\
&\quad = 5107600d^6h - 23835413d^5h^2 + 43470240d^4h^3 \\
&\qquad - 37997429d^3h^4 + 15047062d^2h^5 \\
&\qquad - 1501025dh^6 - 281290h^7
\end{aligned}$$

으로 주어져 있다. $d = 10$이고 $h = 2$인 특별한 경우에 이것은

$$41841459200a^2 = 3597849073280$$

으로 환원된다.

이 공식을 도출한 방법은 반복 측정의 결과로서, 설명이 너무나 모호하여 전혀 알아볼 수 없을 지경이므로, 순수하게 귀납적이었던 것으로 보인다.

구체의 부피는「카츠요오 삼포오」(와 또한 세키의「리츠옌리츠카이」)에서 독창적인 방식으로 계산된다. 구체는 같은 높이의 50, 100, 200 조각으로 절단되는데, 지름은 10으로 잡고 있다. 이로부터 오오타카는 어찌 어찌하여 666.4, 666.6, 666.65라는 세 모수들을 구하고, 그 각각을 $\frac{\pi}{4}$로 곱해서 세 부피를 구한 것이다. 모수들을 a, b, c로 부르면서, 그는 이제, 원의 경우에서처럼,

---

255) 마츠다는「算法入門」의 저자이다.[역주]

$$b+\frac{(b-a)(c-b)}{(b-a)-(c-b)}=666\frac{2}{3}$$

라는 방식으로 평균을 취한다.

$$\frac{\pi}{4}=\frac{355}{4\times113}$$

로 곱하면, 우리는

$$666\frac{2}{3}\times\frac{355}{4\times113}=523\frac{203}{339}=\frac{355}{678}\times1000$$

을 구하고자 하는 부피로 얻는다. 이것은 $\frac{355}{678}$을 $\frac{\pi}{6}$로 취하는데 이르며, 그것은 $v=\frac{4}{3}\pi r^3$이라는 공식이 정확하게 사용된 것을 의미한다.

세키가 애호한 연구 중의 하나는 방정식 이론으로서 「카이호오 홈펜(開方翻變[之法])」(1685)[256], 「뵤다이 메이치(病題明致[之法])」(1685)[257], 「다이쥬츠 벤기(題術辨議[之法])」(1685)[258], 「카이호오 산시키(開方算式)」[259], 그리고 「카이호오 헨기쥬츠」[260]에서의 작업 속에서 다뤄진 주제이다. 이 저작들 중 첫째 것에서 그는 방정식들을 젠쇼오 시키(全商式, 완전한 방정식), 헨쇼오 시키(變商式, 변경된 방정식), 코오쇼오 시키(交商式, 혼합 방정식), 무쇼오 시키(無商式, 근이 없는 방정식)라는 네 종류로 분류하는데, 페르샤와 아라

256) "방정식에 관한 여러 가지 주제들"의 뜻.
257) 직역하면, "병적인 문제를 바로잡는 법"이라는 뜻.
258) 직역하면, "문제 풀이에 관한 논의"라는 뜻.
259) 직역하면, "방정식 풀이에 관한 고찰"이라는 뜻.
260) 직역하면, "방정식 풀이를 위한 새로운 방법"이라는 뜻.

비아 저자들의 저작들에서 볼 수 있는 바와 다르지 않은 체계이자 유럽에서도 비교적 근대적인 정도에 따른 분류이다. 완전한 방정식이라는 말로 그는 양수든 음수든 하나의 근을 갖는 것을 뜻했다. 변경된 방정식은 몇 가지 근이 나타나지만, 부호가 모두 일치하는 것이다. 혼합 방정식은 몇 가지 근이 나타나지만, 부호가 모두 일치하지는 않는 것이다. 근이 없는 방정식은 세키가 짝수 차 방정식들에 국한된 것으로 인식했던, 양수 근도 음수 근도 갖지 못하는 것이다.

「카이호오 홈펜」[261]에서 세키는 양수 근과 음수 근을 다루면서, 다음과 같은 표로 표시되는, 테키진호오(適盡方級法)[262]라고 불리는 방법을 제안한다.

0차	1	1	1	1	1	1	1
1차		1	2	3	4	5	6
2차			1	3	6	10	15
3차				1	4	10	20
4차					1	5	15
5차						1	6
6차							1

이 표를 도출하는 방법은 파스칼의 삼각형(the Pascal Triangle)을 구하는 방법에 비견되며 명백하다. 사실상, 수직적 열들은 통상적인 삼각형 배열의 수평적인 열들이다. 세키는 이 숫자들을 어떻게 얻었는

261) 「카이호오 홈펜」에 관해서는 하야시의 「수학사」, part I, p. 52를 참조할 것.
262) 직역하면, 최대값, 최소값과 관련된 "사라지게 하는 방법"이라는 뜻.

지 말하지 않았으며, 와다 네이(和田寧)가 19세기 전반에 하나를 제시할 때까지는 어떤 일본인도 설명을 제시한 적이 없는 것 같다[263]. 그런 배열은 오히려 파스칼이나 심지어 아피아누스(Apianus)가 그것을 발표하기 훨씬 전부터 알려져 있었다[264]. 세키는, 서양에서 다른 사람들이 그러했듯이, 그것을 이항계수로 사용할 수는 있었을 테지만, 그것을 그런 목적을 위해서 의도하지는 않았다.

「뵤다이 메이치(病題明致)」에서 세키는 원이나 임의의 정다각형의 측정은 단지 하나의 주어진 양을 필요로 하고, 직사각형이나 피라미드의 그것은 주어진 양 둘을 필요로 하며, 사다리꼴은 셋을 필요로 한다는 사실에 주목한다. 그리고 그는 자료가 풀이를 위해서 충분치 않은 문제들을 텐다이(불충분한 문제), 지나치게 많이 주어진 문제들을 한다이(과다한 문제)로 부르고 있다. 그는 또한 어떤 문제들은, 비록 자료의 수는 맞지만, 완답이 기대될 수 없다고 진술하면서, 그 문제들을 쿄다이(허구적)라고 부른다. 그는 그런 것들이 발생하는 경우를 (1) 근이 없을 때, (2) 모든 근들이 음수일 때, (3) 방정식의 근들이 문제 본래의 조건들을 충족시키지 못할 때의 세 가지로 보았다. 후자의 경우에 대한 예시로서 그는 기하적 연속성의 기본적 원리와 관련된 간단한 문제를 이용하였다. 그는 두 변 사이의 차이가 4이고, 작은 변이 높이보다 10이 작을 때, 높이가 9인 사다리꼴의 큰 변을 구해보라고 제안한다. 그 문제는 작은 변이 9-10 내지 -1이고, 큰 변이 4-1 내지 3이기 때문에 실없는 것으로 드러난다. 작은 변이 -1이라는 것이 세키에게는 기하문제를 충족시키지 못하는 것으로 여겨졌으므로, 그는, 명백한 것이지만, 사다리꼴이 교

263) 최대값, 최소값과 관련해서.

264) Smith, D. E., *Rara Arithmetica*, 1908, p. 155.

차사변형(cross quadrilateral)이라는 점을 상당히 완곡하게 설명하게 되었다. 방정식의 가능한 근들의 문제는 다소 길게 다뤄지기는 했으나, 매우 초보적인 방식에 그쳤다.

근이 둘 이상이거나, 음수이거나, 아니면 양수라도 문제들의 조건을 충족시키지 못하는 방정식으로 귀결되는 문제들은 세키에 의해서 헨다이(變題) 내지 병리적 문제들이라고 지칭되었으며, 문안을 바꿔서 보통의 결정적인 경우들로 변환하려고 의도되었다.

수치 방정식의 풀이에 있어서 세키는 중국인들이 호너의 방법(Horner's Method)을 무려 1247년까지 앞질렀던 "천원"술을 사용했을 뿐 아니라, 뉴턴에 의해 마련된 노선을 무의식적으로 따름으로써 중국인들의 방법에 대해 최소한 하나의 개선을 이루어냈다[265].

☆예를 들면,

$$11 + 8x + x^2 = 0$$

라는 방정식에서 "천원"술은 한 근의 처음 두 숫자를 -1.7로 제시한다. 호너의 방법으로 보통 하는 식으로 진행하면, 우리는

$$0.29 + 4.6x + x^2 = 0$$

라는 형태의 방정식을 얻는다.

$$0.004169 + 4.474x + x^2 = 0$$

265) 이것은 「카이호오 산시키」와 「카이호오 헹기쥬츠」로 제목이 붙여진 두 저술에서 찾아볼 수 있다.

이 절차를 반복하면, 우리는 근의 연속으로 -.0009318을 얻는다. 같은 절차를 계속하여 세키는 근으로 -1.76393202250020을 얻었다.

세키의 일곱 책들[266] 가운데 하나는 방진과 원진에 바쳐졌는데, 그가 그 주제에 대해서는 이끌린 것은 아마도 양휘가 지은 중국 저작에 관한 연구(1661)에 의해서였을 것이다[267]. 그는 홀수와 짝수 칸들로 된 방진들을 별도로 고려했는데, 동 주제에 대한 일본에서의 과학적이고도 일반적인 취급은 그와 더불어 최초로 시작되었다. 그는 3^2개의 칸으로 된 방진을 배열하는 법을 모호한 운문에 담아서 출발하였다. 세키가 원고의 후속 부분에서 방진을 제시하지 않았더라면, 무슨 뜻인지 알아내기는 불가능했을 것이다. 여기 제시된 바와 같이, 방진은 세키의 시대 이전부터 오랫동안 잘 알려져 온 유명한 것이다. 그는 3^2개의 칸으로 된 방진에 대한 방법을 $(2n+1)^2$ 칸의 방진에 대한 일반적인 풀이법의 기초로 삼았는데, 그것은 사실상 다음과 같다.

4	9	2
3	5	7
8	1	6

오른쪽 상단 모서리의 왼쪽 옆 칸에서 시작하여 오른쪽 끝줄을 따라 오른쪽 아래로 n에 도달할 때까지 숫자를 매긴다. 이어지는 그림에서 우리는

266) 1683년 저술에서 개정된 「효오진 엔산」. 아라키가 그것들을 「시치부쇼」라고 명명하여 제자들에게 전수했다.

267) 세키는 방진과 원진을 각각 「호진노호(方陣之法)」와 「엔산노호(圓攢之法)」에서 다루었다.[역주]

$$(2n+1)^2 = (2\times3+1)^2 = 7^2$$

칸의 방진을 볼 수 있다.

12	11	10	5	4	1	2
47						3
44						6
43						7
42						8
41						9
48	39	40	45	46	49	38

그러므로 3에 이를 때까지 숫자를 매기는 것이다. 그 다음에는 1의 왼쪽 칸에서부터 $2n-1$(이 경우에는 $2\times3-1=5$)이 될 때까지 왼쪽으로 간다. 그 다음에는 오른쪽 아래로 그 이하의 오른쪽에 선행하는 칸까지 계속하여 6, 7, 8, 9를 부여한다. 그 다음에는 상단의 행을 따라서 상단 왼쪽 모서리에 도달할 때까지 계속하여 10, 11, 12를 부여한다. 이것은 왼쪽 열과 아래쪽 행을 채우도록 남긴다. 이것은 모퉁이를 제외한 칸들을 $(2n+1)^2+1$에 대한 반대쪽의 상응하는 숫자들의 보수들(complements)—이 경우에는 50에 대한 보수들—로 채움으로써 이루어진다. 그리하여, $50-3=47$, $50-6=44$, 등등이 된다. 모퉁이 칸들은 반대쪽 모퉁이들과 합하면, 보족적으로 50이 된다.

다음 단계는 우상단 모퉁이의 왼쪽에 n개의 숫자들을 취하여 그것들을 낮은 행에 놓인 대응되는 것들과 교환하고, 우하단 모퉁이 위쪽의 n개의 숫자들에 대해서도 마찬가지로 하는 것이다. 그러면 정사각형은 다음과 같이 나타난다.

12	11	10	45	46	49	2
47						3
44						6
7						43
8						42
9						41
48	39	40	5	4	1	38

내부의 칸들을 채우기 위하여 세키는 숫자들이 이제는 13으로 시작한다는 점을 제외하고는 비슷한 규칙을 따른다. 독자로서는 정확한 세부 사실을 일일이 들여다 볼 필요 없이 여기 제시된 결과를 고찰하여 방법을 더듬는 것이 수월할 것이다. 가장 내부에 있는 3^2개의 칸은 처음에 주어진 방법으로 채워진다.

12	11	10	45	46	49	2
47	20	19	35	37	14	3
44	34	24	29	22	16	6
7	17	23	25	27	33	43
8	18	28	21	26	32	42
9	36	31	15	13	30	41
48	39	40	5	4	1	38

짝수 칸을 지닌 방진은 언제나 홀수 칸을 지닌 방진보다 더 성가신 것으로 드러난다. 세키는 먼저 4^2개의 칸에 대한 풀이법을 다음에 보이는 바와 같이 제시한다. 그리고 나서 그는 이 방진들을 단순

히 짝수(simply even)인 것과 이중적으로 짝수(doubly even)인 것으로 나눈다[268].

4	9	5	16
14	7	11	2
15	6	10	3
1	12	8	13

4^2개 이상의 단순히 짝수인 방진에 대해서, 세키는 상단 오른쪽 모서리의 왼쪽 셋째 칸에서 시작하여, 거기서 왼쪽으로 진행하는데, 그림에 나타난 바와 같다. 그 다음에 그는 우상단의 칸(여기 제시된 사례에서는 5)으로 돌아가 오른쪽 열을 따라서 바닥으로부터 세 번째 칸까지 진행한다.

4	3	2	1	9	5
31					6
30					7
29					8
27					10
32	34	35	36	28	33

그 다음에 그는 꼭대기에 있는 빈 칸을 채우고(이 경우에는 9로), 오른쪽 열의 다음 칸에 다음 숫자(10)을 넣는다. 왼쪽 열과 아래 행의 나머지 칸들은, 한쪽에 홀수 칸을 지닌 방진의 경우와 마찬가지로 $2(n+1)$개의 원소들이 있으므로, $4(n+1)^2+1$에 대한 대응되는

268) $[2(n+1)]^2$와 $[2(2n)]^2$.

숫자들의 보수이다. 이제 원소들의 상호교환이 홀수 칸을 지닌 방진의 그것과 얼마간 같은 방식으로 이루어지며, 그 결과는 여기에 6^2개의 칸을 지닌 방진의 경우에 대해서 제시하는 바와 같다. 나머지 과정은 홀수 칸을 지닌 경우에서와 같다.

4	3	35	36	28	5
31					31
30					7
29					29
27					27
32	34	2	1	9	33

이중적으로 짝수인 방진에 대한 세키의 풀이법의 첫째 단계는 개수가 8^2인 다음 그림을 참조하면 충분히 이해할 수 있을 것이다. 내부의 방진들은, 처음에 제시한 방식으로 채울 때, 4^2개의 칸 가운데 하나에 이를 때까지 차례로 채우도록 한다.

6	5	4	3	2	1	8	7
56							9
55							10
54							11
53							12
52							13
51							14
58	60	61	62	63	64	57	59

세키는 원진의 처리를, 실질적으로 다음과 같은 풀이법을 제시하여, 단순화시켰다.

지름의 수를 n이라고 하자. 중앙에 1을 시작으로 해서 임의의 반지름 위에 있는 순서대로 숫자들을 적고, 그 다음 n-1을 따라서 계속한다. 그런 다음 마지막 것의 반대쪽 반지름을 택해서 숫자들을 역순으로 배열하는데, 바깥쪽에서 시작하여 반지름의 나머지를 따라서 거듭한다. [그림 29]에서는 어떤 원의 합도 140인데, 중국식 숫자에 익숙지 않은 독자들을 위해서는, 비록 33개의 숫자만을 배열했으나, 다음 그림이 도움이 될 것이다.

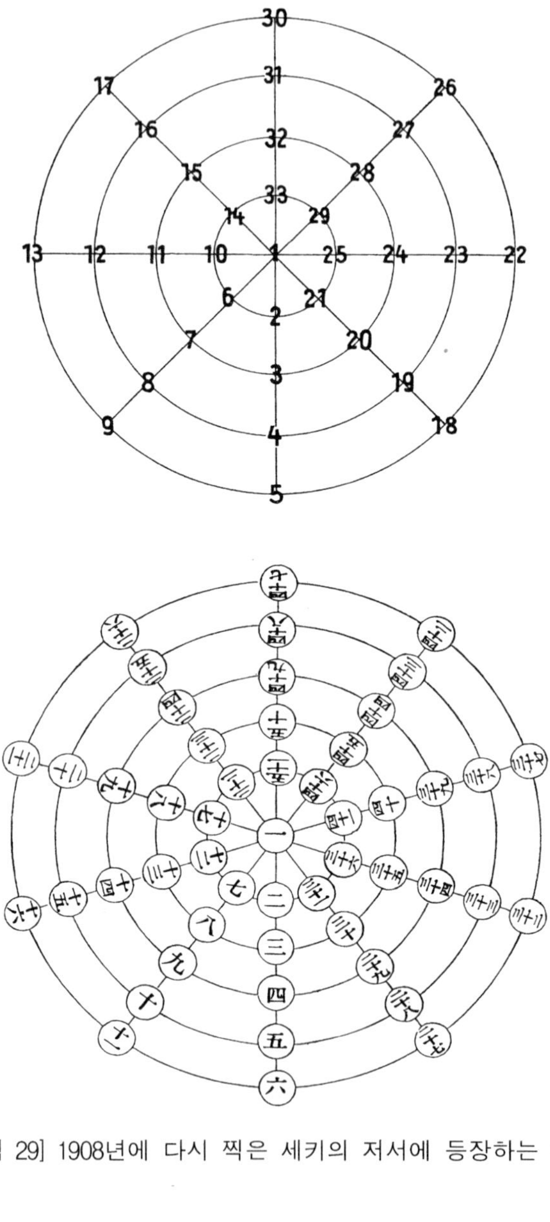

[그림 29] 1908년에 다시 찍은 세키의 저서에 등장하는 원진

세키의 또 다른 수고[269)]에는 무라마츠와 관련해서 이미 언급한 죠세퍼스 문제(the Josephus problem)가 등장한다.

입체의 측정에 관한 세키의 업적은 그의 수고 두 편에 나타나는데, 그에 대해서도 언급이 있어야 할 것이다[270)]. 그는 원호를 호의 현과 평행인 지름을 중심으로 회전시켜서 얻어지는 반지[271)]의 부피를 고찰함으로써 시작한다. 그는 그 부피가 현의 세제곱과 구체 부피의 적률의 곱과 같다고 적고 있다[272)].

그는 구체에서 중앙의 원통과 두 뚜껑(caps)을 떼어내서 이 부피를 구한다. 그는 또한 호시가 축에 의해 절단되는 경우도 고려하고 있다[273)].

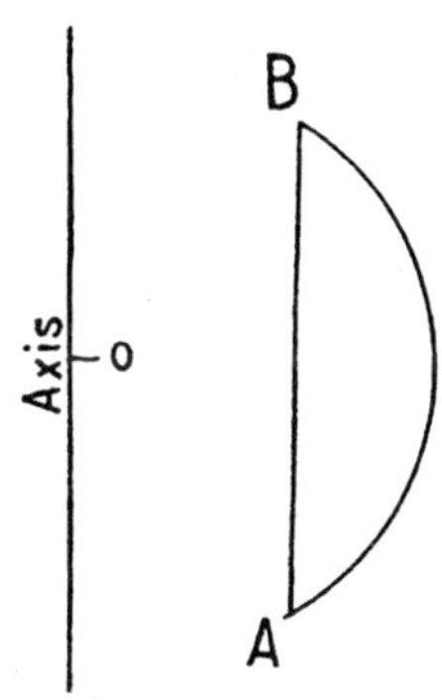

269)「산다츠 켐푸」.

270)「큐우세키」(넓이와 부피의 계산)와「큐우케츠 헹교오 소오」(구의 부피에 관한 시론).

271) 그는 그것을 "호환"(arc-ring, 일본어로는 코칸 또는 코콴)이라고 불렀다.

272) 즉, 단위 구체의 부피. 세키는 그것을 "리츠엔 세키 리츠" 또는 "교쿠 세키 호오"라고 불렀다.

273) 이것은「큐우케츠 헹교오 소오 겡카이」로 알려진 저자미상의 논평에 언급되었다.

마찬가지로 그는 두 개의 호로 이루어진 달 모양(lune)을 공통의 현과 평행이면서 초승달을 자르거나 아니면 전적으로 외부에 놓여 있는 축을 중심으로 회전시켰을 때 얻어지는 부피도 구한다. 그런 작업은 현재로서는 그다지 어렵게 여겨지지 않지만, 세키의 시대에는 일본에서 알려진 그 어느 것도 능가하는 진보였다[274]. 카츠쥬츠 내지 후일의 중적분법[275]을 위한 길을 열었다는 점에서 이 문제들이 일본에서 차지하는 위치는 카발리에리(Cavalieri)의 그것들이 유럽에서 차지하는 위치에 비견된다.

세키는 또한 $ax-by=1$로 시작하는 정수해를 갖는 부정방정식에도 관심을 가졌다[276]. 그의 첫 부정방정식은 다음과 같다: "특정한 수의 사물이 있는데, 그에 대해서는 단지 그 수를 5로 나누면 1이 남고, 7로 나누면 2가 남는다는 것만이 알려져 있다. 그 수를 구하라." 그 수가 분명히 $5x+1$임과 동시에 $7y+2$이므로,

$$5x+1=7y+2$$

가 되고, 따라서

$$5x-7y=1$$

이 되는데, 이것이 바로 그가 고찰한 형태이다. 그는 "1을 남기는 법"이라고 부른 것으로 문제를 풀어 $x=3$, $y=2$이며, 그 수는 16이라는 것을 발견한다. 그리고 나서 그는 그 사례를 나눗수의 개수

274) Endo, Book II, p. 45.

275) 또는 테츠쥬츠 전개를 반복 적용하는 법이라고 해도 좋을 것이다. 문제들 중 일부는 단지 하나의 적분만을 포함한다.

276) 이것은 1683년에 그가 지은 「슈우이 쇼야쿠 노 호오」에 들어 있다. 이 문제들을 공략한 방법을 그는 센칸쥬츠라고 불렀다. 이런 종류의 문제들은 「카츠요오 삼포오」에서 찾아볼 수 있다.

가 얼마가 되어도 좋게끔 일반화 한다[277].

세키는 또한 다음과 같은 전형적인 문제도 제기하고 있다: "특정한 수의 사물이 있는데, 그에 대해서는 단지 그 수를 35로 곱해서 42로 나누면 35가 남고, 44로 곱해서 32로 나누면 28이 남으며, 45로 곱해서 50으로 나누면 35가 남는다는 것만이 알려져 있다. 그 수를 구하라." 그의 답은 13이며, 첫째 문제에서 사용된 것과 비슷한 방법으로 구한 것이다. 그의 다른 부정방정식 문제들 역시 조건들을 배열하는 데 있어서 상당한 정도의 독창성을 발휘하고 있으나, 이 분야에 더 깊숙이 들어갈 필요는 없다.

세키의 천재성을 입증하는 가장 두드러진 증거의 하나는 그가 행렬식 개념에 대해서 예상한 데서 찾을 수 있다[278]. 세키 학파(關流)는 다양한 숙련도에 따라서 다섯 등급의 면허장[279]을 수여했다. 제3등급의 면허장은 후쿠다이 멘쿄(伏題免許)라고 불렸으며, 18 내지 19 과목을 나타냈다. 이 과목들 가운데 마지막 것이 후쿠다이(伏題) 문제들 또는 행렬식이 포함된 문제들과 관계되는데, 그것이 1683년의 개정판에 나타나기 때문에[280], 그것의 발견은 그 해보다 앞선다. 서방 세계가 일반적으로 행렬식의 개념을 처음 발견한 것으로 간주하는 라이프니츠(1646-1716)[281]는 단순히

---

277) "쬬오이치 쥬츠." 그는 그것을 중국의 친츄샤오가 1247년 발간된 「수슈치우창」에서 전개한 방법으로부터 얻은 듯이 보인다.

278) T. Hayashi, "The 'Fukudai' and Determinants in Japanese Mathematics," Tokyo *Sugaku-Buturigakkwai Kizi*, vol. V(2), p. 254 (1910).

279) 이 다섯 등급의 면허장은 見題免許, 隱題免許, 伏題免許, 別傳免許, 印可免許이다.[역주]

280) 「후쿠다이오카이스루호오」 또는 「카이후쿠다이노호오」 (후쿠다이 문제들에 대한 풀이법).

281) T. Muir, *Theory of Determinants in the Historic Order of its Development*. London, 1890; D. E. Smith, *History of Modern Mathematics*, New York,

$$10+11x+12y=0,\ \ 20+21x+22y=0,\ \ 30+31x+32y=0$$

라는 방정식들이 같은 근을 가지려면

$$10\cdot21\cdot32-10\cdot22\cdot31-11\cdot20\cdot32+11\cdot22\cdot30$$
$$+12\cdot20\cdot31-12\cdot21\cdot30$$

라는 표현이 소거되어야만 한다고 주장했을 뿐이다[282]. 반면에, 세키는 n개의 방정식을 다루었다. 라이프니츠의 발견은 1693년에 이루어졌고, 사후까지 출판되지 않았으나, 세키가 발견자일 뿐 아니라 그의 위대한 동시대 독일인보다 훨씬 폭 넓은 사고를 지니고 있었다는 점은 명백하다. 그의 방법의 핵심적인 특징들을 보여주기 위하여 우리는 먼저 두 개의 이차방정식

$$ax^2+bx+c=0$$
$$a'x^2+b'x+c'=0$$

이 있다고 가정하기로 한다. x^2을 소거하면,

$$(a'b-ab')x+(a'c-ac')=0$$

이 되는데, 절대항을 소거하고 x를 삭제하면,

$$(ac'-a'c)x+(bc'-b'c)=0$$

이 된다. 다시 말해서, 우리는 일본인들이 접기(타타무, 疊む) 과정이

1906, p. 26.

282) Muir, 앞의 책, p. 5를 볼 것.

라고 부르는 것에 의하여 이차방정식 둘을 일차방정식 둘로 변환한 것이다. 마찬가지로 우리는 n차 방정식의 n개의 식을 $n+1$차의 n개의 식으로 변환할 수 있다[283]. 와산카[284]들은 더 나아가 이 후자의 방정식으로부터 여러 가지 승수의 x를 제거한다. 영계수를 포함해서 계수만을 적고, 그것들을 0으로 놓지 않는 것이 그들의 관습이었기 때문에[285], 계수 배열은, 비록 그들이 그것을 계수들의 특별한 함수로 간주하지는 않았을지라도, 그 자체로서 행렬식을 이루었다. 이 배열 위에서 더 나아가 세키는 이제 산(자르다)과 치(다스리다)라는 두 연산을 수행한다. 산은, 정확히 오늘날 우리가 행렬식으로부터 인수를 제거하듯이, 행이나 열에 들어있는 불변적인 문자 인수를 제거하는 것이다. 만약 그 배열(행렬식)이 0이 되면, 이 인수는 즉시 제거된다. 치는 수치적인 인수들에 대한 마찬가지 연산이다.

세키는 또한 실질적으로는 방정식의 소거식(eliminant)에 해당하는 행렬식인 계수들의 이 배열을 전개하였다. 이 전개에서 어떤 곱들은 양수로서 세이(生)라고 불리는 반면, 다른 곱들은 음수로서 코쿠라고 불리는데, 이 부호들을 결정하는 법칙이 주어졌다. 세키는 n차의 행렬식을 전개할 때의 항의 수가 $n!$이라는 것을 알았으며, 그는 또한 열과 행들의 상호교환 법칙도 알고 있었다[286]. 그러므로 엔리[287]에 있어서의 세키의 독창성에 대한, 그리고 심지어는 그 체

283) "콴시키"(치환방정식)라고 불림.

284) 와산(재래식 수학)의 추종자.

285) 일본식 방정식에서는 두 번째가 언제나 0이다.

286) 세키 학파의 와산카들에 의해서 표현된 이 법칙들의 구체적인 내용들은 하야시 교수의 고심 어린 노력에 의해서 제시되었으니, 그것들에 관해서는 그의 논문을 참조할 일이다.

287) 8장을 볼 것.

계에 관한 그의 지식에 대한, 또는 그것의 가치에 대한 우리의 의견이 무엇이든지 간에 우리는 나중에 주로 크레이머(Cramer, 1750)와 코쉬(Cauchy, 1812)의 영향하에서 행렬식론으로 발전된 이론의 첫 걸음이 라이프니츠보다 그에게 힘입고 있음을 인정하지 않을 수 없다[288]. 그 이론은 저자미상의 몇몇 저술들이 주장하듯이, 이따금씩 세키 학파 학자들의 주의를 끌었지만[289], 아무 것도 인쇄되지 않았다는 사실은 그 과정이 오랫동안 비밀로 남았다는 믿음에 이르게 한다. 그러나 연립방정식을 적는 중국과 일본의 방법이 세키의 어느 선배도 행렬식의 개념을 발견하지 못한 것을 오히려 놀랍게 할 정도였다는 점을 지적하지 않으면 안 될 것이다.

우리는 지금까지 신비스러운 엔리 내지 원의 원리만을 제외하고는 세키의 모든 업적을 고찰했다. 행렬식에 대한 그의 기대와는 달리 결과가 실망스러운 점도 고백하지 않을 수 없다. 8장에서 우리는 엔리를 고찰하게 되겠는데, 세키가 창안자라는 데에는 중대한 의구심이 가며, 이것과 그의 행렬식 발견을 제외하고는 수학의 어떤 위대한 영역에서도 그의 명성은 근거가 없다. 그가 놀라운 교사라는 점에는 이의가 없으나, 일본의 학문적 역량을 실현시키도록 그가 그 나라를 일깨우는 데 큰 공헌을 했다는 점은 의심스럽다. 그가 수학적 도구를 개선시키는데 창의적이었다는 점은 그가 시도했던 모든

288) 서양에서의 이 주제의 역사에 관한 최상의 참고문헌은 Muir, 앞의 책이다.

289) 이것들의 몇 가지는 하야시 교수가 소장하고 있다. 18세기에 쓰여진 것으로 보이는 「후쿠다이리우 산 카 엔단 쥬츠」라는 제목이 붙은 저자미상의 저술은 필자 가운데 한 명(D. E. S.)이 소장하고 있다. 세키와 동시대인인 이제키 치신은 행렬식 주제를 다룬 「삼포오 학키」라는 제목의 저술을 펴냈으며, 그 주제에 대한 20종 이상의 다른 저술들도 알려져 있다. 그러나 일본인들이 선형방정식들의 풀이와 관련해서 그 개념을 실제적으로 사용하지 않았고, 후대의 와산에서 그 이론이 완전히 망각되었다는 사실은 의아스럽다.

것에서 명백히 드러나지만, 그가 위대한 수학자이고, 획기적인 이론의 발견자이며, 최상급의 천재였다는 점에 대해서는 별로 증거가 없다. 그는 라이프니츠보다는 크리스천 볼프(Christian Wolf)와, 그리고 뉴턴보다는 배로우(Barrow)와 더 비견될 만하다. 후일 1907(明治 40)년 11월 15일 일본 천황은 그를 기념하여 황실 종사위(從四位)를 추증함으로써 큰 영예를 수여하고, 유례없는 탁월함을 바쳤는데, 위대한 학자이자 교사라는데 대해서였지, 수학이론의 위대한 발견자라는데 대해서라고는 할 수 없었다.

제 7 장 세키의 동시대인과 서양의 영향을 받았을 가능성

세키를 수학의 위대한 천재라고 부를 수 있든 없든 간에, 그의 동시대인들이 그를 그렇게 떠받들었으며, 그가 그들에게 같은 시기의 학자들 사이에서 최고조의 열광을 일으키도록 반응했다는 점은 분명하다. 그가 비록 제자들과의 관계에 있어서 단지 소수의 선택된 이수자들에게만 자신이 발견한 지식을 허용함[290]으로써 피타고라스의 발자취를 좇았으며, 자신의 발견들을 대중으로부터 격리시키고 동시대인들의 연구에 주의를 기울이지 않았다고는 하지만, 그럼에도 불구하고 그가 업적을 이뤄낼 수 있었으며, 그 시대의 어려운 문제들을 해결했고, 그렇게 많은 추종하는 제자들을 거느렸다는 사실은 그와 전혀 접촉이 없었던 사람들에게까지도 그를 매우 고무적인 사례로 만들었다. 이런 사실에 비추어서 엔리와 그 자신과의 관계를 고찰하기에 앞서 이번에는 세키의 몇몇 동시대인들에 대해서 언급하고, 또한 동시에 이 시기에 받았을 가능성이 있는 서양의 영향 문제를 고찰하기로 하자.

세키가 「하츠비 삼포오(發微算法)」(1674)를 펴내기 두 해전, 곧 1672년에 호시노 사네노부(星野[助右衛門]實宣)는 「코코오겐쇼오(股句弦鈔)」를 펴냈으며, 1674년에는 이소무라의 제자인 무라세(村瀨[所左衛門]義益)가 「삼포오 후츠단 카이(算法勿憚改)」를 썼다. 한 해 뒤(1675)에는 무라마츠의 제자인 유아사 토쿠시(湯淺得之)가 중국의 「수안파 퉁촘(算法統宗)」을 일본에서 펴냈다. 1681년에는 나라의 의사인 오쿠다 유우에키(奥田有益)가 「신펜 산스우키(新編

290) 수학뿐 아니라 다른 분야의 토착 일본 학교에서도 통상적으로 지켜진 관행.

算數記)」를 썼다. 두 해 뒤에는 타케베 켄코오(建部賢弘)가 「켄키 삼포오(硏幾算法)」를 펴냈는데, 그 속에서 그는 이케다 쇼오이(池田昌意)의 1672년간 「스우가쿠 죠오조 오오라이(數學乘除往來)」에 제기된 문제들을 세키의 텐잔 대수를 사용하지 않고 풀면서, "이것이 나의 수학 스승이 비밀에 붙이고자 했던 것을 다루고 있다"고 말했으나, 따라서 센칸쥬츠와 비슷한 수단을 요구하는 문제들을 풀지 않은 채 남겨두었다. 중국의 오래된 π 값인 $\frac{355}{113}$이 일본에 처음 알려진 것도 바로 이케다의 책에서였다.

같은 해(1683)에 코자카 사다나오(小坂貞直)는 「쿠우이치 산가쿠쇼(九一算學書)」[291]를 펴냈다. 그는 점성술과 신비주의에 경도된 수학의 쿠우이치 학파의 창시자인 토쿠히사 코오마츠(德久好末)라는 사람의 제자였다[292]. 그 해에는 또한 나카니시 세이코오(中西正好)가 「코오코겐 테키토오슈우(句股弦適等集)」를 펴냈으며, 그 책의 뒤를 이어 1684년에는 그의 동생인 나카니시 세이리(中西正則)가 「삼포오 조쿠 테키토오슈우(算法續適等集)」를 썼다. 이 형제들은 이케다 쇼오이의 제자들이었으며, 그들 중 하나[293]가 그의 이름을 딴 학파를 열었다.

1684년에는 이소무라의 「케츠기쇼오([算法]闕疑抄)」의 2판이 나왔으며[294], 다음 해에는 세키의 「하츠비 삼포오」에 대한 타케베의 주석서[295]가 출판되었다. 후자는 세키가 가르쳤던 엔단법을 널리

---

291) 직역하면, "쿠우이치 학파의 수학서."

292) Endo, Book II, p. 18.

293) 맏인 나카니시 세이코오가 세키 제자 중의 한 사람 밑에서 공부했던 듯 하다. Endo, Book II, p. 20.

294) 83쪽을 볼 것.

295) 「發微算法演段諺解」를 가리킴.[역주]

알렸다.

모치나가(持永豊次)와 오오하시(大橋宅清)는 1687년에 「카이산키 코오모쿠(改算記綱目)」[296]를, 그리고 1688년에는 「토오쇼 카이산키」[297]를 펴냈다. 이 저작들 중 첫 번째에서 우리는 초기 세키 학파 작업의 특징인 조야한 적분법에 대한 접근([그림 30]을 볼 것)을 이미 발견하게 된다. 오오하시의 스승인 미야기 세이코오(宮城清行)는 1688년에 「메이겐 삼포오(明元算法)」를 펴냈으며, 그 뒤를 이어 1695년에는 「와칸 삼포오(和漢算法)」[298]를 펴냈는데, 그 속에서 그는 세키에 의해서 이미 언급된 1458차 수리방정식을 구체적으로 고찰하고, 사토오 세이코오(佐藤正興)의 「콘겐키([算法]根源記)」에 제시된 150 문제와 사와구치 카즈유키(澤口一之)의 「코콘 삼포오키(古今算法記)」에 실린 15 문제를 모두 엔단법으로 풀려고 시도했다.

미야기는 쿄오토에서 자신의 이름을 딴 학파를 창시했으며, 가끔 원적법에 대한 저술[299]이 그의 것으로 지목되기도 한다. 그는 학자로서 동시대인들에 의해 크게 존경받았다[300].

1689년에 쿄오토의 안도오 키치지(安藤吉治)는 엔단 대수가 실린 「익쿄쿠 삼포오(一極算法)」라는 제목의 저작을 펴냈으며, 1691년에는 나카네 겡케이(中根元珪)가 그것의 속편을 「시치죠오 베키엔시키(七乘冪演式)」라는 제목으로 펴냈다.

296) 직역하면, "「카이산키」의 요약."
297) 직역하면, "논평과 해석을 가한 「카이산키」."
298) "일본과 중국의 수학적 방법"이라는 뜻.
299) 「코하이 쇼오카이」. 그러나 이것은 18세기에 나온 저자미상의 저술이다.
300) Endo, Book II, p. 19.

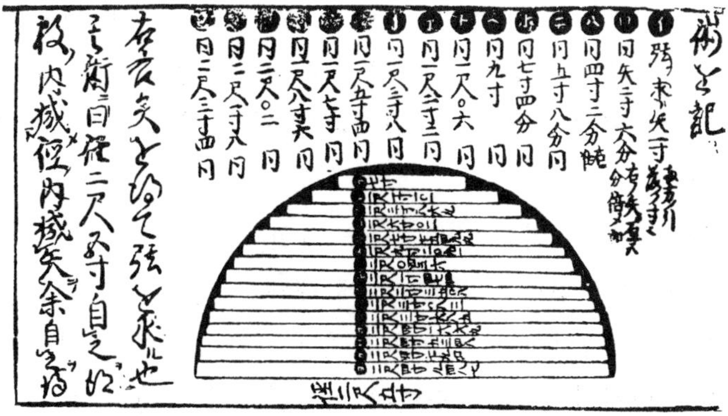

[그림 30] 모치나가와 오오하시의「카이산키 코오모쿠」(1687)에서 엿볼 수 있는 초기 단계의 적분

1696년에는 이케다 쇼오이가 원과 구체의 측정에 관한 팜플렛[301]을 펴냈으며, 1698년에는 사토오 모슌 내지 시게하루(佐藤茂春)이 천원술에 관한 저술「텐겐 시난(天元指南)」을 펴냈다. 그 속에 나타난 원의 넓이를 구하는 방법([그림 31])은, 비록 특별한 원산지를 주장하기에는 지나치게 단순하다지만, 분명히 서양식이다.

이렇게 열거한 것 자체는 그 저작들에 대한 보다 자세한 묘사와 일본 수학에 대한 그것들의 영향에 관한 진술 없이는 무의미하다. 그러나 두 가지 목적에서 그것을 삽입하였는데, 첫째는, 세키의 영향을 통해서건 아니건 간에, 서양 사상의 첫 영향을 통해서건 자생적인 민족적 자각 때문이건 간에, 세키의 시대가 특별한 활

301) "원의 넓이와 구체의 부피의 극한값"이라는 뜻의「교쿠엔 쿄쿠세키」(玉圓極積). 같은 해(1696)에 나카네 겐케이는「텐몬 주콰이 학키」라는 중요한 천문서를 펴냈다. 이 시기에 나온 최상의 천문서는 8권짜리 저술인 시부카와 순카이의「텐몬 케이토오」이다. 나카네 겐케이는 또한 역법서인「코오와 츄우레키」를 썼는데, 그것은 나중에 키타이 오시마에 의해서 개정되었다.

동기로 볼 수 있지 않느냐는 것이고, 둘째는 상당한 수의 동시대 저자들 가운데에서 얼마간이라도 세키의 영향을 받은 자들만이 어느 정도의 명성을 쌓을 수 있었다는 점을 밝힐 수 있지 않느냐는 것이다.

우리는 이제 두 번째이자 보다 중요한 문제인 세키와 그의 동시대인들이 서양의 영향을 받았는가에 대해서 살피려고 한다. 중상주의적 일본과의 정당한 교류를 독점했던 화란 상인들이 교역 목적으로 허용된 나가사키와 그 주변의 학자들에게 당시 유럽 제국에서 생겨나던 수학 상으로 크게 발전된 지식을 전했겠는가? 마테오 리치를 따라서 북경에서 수학 연구를 육성하던 중국 주재 예수회 선교사들이 중국해를 넘어서 그들의 지식의 일부를 전파하는데 성공했겠는가? 혹은 일본의 어떤 모험적인 학자가 쇼군의 명령[302]을 위반하면서까지 죽음을 무릅쓰고 화란으로 돌아가는 배에 몸을 싣고 서양행을 감행했겠는가? 이런 것들이 제기되는, 그리고 물을 만한 정당한 이유들이 있는 몇 가지 문제들이지만, 그것들은 추후의 연구가 보다 명확히 답해야 할 문제들이다. 그러나 몇 가지 답변 자료는 존재하며, 우리가 갖고 있는 작은 지식이나마 미래의 연구를 위한 기초로서 언급하면 적절할 것이다.

302) 1630년에는 심지어 외국서적의 반입도 금지되었다.

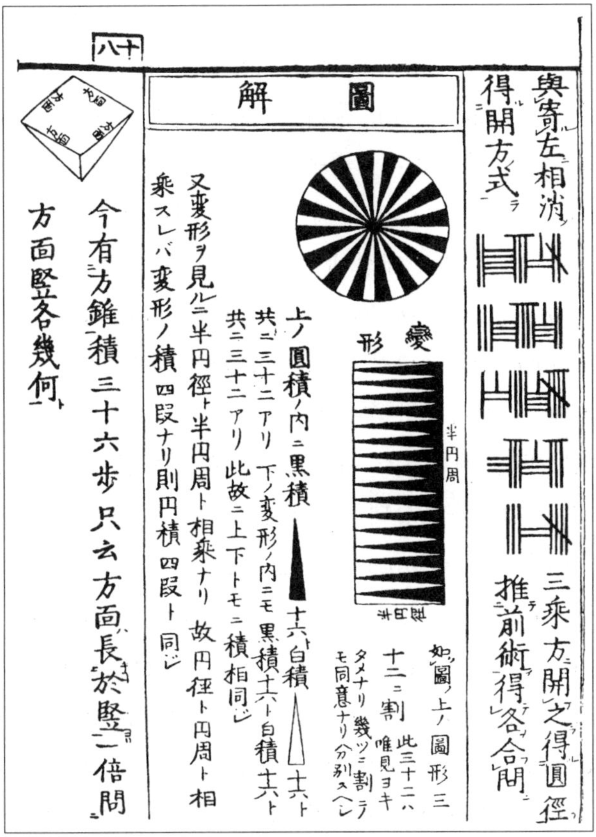

[그림 31] 사토오 모슌의「텐겐 시난」(1698)에 나오는 원 구적법

예를 들면, 세키의 시대 동안에 화란에 일본인 수학도가 있었다는 것이 상당 기간동안 인지되었는데[303], 그가 나가사키에서 화란 상선

303) Harzer, P., "Die exacten Wissenschaften im alten Japan," *Jahresbericht der Deutschen Mathematiker-Vereinigung*, Bd. 14, 1905, Heft 6; Mikami, Y., "Frage abendländischer Einflüsse auf die japanische Mathematik am Ende des siebzehnten Jahrhunderts," *Bibliotheca Mathematica*, Bd. VII(3), Heft 4.

을 타고 탈출했다는 것은 의심할 여지가 없다. 그의 일본 이름은 알 도리가 없으나, 그가 차용한 라틴어식 이름은 페트루스 하르트싱기우스(Petrus Hartsingius)이며, 우리는 그가 라이덴에서 반 슈텐(Van Schooten) 밑에서 공부했다는 것을 알고 있다. 그가 상당히 알려진 학자였다는 것은 반 슈텐이 펴낸 데카르트, 「기하학(*La Geometrie*)」의 한 판본에서 그의 「계산대수에 의한 기하증명에 관한 논문(*Tractatus de concinnandis demonstrationibus geometricis ex calculo algebraico*)」을 다음과 같이 언급한 사실에서 찾아볼 수 있다[304]. "한 때 내 제자로서 수학을 전공한 지극히 탁월하고도 박식한 일본인 젊은 박사 페트루스 하르트싱기우스는 종합적 정리를 보다 확실하게 증명하여 유보상태로부터 유리하게 진전시킨 것으로 보인다(placuit majoris certitudinis ergo idem Theorema Syntheticé verficare, procendo à concessis ad quasita, prout ad hoc me instigavit praestantessimus acundequaque doctissimus juvenis D. Petrus Hartsingius, Iaponensis, quondam in addiscendis Mathematis, discipulus meus solertissimus.)[305]." 반 슈텐에 나오는 이 구절은 지오반니 바카(Giovanni Vacca)에 의해 최초로 주목되었으며, 그는 그것을 모리츠 칸터(Moritz Cantor) 교수에게 알려주었다.

---

304) Harzer는 1661년판 p. 413을 인용하였는데, 우리는 1683년 암스테르담판 p. 413을 인용하였다.

305) T. 하야시는 Van Schootn의 사후에 출간된 저작에 같은 말들이 보인다고 언급했으나, 이것은 아마도 1683년판 상기 3판(editio tertia)을 가리키는 듯하다. 林鶴一, "第十七世紀ノ中頃和蘭國ニ在リタル我邦ノ數學者" 「東京物理學校雜誌」 163號, 明治38年 (Hayashi, T., "On the Japanese who was in Europe about the middle of seventeenth century(일본어판)," *Journal of the Tokyo Physics School*, May, 1905); Mikami, Y., "Hatono Soha and the mathematics of Seki," *Nieuw Archief voor Wiskunde,* Negende Deel, 1910.

이 문제에 대해서는 「루그두노 바타바에 학사원 인명록(*Album Studiosorum Academiae Lugduno Batavae*)」에 실려 있는 기록[306]으로 더욱 조명을 가할 수 있는데, 거기에는 1669년 5월 6일이라는 시간과 함께 “Petrus Hartsingius Japonensis, 31, M. Hon. C.”라고 적혀 있다. 여기서 숫자는 학생의 나이를, M.은 의학(medicine)을, 그리고 Hon. C. 내지 Honoris Causa는 그의 성적이 우등이었다는 것을 가리킨다. 그의 주전공인 수학은, 따라서 의학에게 자리를 내준 셈인데, 이 과목에서도 다른 것에서와 마찬가지로 그는 괄목할 만한 성취를 이루었다. 아마도 1661년에 있었던 반 슈텐의 사망이 이와 같은 변화에 영향을 주었을는지 모르지만, 사실상 당시의 모든 과학들이 그랬듯이, 수학과 의학의 흔한 결합[307]이 그로 하여금 두 가지 관심분야를 결합하도록 이끌었으리라는 것이 보다 그럴 법하다. 더욱이 다른 기록들이 우리에게 하르트싱기우스가 랑게브루게(Langebrugge)가에 있던 피터 반 니우카스텔(Pieter van Nieucasteel)이라는 사람의 집에 살았다고 알려줌으로써 그림에 손질이나 사실성을 더하는 정보가 되고 있다. 따라서 이 기록은 반 슈텐이 사망한 해(1661)에 그가 22세에 불과했거나, 또는 그가 “한 때 전공한” “젊은 박사”로서 스승을 위하여 정리를 증명했을 때에는 아마도 21세에 불과했으리라는 믿음에 이르게 할 것이다.

*Album Studiosorum*에 수록된 라이덴 기록들을 면밀히 살펴보면, 일어난 사실들에 대해 훨씬 더 많은 시사점을 던져준다. 우선,

---

306) Hague, 1875. 그 자료는 1575년부터 1875년까지의 학생들과 교수들의 명단을 제공한다.

307) 예를 들어, 위에 인용한 1683년판(p. 385)에서 반 슈텐이 코펜하겐의 수학자 겸 의사인 에라스미우스 바르톨리누스(Erasmius Bartholinus)로부터 받은 도움에 대해서 언급하고 있는 것을 보라.

하르트싱(Hartsing)이나 하르트싱크(Hartsinck)와 같은 다양한 형태로 등장하지만, 하르트싱기우스라는 훌륭한 화란식 이름이 채용되었는데, 그것은 아마도 그 미지의 학생이 화란으로 유학가는 덕을 본 상인의 것이었을 가능성이 농후하다. 다음으로는, 하르트싱기우스가 적어도 15년 이상 오랫동안 화란에 있으면서, 라이덴 대학에서 공부를 하다 말다 했다는 것이다. 그는 1654년 8월 29일 "Petrus Hartsingius Japonensis, 20, P."라는 스무 살 짜리 철학부 학생으로서 처음 학적부에 올랐다. 이것으로 미루어 보면, 출생 연도가 1634년 내지 1635년에 해당되지만, 이내 알게 될 것과 같이, 나이를 정확하게 제시하는데 그다지 신경을 쓰지 않은 듯하다[308]. 다음으로 그는 1660년 8월 28일에 "Petrus Hartsingius Japonensis, 22, M."이라고 학적부에 나타난다. 이제 그는 전공을 의학으로 바꾸었으며, 그의 나이로 미루어 보면, 출생 연도가 1638년 내지 1639년에 해당되어 전에 적은 것보다 4년 뒤가 된다. 그러나 그러한 기록들이 서둘러서 작성되어 부정확하기 쉽다는 사실과 함께 언어 장벽을 감안한다면, 이것은 쉽사리 이해된다. 그 다음 그는, 이미 언급한 바와 같이, 1669년 5월 6일의 *Album*에 나타난다. 그러므로 그는 공부를 1654년에 시작해서 1669년에도 여전히 했던 것이며, 그곳에서 지속적으로 머무르지는 않았다.

그의 이력에 대한 추가적인 시사점을 던져주는 것은 아마도 1652년경에 그가 일본을 혼자서 떠나지 않았다는 사실이다. 그에게는 자신과 나이가 같고, 취향이 비슷한 동료가 있었던 것이다. 1654년 9월 4일의 *Album*에는 다음과 같은 항목이 나타난다: "Franciscus Carron

308) *Album*, col. 438을 볼 것.

Japonensis, 20, P." 그러므로 하르트싱기우스가 처음 등재된 지 일주일도 못되어 나이가 같고, 의심할 나위 없이 그와 여행을 함께 했을 또 다른 일본인이 같은 학부에 등록한 것이다. 그러나 하르트싱기우스가 여러 해 동안 라이덴에 머물렀던 반면, 카론에 관해서는 더 이상 들을 수 없다. 이역 땅에 동료를 남긴 채 죽었는가? 다른 대학으로 옮겼는가? 아니면 일본으로 돌아갔는가?[309]

그러면 고국을 떠나는데 — 더욱이 그런 행위가 대역죄에 해당하던 시절에 — 목숨도 마다 않았으면서도 탁월한 수학자였던 페트루스 하르트싱기우스는 도대체 누구인가? 미지의, 그러나 장래가 촉망되는 학생이었던 그는 서양의 어느 지역에서 죽었을까, 아니면 모국으로 몰래 되돌아갔을까? 만약 유럽에 체류했다면, 그는 이따금씩 친구들에게 편지를 보내 자신이 살고 있는 위대한 세계와 특히 북유럽 지성의 중심의 의학과 수학에 관해 이야기하지 않았을까? 우리의 직접적인 목적을 위해서 바꿔 말한다면, 서양 수학이나 또는 그것의 공로자들이 이룩한 것에 대한 암시가 세키 시대의 일본에 도래하지나 않았을까?

이런 질문들은 답변하기보다 묻기가 더 쉽지만, 조만 간에 답을 구하기가 불가능한 것은 결코 아니다. 최근에 와서야 문제 제기가 이뤄지고, 해결을 위한 탐색도 이제 막 시작된 것에 불과하지만, 장차 일본인들의 문헌과 전승들을 샅샅이 뒤지면, 우리가 찾는 것이 밝혀지는 일이 가능할 뿐 아니라 개연성도 없지 않을 것이다.

---

309) Schotel, G. D. J., *De Academie te Leiden in de 16e, 17e en 18e eeuw*, Haarlem, 1875, p. 266도 라이덴의 일본 학생들에 대해서 언급하고 있어서, 좀 더 찾으면, 정보를 더 많이 얻을 수 있을는지 모른다. 우리는 1650년에서 1670년 사이의 명단에 대해서 주의 깊게 찾아보았으나, 그 이전 몇 년과 그 이후에 대해서는 그 만큼의 주의를 기울이지 못했다.

현재로서는 해결을 위한 단 하나의 가능한 단서도 존재하지 않는다. 우리는 17세기 후반에 활약한 하토노 소오하(鳩野宗巴)라는 이름의 한 의사가 외국에서 공부하다 본국으로 돌아왔다는 것을 안다[310]. 하토노는 나카시마 가의 일원이었는데, 해외로 나가기 이전에는 나카시마 초오자부로오로 알려졌었다. 그 집안은 사무라이 신분에 속했으며, 전에 초오슈우 영주 또는 이와쿠니 영주[311]의 가신이었는데, 그 봉건 귀족들은 한 때 나카시마[312] 가를 엄청나게 부유하게 만들었으나, 후계자 두 명이 유아이었을 때 재산의 대부분을 부당하게 박탈했다. 그 가문이 예전의 집과 일을 등지고, 그들의 운명을 바로잡기 위해 큐우슈우 섬으로 간 것은 바로 그런 억울한 일 때문이었다. 그리하여 그들은 나가사키로 왔고, 젊은 나카시마 초오자부로오는 한 화란 상인을 만나 그와 함께 국경을 넘어 금지된 세계로 떠나게 되었던 것이다. 그렇다면, 이제 우리는, 그 젊은 사무라이의 출발 시점을 확인하고, 특히 그가 돌아와서, 적어도 집안의 비전에서나마, 자신의 이야기를 했기 때문에, 그의 여정을 추적해야만 할 것으로 보인다. 그러나 우리는 이런 사실들 어느 것에 대해서도 확신할 수 없다. 그의 후손들은 그의 해외 방문이 만지 시대에 이루

---

310) 이 정보의 많은 부분은 문제의 의사의 직계자손이며 그의 성을 따르는 S. 하토노에게 힘입고 있다. 그는 우리에게 그 일화가 원래 「츠보이 이단」이라는 제목의 저술에 기록되었으나 소실되었다고 알려주었다. 또한, Ishigami, T., "Hatono Soha O," *Chugwai Iji Shimpo*, no. 369, Aug. 5, 1895; Yokoyama, T., "A physician of the Dutch school who went abroad two centuries ago, and his surgical instruments"(일본어판), *Kyoyuku Gakujutsu Kai* vol. 4, January 1901 (명확성이라는 면에서 문제가 많은 논문); Fujikawa, Y., *History of Japanese Medicine*(일본어판); Yokoyama, T., *History of Education in Japan*(일본어판)을 참조할 것.

311) 후자가 전자의 지배를 받았다.

312) 일본 동부에서는 이 이름이 흔히 나카지마로 불리는데, 나카시마라야 더 맞는다.

어졌다는 구전을 이어 오는데, 때는 1658년에서 1661년까지 걸쳐지므로, 그것은 하르트싱기우스가 라이덴에 있었던 시기를 포함한다. 구전은 또한 그가 수도 남반을 방문했다고 말하는데, 그것은 당시 스페인 반도뿐 아니라 현재와 과거의 스페인 및 포르투갈의 식민지를 뜻했으며, 화란을 포함했다. 그 도시에 머무는 동안 그는 이름이 포스토우나 보스토우[313]를 닮은 사람으로부터 의술을 배웠고, 몇 년 뒤에는 다시 일본으로 돌아갔다.

고국에 도착한 후, 나카시마는 해외 이주를 금하는 법률 위반으로 처형될 위험이 있었고, 아마도 그로 인해, 구전이 말하듯이, 이곳 저곳을 전전했던 듯하다. 그러나 의사로서의 기술이 그에게 면책을 부여했고, 관리들이 자신들이나 가족들이 병에 걸렸을 때 가장 쓸모 있게 될 법규 위반에 대해 눈감아 주었다는 편이 더욱 개연성이 높을 것이다. 그 위험은 쇼군이 두 명의 유럽 의사인 알만스와 카스파를 샴베르겐이 나가사키에서 시술하도록 허용되어야만 한다는 허락을 내림으로써 사라졌던 것으로 보인다. 그리하여 나카시마는 그들의 학생 중의 하나가 되어 같은 도시에서 의료 업무를 보기 시작하였고, 나카시마 소오하를 이름으로 삼았다.

때마침 큐우슈우의 히젠 현에는 자신 소유의 비둘기 떼를 애지중지하던 다이묘가 살고 있었다. 비둘기 중 한 마리가 다리를 다쳐서 다이묘가 젊은 의사를 불렀는데, 그 솜씨가 어찌나 좋고 비둘기의 회복이 얼마나 빨랐던지 나카시마의 이름이 그 지방 전체에 알

313) 우리는 이 이름을 당시의 저명한 스페인, 포르투갈, 또는 화란 의사들의 명단에서 발견하지 못했으나, 독자들 가운데 그것을 확인하지 못하라는 법은 없을 것이다. 그것이 라이덴에서 1624년부터 1663년까지 의사로 있었던 아돌프 보르스티우스(Adolpf Vorsius, 1597. 11. 23-1663. 10. 9)를 가리킬 수는 없을까?

려지고 칭송이 자자하게 되었다. 그의 간단한 업적이 그렇게 유명해져서 하토노 아시오 나오시타 소오하[314] 또는 하토노 소오하[315]라고 불렸으며, 그 호칭이 매우 흐뭇하게 들렸으므로 그는 이내 그것을 받아들여서 이후로는 하토노 소오하(鳩野宗巴)로 알려지게 되었다[316].

이제 그의 명성이 내해를 따라 퍼져나가게 되어, 이윽고 히고 현의 다이묘인 호소카와 영주가 오오사카로 와서 자기를 섬기라고 소환했으므로, 그는 자신이 유럽이나 또는 스페인, 포르투갈, 화란의 어떤 식민지에 있었을 때, 포스토우가 선물로 주었던 것들 뿐 아니라 지도교수였던 알만스와 샴베르겐으로부터 받은 선물들을 가지고 나가사키를 떠났다. 이것은 1681년[317]의 일이었으며, 거기서 그는 1697년 56세를 일기로 숨을 거둘 때까지 머물렀던 듯하다. 이것이, 비록 토착 출처에 따른 것이기는 하지만, 페트루스 하르트싱기우스가 라이덴에서 수학과 의학을 공부하던 무렵에 유럽에서 공부하다가 고국으로 돌아갔다고 알려진 유일한 일본인 학자에 관한 짤막한 일화이다. 만일, 그의 집안 기록이 주장하는 것과 같이, 하토노가 56세에 사망했다면, 그는 1641년에 태어났었음에 틀림없을 것이고, 하르트싱기우스보다는 좀 너무 늦는 반면, 그와 카론이 동일 인물이라면, 그의 출생은 1634년이나 1635년에 해당되어 이 짐작과는 강하게 어긋나는 주장이 되고 만다.

---

314) "비둘기 다리를 고친 소오하"라는 뜻.

315) "비둘기의 소오하."

316) 그 성씨는 현재 9대째 내려오고 있다.

317) 이것은 그의 후손이 우리에게 알려온 가족 기록에 적혀 있는 연도이다. 그러나, T. 요코야마에 의하면, 1684년에 나가사키에서 데시마 란슈우가 서명한 문헌을 가족이 소장하고 있다고 한다. 만일, 이것이, 요코야마씨가 믿고 있는 대로, 하토노의 필명이라면, 그는 오오사카에 1681년보다 나중에 갔을 것이다.

따라서 문제는 포스토우 박사를 찾는 것, 세키 학파의 일본 수학에 들어 있고, 동시에 반 슈텐의 *Tractatus*나 당대의 다른 문헌에도 들어 있는 문제를 찾는 것으로 귀결되는 듯하다. 이제까지 우리는 하토노가 도대체 어떤 수학이라도 알았는지조차 알지 못한다[318]. 만약 그가 하르트싱기우스였다면, 그는 쉽사리 세키나 그의 제자들에 대한 지식을 전달했었을 것이고, 만약 아니었다고 해도, 그가 라이덴에서 공부했다면, 그를 알았을 것이 확실하지만, 어쨌든 비밀에 휩싸인 프란시스쿠스 카론은 고찰되어야 할 대상으로 남는다.

외국 학문을 알았을 사람들과 세키가 접촉했다는 것에 관해서는, 당시에도 지금처럼 일본 전체에서도 가장 매력적인 곳의 하나였으며, 아직도 고대 문화의 유적으로 가득 채워져 있는 고도 나라(奈良)로 그가 순례했을 때의 일화가 오랫동안 회자되어 온다. 그가 한 불교 사찰에 보관 중이던 특정 서적들에 대해서 알게 되었는데, 그것들은 어떤 시기에 승려들에 의하여 중국으로부터 입수된 것이며[319], 종교, 도덕, 치료술과 무관했지만, 아무도 이해할 수 없었던 것이었다. 그는, 기대한 바와 같이, 그 책들이 중국 산학서들이라는 사실을 발견하자마자 그것들을 펼쳐서 베꼈으며, 그의 노력의 결실들을 에도로 가져갔다. 더 나아가 그것은 세키가 이 저작들에 대한 유익한 연구로 3년을 보냈다는 사실과 관계되지만, 그 책들이 무엇이었는지 또는 그가 그것들로부터 무엇을 얻었는지는 비밀로 남아있다[320].

---

318) 그의 저술과 가족 기록의 대부분은 약 50년 전에 소실되었으며, 그나마 남은 몇 가지의 거의 전부마저 1877년 사이고오 시대에 쿠마모토를 점령할 때 파괴되었다.

319) Mikami, Y., "On reading P. Harzer's paper on the mathematics in Japan," *Jahresbericht der Deutschen Mathematiker-Vereinigung*, Bd. XV, p. 256.

320) 세키는 아마도 나라에서 중국 양휘의 저술을 연구했던 듯이 보인다. 그의 방문 기록은 사이토라는 사람이 쓴 「부린 인켄 로쿠」 내지 「부린 켄분 로쿠」

의심할 바 없는 일이지만, 만일 세키가 나라라는 일본의 중요한 종교 중심지에 갔다면, 그곳과 가까운 주요 지적 요충지인 쿄오토를 찾지 않았을 리는 만무하다. 그는 또한 하토노 소오하가 다이묘를 위해 일하고 있었던, 인근의 오오사카를 놓치지도 않았을 것이다. 그러나 다른 한 편으로 세키는 1674년에 「하츠비 삼포오」를 펴냈고, 하토노가 1681년까지 오오사카에 가지 않았으므로, 세키는 하토노가 새로운 집에 정착하기 이전에 고차방정식을 풀었던 것이다[321]. 더욱이 그가 사용한 표기법은 명백히 중국에서 유래된 것이어서[322], 그의 저작의 그런 부분은 하등의 유럽 영향을 보여주지 않는다. 만일 하토노나 하르트싱기우스가 세키에게 영향을 주었다면, 그것은, 다음 장에서 보게 될 것처럼, 비록 그의 제자인 타케베로부터일 가능성이 더 높다지만, 그의 학파에서 시작된 무한급수 연구에서이었을 것임에 틀림없다.

서양과의 또 다른 접촉은 「나가사키 셈민 덴」(長崎先民傳)이라고 불리는 책에 언급되어 있는데, 그 속에는 세키 소자부로라는 사람이 마카오와 루손에서 살았던 늙은 학자로부터 천문학을 배웠다고 적혀 있다. 만약 이것이 필리핀의 루손이라면, 그는 그 시절 예수회 선교사들과 접촉했을 수 있고, 또 그럴 가능성은 매우 높다.

세키 시대에 서양과 통신이 가능했을 또 하나의 수단에 대해서도

에 처음 등장하는 것으로 전해진다. 그것이 혹시 후루카와 켄이 썼을지 모르지만 저자미상으로 되어 있는 「산와 즈이히츠」라는 제목의 저술에 재수록되었다. 그것은 또한 카미자와 테이칸이 쓴 「오키나구사」에도 등장한다. 우리는, 비록 면밀히 조사를 했음에도 불구하고, 나라의 책들에 관한 어떠한 명백한 정보도 얻을 수 없었지만, 키타(본명 마에다) 부인과 그녀의 남동생이 제공한 이 방면의 노력에 대해 심심한 감사를 표하고자 한다.

321) 그는 심지어 1,458차의 것에 대해서도 풀이법을 시사한 바 있다. (124-25쪽을 볼 것.)

322) 아마도 나라의 중국 문헌들로부터 얻었을 것이다.

언급할 필요가 있다. 하토노, 하르트싱기우스, 카론이 유럽 여행에 나섰다면, 이제는 이름이 잊혀진 다른 사람들이 마찬가지 행동을 했을 명백한 사실을 접어두고서라도, 우리에게는 서양 수학을 접한 두 사람에 대한 기록이 남아 있다. 이들은 하야시 키치자에몬(林吉左衛門)과 그의 제자인 코바야시 요시노부(小林義信)로서 둘 다 나가사키항의 통역들이었다. 그들 각각은 화란어를 구사할 줄 알았고, 관심에도 관심을 가졌으며, 후자는 서구 천문학에 조예가 깊었다[323]. 코바야시는 기독교로 개종했다는 의심을 샀으며, 때마침 그 종교의 추종자들에 대한 무자비한 박해가 가해지던 시기[324]라서 1646년에 투옥되어, 그곳에서 21년 동안을 보냈다. 1667년에 석방되자, 비록 성과가 알려져 있지는 않으나, 그는 나가사키에서 천문학과 역법을 가르치려고 시도했으며[325], 그가 82세를 일기로 사망할 당시인 1683년에는 공식 달력에 기재된 일식 계산상의 오류를 바로 잡을 수 있었다고 기록되어 있다[326]. 하야시는 1646년에 처형되었다. 이 사람들이 당시의 유럽 수학에 대해서 많이 알지 못했을 가능성은 있지만, 그들이 전반적인 과학의 추세를 몰랐고, 이 업적의 성격에 관해서 탐구자들에게 어떤 암시도 주지 못했으리라는 것은 생각할 수 없는 일이다.

코바야시의 시대보다 조금 뒤에는 화란 천문학을 이해한 니시카

---

323) 일본 이름이 사와노 추우안(澤野忠庵)이었던 한 포르투갈인이 1650년에 일본어로 된 천문서를 지었으나, 표기는 라틴 문자로 되었었다. 1659년에 니시 키치베이가 그것의 표기를 일본식으로 바꿨으며, 무카이 겐쇼(1609-1677)가 「켄콘 베네츠」라는 제목 하에 주석을 가했다.

324) 1616년에 토쿠가와 쇼군 막부는 기독교를 엄격하게 탄압하는 영을 내렸고, 그 결과는 1637년 나가사키에서 그리 멀지 않은 시마바라에서 항쟁이 일어났을 정도로 피비린내 나는 박해였다.

325) Endo, Book II, p. 76.

326) Endo, Book II, p. 18.

와 죠켄(西川如見)이라는 또 다른 학자가 등장했는데, 그는 요시무네(德川吉宗) 쇼군으로부터 공식 역서를 편찬하도록 초빙받았다. 이미 이야기한 바와 같이, 후자 자신은 천문학에 관한 한 아마추어에 지나지 않았으나, 1720년에 서양 서적에 대한 금지가 해제된 것은 그와 나카네 겡케이의 예견 때문이었다[327]. 이 때 이후로는 서양 천문학이 일본에서 잘 알려지게 되었으며, 나가쿠보 세키스이(長久保玄珠), 마에노 료오타쿠(前野良澤), 시즈키 타다오, 아사다 고오류우(麻田剛立), 타카하시 시지(高橋至時)와 같은 학자들은 그 학문에 관한 화란 저자들의 저술들에 정통했다[328].

지금까지의 증거로부터 얻어지는 결론은 유럽 수학에 대한 모종의 지식이 17세기에 일본으로 유입되기 시작했다는 것, 우리가 수리천문학이 그것의 일부를 이룬다는 사실 말고는 이 책의 성격에 관해서 하등의 단정적인 정보를 갖고 있지 않다는 것, 세키나 그의 학파가 그들의 방법을 서양으로부터 차용했다는 증거는 없으나, 그 시대의 일본 수학자들이 과학의 일반적인 추세와 유럽 제국에서 달성된 결과들의 일반적인 성격에 관해서 매우 잘 알고 있었으리라는 것 등으로 나타난다.

---

327) 이 세 사람(니시카와 죠켄, 요시무네 쇼군, 나카네 겐케이)과 관련된 보다 상세한 내용에 관해서는 日本學士院 編, 「明治前 日本數學史」 제 3 권, 78-81쪽을 참조할 것.[역주]

328) 마에노 역시 1772년에 화란 산수서를 갖고 있었다고 전해지나, 제목은 확인되지 않는다. Endo, Book III, p. 7. 화란의 영향 문제에 관해서는 Hayashi, T., "How have the Japanese use the Dutch books imported from Holland," *Nieuw Archief voor Wiskunde*, reeks 2, deel 7, 1905, p. 42; 1906, p. 39를 볼 것이며, 그 후 일본에 전해진 화란 저작의 대부분은 비교적 후대의 것으로 드러난다. 사와노 추우안으로 알려진 포르투갈 저자의 흥미로운 역사에 관해서는, *Nieuw Archief voor Wiskunde*, reeks 2, deel, 10과 *Annals Scientificos da Academia Polytechnica do Porto*, vol. 7에 실린 미카미의 글을 참조할 것.

제 8 장 엔리(圓理)

전혀 의심할 바 없는 세키의 업적들을 살펴보았고, 서양의 영향[329] 문제를 검토해보았으므로, 이제는 그의 이름이 그다지 적극적으로 결부되어 있지 않은 엔리(圓理)에 대해서 따져보도록 하겠다. 그 단어는 "원의 원리" 내지 "원의 이론"이라고 옮길 수 있겠는데, 이름은 원의 측정이 다루는 첫째 주제라는 사실에서 유래한다. 그것은 리예(李冶)의 중국 저작의 제목인 「체우안하이칭(測圓海鏡)」(1248)에 의해 시사를 받았는지 모르는데, 앞에서 살펴본 바와 같이 (64쪽), "체우안"은 "원을 잰다"는 뜻이기 때문이다. 비록 구전에서 그것의 발견을 그에게 돌리고 있기는 하지만, 지금까지 확실히 알려진 바로는, 세키 자신이 그에 관해 쓴 적도 없고, 오오타카 유우쇼오(大高由昌)가 1712(正德 2)년에 펴낸 「콰츠요오 삼포오(括要算法)」에서 원에 대한 해석적 측정과 관련하여 취급한 적도 없다. 세키의 시대 이후에는 보통 타케베 켄코오(建部賢弘)[330]가 썼다고 여겨지며, 도합 43책[331]이었을 것 가운데 20책이 전해 내려오는 「타이세이 산쿄오(大成算經)」[332]와 같이 원에 대한 단순히 수리적인 측정을 다룬 많은 저작들이 나왔다. 한 세기 전에 모가미 토쿠나이(最上德內)[333]의 수중에 있었다고 전해지는, 알려진 20책 이외의 다른

329) 선교사들의 영향은 나중에 검토하기로 한다.
330) 1766년으로 명기된 아리마 영주의 「호오옌 키보오」에 그렇게 적혀 있다.
331) 비록 의심스러운 숫자이기는 해도, 「마츠노야 힉키」에 실린 「산가쿠 슈반」에 관한 오야마다 요세이의 논문에 그렇게 적혀 있다.
332) "완전한 수학서."
333) 혼다 리메이(1755-1836)의 제자.

세 책에 관한, 일반적으로 황당하다고 믿어지는 이야기가 있다. 그는 소메야 하루후사로부터 수학을 배운 하치오오지(八王子)의 시오노 코오테키라는 사람으로부터 그것들을 입수했다고 적고 있다. 시오노는 그의 책 말미에 이런 사실들을 기록했으며, 이것이 세키가 은밀하게 엔리를 알고 있었다는 이야기의 출처인 셈이다. 시오노에게 이 책들을 준 사람은 바로 소메야였는데, 그는 전자에게 그것들이 세키가 직접 쓴 저작으로서 그의 은밀한 지식을 담고 있다고 확인시켜주었다고 한다. 소메야는 그것들을 세키의 제자이자 그 책들을 그에게서 직접 받은, 자신의 늙은 스승인 사가미 소재 쿠로자와의 이시가야 쇼오예키로부터 받은 것으로 되어 있다.

이 이야기는 비록 새로운 것이 아니고, 세키를 그 저작과 밀접하게 연결시키는 듯하지만, 세 책이, 한 때 있었는지는 모르겠으되, 더 이상 존재하지 않고, 우리가 알고 있는 20책은 세키의 저작이라는 증거를 보여주지 않으므로, 그 진술을 확증해줄 수 있는 것이라고는 구전밖에 없다[334]. 더욱이 그 속에 들어있는 π의 취급은, 타케베가 1722년의 「후큐우 테츠쥬츠」(不休綴術)에서 세키의 것이 아니라고 적고 있으므로, 아니라는 것이 확실하다[335]. 이 취급은 4에서 512까지의 내접 정다각형의 둘레 제곱에 기초하면서, π^2을 정512각형의 둘레의 제곱, 즉,

$$9.86960\ 44010\ 89358\ 61883\ 44901\ 99874\ 7$$

---

334) 그러나 그것들이 세키 자신의 저술에서 뽑아서 타케베가 읽기 쉽게 만들었다는 것을 엔도오(Book II, p. 41)가 충분한 근거를 가지고 믿고 있다는 점을 지적하지 않을 수 없다. 또한, Mikami, Y., "A Question on Seki's Invention of the Circle-Principle," *Tokyo Sugaku-Buturigakkwai Kizi*, Book IV(2), no. 22, p. 442와 Book V(2)에 실린 그의 엔리 관련 논문을 볼 것.

335) MS., article 10.

로 잡고 있다[336]. 반면에, 세키는 연속적으로 둘레 제곱 대신 둘레를 계산했다. 타케베는 그의 과정을 밟으면, 1024각형만을 고찰해도, π 값을 소수점 이하 40째 자리까지 내기에 충분하다고 주장하고, 그 값을

$$\pi = 3.14159\ 26535\ 89793\ 23843\ 26433\ 83279\ 50288\ 41971\ 2$$

로 제시하고 있다. 그런 다음 그는 이 값을 연속 분수로 표시하면서, 그 방법이 자신의 둘째 형인 타케베 켐메이(建部[隼之助]賢明, 1661-1716)에 힘입고 있으며, 세키는 단지 「콰츠요오 삼포오」에 나오는 풀이법만 썼다고 얘기하는데, 이 모든 것들은 이 논문과 세키의 관련성에 의문을 던져주는 것이다.

연속분수의 수렴을 취하여 π 값을 구한 일련의 분수들은

$$\frac{3}{1},\ \frac{22}{7},\ \frac{333}{106},\ \frac{355}{113},\ \frac{103993}{33102},\ \frac{104348}{33215},$$

$$\frac{208341}{66317},\ \frac{312689}{99532},\frac{833719}{265381},\ \frac{1146408}{364913},\ \frac{4272943}{1360120},$$

등인데, 그 대부분이 세키의 이름과 분명히 결부시킬 수 있는 어떤 저작에서도 발견되지 않는다.

이 방면의 작업에 대한 세키의 관련을 의심케 하는 또 하나의 이유는 원호를 측정하는 방법에서 찾을 수 있다. 「타이세이 산쿄오」에서는 원의 경우와 마찬가지로, 호 자체 대신에 호의 제곱들이 사용된다. 이 시대의 작업에 대한 관념은, $c=$현, $h=$호의 높이(현

---

336) 그러나 이 값을 위해서 그는 1024각형을 넘어섰음에 틀림없다.

의 중심과 호의 중심을 잇는)[337], 그리고 a =호의 길이라고 할 때, 다음과 같이 주어지는 공식으로부터 얻을 수 있다.

$$
\begin{aligned}
&(4877315687c^6+21309475994c^4h^2+23945445808c^2h^4\\
&\qquad +5170741462h^6)a^2\\
&=4877315687c^8+47322893653c^6h^2+151469740022c^4h^4\\
&\qquad +17427533560c^2h^6+50319088000h^8
\end{aligned}
$$

이 공식은 「콰츠요오 삼포오(括要算法)」에 등장하는 것과 타케베의 1683년작 「켄키 삼포오」에 수록된 것을 닮았다. 이 모든 공식들은 세키 덕분인 것으로 보인다.

「타이세이 산쿄오」에 대한 관념을 세키와 그것과의 관련을 의심케 하는 몇몇 이유들이 주어진 이상, 이제 우리는, 그 방법에 대한 세키의 관련 가능성에 관한 그의 증언을 제시하면서, 저자인 타케베와 그의 다른 저작들, 그리고 그의 엔리 사용에 대해서 언급하려고 한다.

타케베 히코지로 켄코오(建部[彦次郎]賢弘)[338]는 수학에 대한 취미를 드러내고, 세키의 제자가 되어 배웠던 3형제[339] 가운데 한 명이다. 그는 오래된 가문 출신으로서 그의 아버지 타케베 쵸쿠코오

337) Sagitta(화살을 뜻함[역자])라는 구식 명칭이 더 이상 통용되지 않으므로, 여기서부터 우리는 호의 높이라고 부르기로 한다.

338) 그의 이름인 켄코오는 동시대인이었던 아라이 하쿠세키가 쓴 「하쿠세키 신쇼」에 카타히로로 나오고, 몇몇 역사서에도 그렇게 기록되었다. 또한 성인 타케베도, 비록 보통 그렇게 불리지만, 엔도오, 오카모토 등 전통적 일본학파 사람들에 의해서처럼 타테베로 해야 한다고 할 수 있다.

339) 다른 형제들은 그의 형들이었으며, 켄시(賢之, 또는 [兵庫]賢雄, 1654-1723)와 켐메이(賢明)로 불렸는데, 또한 카타유키와 카타아키로도 알려져 있다.

(建部直恒)는 쇼군의 사무라이였다. 그는 1664년 6월 에도(토쿄)에서 태어났으며, 아직 어렸던 때에 세키의 제자로 들어가서[340], 결국 그가 가장 사랑한 탁월한 제자가 되었다[341].

타케베가 「켄키 삼포오(研幾算法)」(1683)를 출판한 것은 단지 19세 때의 일이었다. 두 해 뒤(1685)에는 세키의 「하츠비 삼포오(發微算法)」(1674)에 대한 주석서가 나왔으며, 1690년에는 그의 판본으로 나와 수치 방정식들을 푸는 상기(算木)법을 설명한 「수안시아오치멩(算學啓蒙)」[342]에 대하여 주석서 7책을 저술했다[343]. 1703년에는 쇼군 막부의 사무라이가 되어 예부에서 관리로 근무했다. 1719년에 그는 일본 지도를 그렸는데, 그 작업을 하는데 4년이 소요되었으며, 그것의 정확성과 작업의 정교함은 괄목할 만한 업적으로 인정받았다. 이것과 그의 방대한 과학적 지식이 8대 토쿠가와 쇼군인 요시무네(吉宗)의 감탄과 존중을 사게 되었는데, 그는 역법에 관해서 자문을 구하기 위해 불렀으며, 각자 깊은 관심을 갖고 있었던 분야인 천문학 관련 문제들에 대해서도 그와 상의하였다. 그는 즉시 공식 역서 속에 들어있는 오류들을 지적하고, 천문감으로 나카네 겡케이를 추천하였으며, 그는 자신과 요시무네를 위하여 자신이 거주하던 성안에 천문대를 세웠다. 이 쇼군은 어찌나 자유스러운 정신의 소유자였던지 의학과 천문학에 관한 외국서적의 수입 금지도 해제하였는데, 그 때 이래로 서양과학에 대한 금지가 풀렸다.

---

340) 당시는 1676년으로서 그의 나이 13세 때이었다.[역주]

341) 카와키타, C., 「혼쵸오 스우가쿠 시료오」, pp. 63-66. 이것은 후루카와 우지키요(古川氏淸)의 저술에 기초하고 있다. 또한 「스우가쿠 호오치」에 실린 쿠이치 산진의 논문을 볼 것.

342) 이 중국 대수 책은 1299년에 등장했다. 일본판은 4장에서 언급되었다.

343) 전자는 「發微算法演段諺解」(1685(貞享 2년)), 후자는 「算學啓蒙諺解大成」(1690)을 각각 가리킨다.[역주]

노환에 시달리기 시작하던 타케베는 1733년에 관직을 물러나서, 6년 뒤인 1739년 7월 20일 75세를 일기로 숨을 거두었다.

우리가 주로 관심을 쏟고 있는 타케베의 저작은 1722년에 쓰여졌으며, 「후큐우 테츠쥬츠(不休綴術)」라는 제목이 붙여졌는데, 후큐는 그의 필명이고, 테츠쥬츠는 5세기의 추충치(祖沖之, 430-501)에 의해서 쓰여진 중국 저작의 제목을 일본식으로 읽은 것이다. 이 중국 저작은 이제는 일실되었으나, 원의 측정[344]을 다룬 것이었으며, 엔리에 관한 작업에서 그 이름을 사용하는 데에 추가적인 관심이 있는 것도 바로 이런 이유 때문이다.

타케베[345]는 세키가 원에 관련된 계산들이 너무나 어려워서 어떤 일반적인 공략법도 있을 수 없다고 늘 지적했다고 술회한다. 실제로 그는 세키가, 그 자신 원적법(quadrature of the circle)에 대한 노력 끝에 마침내 성공했던 세밀한 분석에서 커다란 희열을 느꼈지만, 복잡한 이론들은 싫어했다고 말한 바 있다. 그러므로 엔리는 세키의 사고가 아닌 타케베의 노고의 산물로 보인다. 게다가 호의 길이를 구하는데 있어서 티케베가 따른 방법은, 비록, 우리가 보았듯이, 타케베가 세키의 영향을 보다 많이 받던 시절에 썼을 「타이세이 산쿄오」에 나오는 것과는 닮은 점이 있지만, 오오타카 유우쇼오(大高由昌, 1712)가 세키의 방법을 제시한 「콰츠요오 삼포오(括要算法)」에 나오는 것과는 같지 않다.

타케베는 지름이 10인 원을 취해서 높이가 0.000001인 호의 반을

344) 7세기에 기록된 웨이 치의 수서에 나온다. 원이 우연히 고찰된 것은 역법에 대한 논문일 가능성이 높다. Mikami, Y., *Proceedings of the Tokyo Math. Phys. Society*, October, 1910을 볼 것.

345) 그의 저술의 8편.

제곱한 값이 오늘날의 소수 표기로는

0.00000 000000 33333 35111 11225 39690 66667 28234 77694 79595 875+,

라고 표시되는 수임을 발견하는데, 어떻게 이 값을 얻었는지에 대해서는 우리에게 어떠한 완전한 설명도 제공하지 않고 있다[346]. 그런데 높이가 각각 1, 0.1, 0.00001인 호들의 반의 제곱의 근사치들이 10, 1, 0.0001이므로, 이것들이 지름과 호의 높이들의 곱이라는 것이 관찰될 것이다. 그래서 그는 지름과 높이의 곱 dh를 호의 반의 제곱에 대한 첫 번째 근사치로 삼는다. 그런 다음 그는 이 근사치를 확인된 값과 비교하여 첫 번째 차이 D_1을 $\frac{1}{3}h^2$으로 잡는다. 비슷한 방식으로 진행하여 그는 두 번째 차이인 D_2가 $\frac{h}{d}\cdot\frac{8}{15}\cdot D_1$임을 발견하고, 그런 식으로 연속적인 차이들에 대해서 진행해 나간다. 그 결과는

$$\frac{1}{4}a^2 = dh + \frac{1}{3}h^2 + \frac{h}{d}\cdot\frac{8}{15}\cdot D_1 + \frac{h}{d}\cdot\frac{9}{14}\cdot D_2 + \frac{h}{d}\cdot\frac{32}{45}\cdot D_3 + \frac{h}{d}\cdot\frac{25}{33}\cdot D_4 + \frac{h}{d}\cdot\frac{72}{91}\cdot D_5 + \cdots$$

라는 공식이다. 바꿔 말하면, 그가 얻은 것은

$$\frac{1}{4}a^2 = dh\left[1 + \sum_1^{\infty}\frac{2^{2n+1}(n!)^2}{(2n+2)!}\cdot\left(\frac{h}{d}\right)^n\right]$$

346) 그는 풀이과정이 「엔리츠」(원에 관한 계산)와 「코리츠」(원호에 관한 계산)라는 두 저술에 제시되어 있다고 진술했으나, 그 문헌들은 이제는 일실된 상태이다.

으로서, arcsin$x$의 제곱을 *versin*x의 급수로 표시하고 있는 것이다.

h가 충분히 작을 때, 이 급수는 상당히 편리하지만, h가 비교적 커지면, 이용하기 어렵다. 따라서 타케베는 이럴 경우에 쓰게끔 다음과 같은 또 다른 급수를 발달시켰다.

$$\frac{1}{4}a^2 = dh + \frac{1}{3}h^2 + \frac{h}{d-h}\cdot\frac{8}{15}\cdot D_1 - \frac{h}{d-h}\cdot\frac{5}{14}\cdot D_2 + \frac{h}{d-h}\cdot\frac{12}{15}\cdot D_3 - \frac{h}{d-h}\cdot\frac{223}{398}\cdot D_4 + \cdots$$

그는 또한 세 번째 급수도 제시하는데, 그것은 그가, 아마도 세키를 좇아서, $h=0.00000\ 0001$의 값에서 다음과 같이 도출한 것이다.

$$\frac{1}{4}a^2 = dh + \frac{1}{3}h^2 + \frac{8}{15}\cdot\frac{h}{d-\frac{9}{14}h}\cdot D_1 + \frac{43}{980}\cdot\frac{h^2}{d^2+\frac{6743008}{26176293}h^2-\frac{1696}{1419}dh}\cdot D_2 + \cdots$$

구체의 표면적을 발견하는 타케베의 방법은 이소무라의 「케츠기쇼오([算法]闕疑抄)」 개정판에 제시된 것과 그것이 보다 밀접한 근사치까지 수행되었다는 점을 제외하고는 같다. 세키의 연구와 관련된 것으로는, 중심을 높이와 반지름이 같은 원뿔의 꼭지점으로 간주하기를 선호하면서, 그가 이 방법을 따르는 것을 경멸했다고 타케베가 술회한 점에 주목해야 하는데, 다시 한번 타케베가 그의 스승으로부터 사뭇 독립적이었음이 드러난다.

타케베는 무한급수를 이미 제시된 방식으로 사용했을 뿐 아니라 그의 다른 저작에서는 보다 더 흥미로운 방식으로 그리 하였다. 이 연구는 「엔리 테츠쥬츠」 내지 「엔리 코하이 테츠쥬츠」[347]라는 제목이 붙은 저술로 우리에게 전해져 온다. 거기서 그는 다음과 같은 문제를 고찰한다: 호시에서 반호의 두 현들이 그려지고, 그 다음에도 호들이 계속해서 양분되면서 현들이 그려진다. 그러면 주어진 호의 반의 높이는, $d=$원지름, $h=$주어진 호시의 높이, $x=$이 호의 반의 높이라고 할 때,

$$-dh+4dx-4x^2=0$$

라는 방정식을 만족시킨다. 더 나아가 타케베는 x 값을 그가 "키조큐우쇼오 쥬츠"[348]라고 부른 과정에 따라 전개한 급수의 형태로 표시해서 이 방정식을 푼다.

이 방정식으로부터 타케베는 호의 제곱을 구하기 위한 일반공식을 도출하여 실질적으로

$$\begin{aligned}\frac{a^2}{4} &= dh\left[1+\sum_1^{\infty}\frac{2^2\cdot 4^2\cdot\cdots(2n)^2}{3\cdot4\cdot5\cdot\cdots(2n+1)(2n+2)}\left(\frac{h}{d}\right)^n\right]\\ &= dh\left[1+\sum_1^{\infty}\frac{2^{2n+1}(n!)^2}{(2n+2)!}\cdot\left(\frac{h}{d}\right)^n\right]\end{aligned}$$

과 같이 제시하는데, 이는 1722년에 펴낸 「후큐우 테츠쥬츠」에서 이미 얻어진 결과이다[349].

이 공식으로 귀결되는 — 여기서 제시하기에는 너무 길고, 기껏

347) 직역하면, "원의 원리" 내지 "원호를 구하는 법."
348) 직역하면, "나눗셈으로 근을 도출하는 법."
349) 위의 181쪽을 볼 것.

해야 모호한 — 분석이 바로 엔리 내지 원의 원리인데, 그것은 이내 두 문제를 암시한다: (1) 그 가치는 무엇인가? (2) 그것의 발견자는 누구인가?

이 질문들 각각에 대해서 답하기는 어렵다. 우선, 타케베는 그의 사고의 궤적을 명쾌하게 진술하지 않았으며, 우리는 그가 자기 앞에 가로 놓여있었던 듯한 특정의 어려움들을 어떻게 극복했는지 말할 수 없다. 그는 원리보다는 결과들을, 강력한 방법보다는 고립된 공식을 제공하고 있다. 이제 살펴보게 되겠지만, 확실히 그의 공식이, 다수의 미적분 공식들이 그런 것처럼, 몇몇 흥미로운 응용들을 가지지만, 여기에는 모호하게 도출된 단 하나의 공식만이 있는 반면, 미적분은 그로부터 무한수의 공식들이 분명한 사고에 의해 도출될 수 있는 이론이다. 그러므로 우리는 타케베에 의해서 제공된 어떠한 증거에 비춰보아도 엔리는 단순히 흥미롭고, 독창적이며, 얼마간 모호한, 몇 가지로 응용될 수 있는 공식을 도출하는 방법이지만, 그것이 포물선의 넓이를 구하는 아르키메데스의 방법보다 유럽의 미적분 — 심지어 세키 시대에 존재했던 바와 같은 — 에 더 잘 비견될 수는 없으며, 그 방법이 위대한 시라큐스인의 명쾌함이 결여된 채 진술되었다고 말하지 않을 수 없다.

그러나 그것을 가치 있다고 보더라도, 도대체 누가 엔리를 발명했을까? 일본 최대의 수학사가인 엔도오는 그것이 세키라고 확신한다. 그는 그의 신념의 근거들을 다음과 같이 제시한다[350]. "텐잔 대수와 엔리의 발명은 (일본 수학의 부흥기에) 일찍이 이루어졌으나, 일부 학자들은 후자가 「콰츠요오 삼포오」에 언급되지 않았다는 이

350) Endo, Book II, pp. 55, 56.

유를 들어 그것을 세키의 업적으로 돌리지 않고 있다. 사안에 대한 그와 같은 견해는, 그러나 전혀 부당하다. 그 시기에는 텐잔 대수까지도 세키 학파에서 비전수자에게는 결코 공개되지 않도록 깊은 비밀에 붙여졌던 것이다. 텐잔 대수마저 「콰츠요오 삼포오」에서 다루어지지 않은 것은 바로 이 때문이며, 엔리를 어디서도 찾을 수 없는 것도 놀랄 일이 아니다. 그러나 π 값은 3.14159265359보다 약간 작다고 진술되었다. 그런데 (소수점 이하 이 자릿수까지) 정확한 값을 알지 않고서야 어떻게 이 사실이 분명할 수 있었겠는가?....이 저작에 제시된 과정은 다각형의 내접에 국한되었으므로, 얼마나 많은 숫자들이 정확한지 알 도리가 없었던 것이다. 그럼에도 불구하고, 저자가 몇 째 자리까지 정확한가에 관해서 진술한 것은 옳으며, 그가 이미 비교하는데 사용했던 것보다 더 많은 소수점 이하 자리까지 정확한 값을 알았음에 틀림없었던 것으로 여겨진다. 원래의 정보 출처는 세키의 저작들 가운데 하나가 확실하며, 아마도 타케베가 그의 후속 연구에서 사용한 것과 같은 저작일 것이다."

이상과 같은 엔도오의 주장은, 세키가 π 값을 보다 구식 과정을 써서 구했거나, 서양으로부터 얻었을 수 있으므로, 결정적인 것이 아니지만, 그럼에도 불구하고, 타케베가 우리에게 납득시켜 주듯이, 그가 스무 개 이상의 도형에 대해서 그것을 알고 있었다는 점은 인정되지 않으면 안 된다.

엔도오는 이어서 "쿄오호오(享保, 1716-1736)시대에 세키의 양자인 신시치가 관직에서 물러나게 되어 타케베의 보호를 받으며 살지 않을 수 없었다. 타케베가 그와 상의하여 원호의 측정에 적용된 엔리에 관한 세키의 가장 비밀스러운 저작에 대한 연구에 돌입하게 된 것이 바로 이 무렵이며, 그 후 그는 「엔리 코하이 테츠쥬츠(圓理弧背綴術)」라는 제목 하에 저술을 완성하였다."라고 말한다[351]. 계속해서[352] 그는 신시치가 그의 방탕한 성격으로 인하여 1735년 쇼군의 막부로부터 파직을 당했다고 말하는데, 그렇다면 그런 의사소통이 일어나는데 제약이 될 만한 시점을 갖게 되는 셈이다. 그는 세키의 양자가 겐로쿠(元祿, 1688-1704)시대나 또는 그 이전에 부친이 쓴 비밀 저술들을 이제 타케베에게 넘겨주었으며, 타케베가 그것들을 연구하여 엔리를 정교화 시키게 되었다고 주장한다. 엔도오는 세키의 양자가 1735년 파직되기 전에는 타케베가 이 저작을 들여다보지 않았다고 생각한 것인데, 그 때 그는 이미 노인이었다[353].

아무튼 타케베가 1722년의 「후큐우 테츠쥬츠」에서 동일한 급수를 제시했으므로, 그 사례에 대한 이 견해가 전적으로 정확하지는 않다는 점은 분명하다. 게다가, 비록 단순성에서 얻어지는 이점에도 불구하고, 작업이 그다지 정세하게 이루어지지는 않았지만, 그것의 주요 특징에 있어서 「엔리 코하이 테츠쥬츠」와 사뭇 다른 수고가 존재하여 1728년 오오야마(또는 아와야마) 쇼오케이(淡山尙絅)[354]에 의해서 「엔리 학키(圓理發起)」라는 제목으로 편찬되었기 때문에 그가 그런 형태의 분석에 익숙했었음에 틀림없다.

예를 들면, 호의 제곱이 이미 타케베가 사용했다고 돌려진 것과 실질적으로 동일한 급수로 주어진다. 오오야마의 풀이법을 현대적

351) Endo, Book II, p. 74.

352) 같은 책, pp. 81, 82.

353) 그의 이유는 불분명하다. T. 하야시 교수는 「혼쵸오 스우가쿠 코오엔슈」, 1908, pp. 33-36에 실린 그의 논문에서 엔리의 발견자로 세키를 극구 옹호하고 있다.

354) 탄잔 쇼오케이일 수도 있다. 그 저작의 서문을 쓴 필자인 하치야 테이쇼오(蜂屋定章)가 동일인일는지도 모른다.

인 형태로 나타내면, 다음과 같다.

$$a^2 = 4dh\left[1 + \sum_1^{\infty} \frac{2^{2n+1}(n!)^2}{(2n+2)!} \cdot \left(\frac{h}{d}\right)^n\right]$$

이 급수로부터 그는 $h = \frac{d}{2}$라고 하고, 결과를 4배 하여 π 값을 도출한다. 그는 또한 $h = d$라고 하여 그것을 구하는데, 그 결과는

$$\pi^2 = 4\left[1 + \sum_1^{\infty} \frac{2^{2n+1}(n!)^2}{(2n+2)!}\right]$$

이다.

「엔리 학키」의 저자인 오오야마는 세키 밑에서 사사한 쿠루 쥬우손(久留重孫道龜)의 제자이었지만, 그 이론은 전혀 세키와 무관한 식으로 주어졌다. 서문 둘 중의 하나에서 타케베의 제자인 나카네 겡케이(中根元圭, 1662-1733)는 다음과 같이 말하고 있다. "숫자와 관련된 가장 어려운 문제는 원적법이다. 이 때문에 여러 수학자들의 다양한 결과들이 있게 된 것이다....우리 나라의 학문의 여명이 밝은 지 이제 한 세기가 되었고, 이 기간 동안 다양한 발견들이 이루어졌다. 이 가운데 가장 괄목할 만한 발견이 에도의 타케베의 그것이다. 그는 수십 년 동안 빈번히 침식의 욕구도 잊을 정도의 열정을 갖고 그의 연구를 추구해 왔다. 1722년 봄 드디어 그는 혁혁한 성공에 의해 보상받게 되었는데, 그것은 바로 그 때 오랫동안 찾던 원에 대한 공식을 구했기 때문이다. 그 때 이래로 그는 자신의 결과를 여러 학자들에게 보였는데, 모두 한결같이 경악을 금치 못한 채, '사람이냐, 귀신이냐! 이것이 암운을 쓸어버리고, 단지 창공만을 남기는구나!'

라고 외쳤던 것이다. 그러므로 그를 가리켜 천년에 한번 나올까 말까한 인물이요, 해 돋는 나라의 빛이라고 해도 좋을 것이다."

두 번째 서문은 하치야 코쥬우로오 테이쇼오에 의해 쓰여졌으며, 그 역시 타케베에게 공적을 돌리고 있다. "엔리는 고대와 현대를 막론하고 일찍이 알려진 적이 없었던 완전한 방법이다. 그것은 영원불변의 방법으로서....타케베 켄코오라는 천재에 의해서 처음으로 이루어졌으며, 그 이전에는 일본이나 중국에서 결코 예견된 바 없는 진정한 방법이다. 그것은 너무나도 경이로우므로 타케베는 그를 신성시하여 숭배해도 자연스러울 만한 지극히 값진 발견을 했다고 해야 할 것이다. 나는 여러 해 동안 세키의 제자인 쿠루 쥬우손 밑에서 사사하면서 원적법 문제에 대해 오랫동안 연구해 왔으나, 극히 최근에 와서야 나는 타케베의 발견을 알게 되었는데, 만약 내기 쓴 이 저작이 그 문제의 신비 속으로 동료 수학자들을 이끌 수 있다면, 나는 행복할 것이다."

마지막 문장으로 미루어 보면, 하치야가 그 저작의 진짜 저자이며, 오오야마 쇼오케이와 하치야는 동일인인 것으로 여겨질 수 있다. 그러나 어쨌든, 그의 동시대인들이 타케베를 엔리의 발견자라고 주장했다는 증거는 분명하며, 이 영예에 도전할 자는 아무도 없는 듯하다. 그 원리를 세키와 연결짓는, 이런 류의 동시대인들의 진술은 없으며, 단순한 억측을 넘어서 보다 강력한 증거가 있기 전에는 그런 영예가 타케베에게 수여되어야 마땅하다.

그러나 타케베는 a^2을 구하는 이 공식을 어디서 얻었을까? 자신의 발전에 대한 본인의 해명은 매우 모호하다. 그 자신이 그것을 이해했을까, 만약 그랬다면, 그는 그것을, 자신의 독창성이 허용하는 한, 설명했을까? 이 공식과 월리스(Wallis)의 저작들을 훑어보기만 해도 발견되는 급수들이 매우 흡사하다는 것은 분명하다[355]. 그 급수는, 그러나, 북경에 거주하던 예수회 선교사인 피에르 자르투(Pierre Jartoux)에 의해 주어진 것으로 여겨진다. 자르투는 1670년에 태어나, 1700년 중국에 건너갔으며, 1720년 11월 30일 사망했다. 그는 박학다식한 위인이었으며[356], 사망한 지 두 해 뒤에 출판된 「천문관측(*Observations astronomiques*)」이 그의 재능을 나타내고 있다. 그는 또한 Père Régis와 더불어 중국대지도의 작성을 위해 힘썼다. 그러나 자르투에 대한 우리의 관심은, *Acta Eruditorum*에 실린 그의 *Observationes Macularum Solarium Pekino missae ad G. W. Leibnitium* 출판에 의해서 밝혀지듯이, 그가 라이프니츠와 서신을 교환하고 있었다는 사실에 주로 놓여 있다[357].

따라서 여기에 라이프니츠와 서신을 교환하던, 미적분으로 어렵지 않게 도출되는 급수를 제시한 자르투라는 학자가 있는데, 그 급수는 타케베가 이용하여 엔리의 핵심이 되었고, 타케베로서는 설명하기 곤란했으나, 전적으로 폐쇄적이지는 않았던 학자들과의 교섭을 통하여 쉽사리 배울 수 있었다. 전하는 바에 의하면, 자르투는 아

---

355) 우리는 Harzer, P., "Die exacten Wissenschaften im alten Japan," *Jahresbericht der Deutschen Mathematiker-Vereinigung,* Bd. 14, Heft 6에 의해서 제시된 이 사실에 주목하게 된다. 그러나 이 작업에 대한 비교는 가능하지만, 월리스를 통한 탐색은 이 급수를 나타내지 못하고 있다. 예를 들어, Wallis, J., *De Algebra Tractatus*, Oxoniae, 1693, cap. XCVI를 보라. 이 급수가 이미 유럽에 알려졌는지를 확인하는 것이 바람직한지 독자들께서 살펴보시기 바란다.

356) 1720년에 출판된 그의 보고서 *Détails sur le Ging-seng, et sur la récolté de cette plante*는 그 주제에 대해서 그 때까지 서방세계에 나타난 것들 가운데 최상의 것이었다. 아닌 게 아니라 그가 거기서 유명하게 된 것은 그 보고서 때문이다.

357) 1705, p. 485.

홉 개의 급수를 제시했는데[358], 그중에서 세 개가 일본에 전해졌다고 하니[359], 서학(西學, Western learning)이 타케베의 연구에 영향을 주었고, 그가 타케베 급수에 영향을 미쳤으며, 타케베가 그 급수를 설명하려고 최선을 다했다고 추측하는 것은 온당하게 여겨진다.

타케베의 연구에 대한 소식은, 오오야마의 저작을 제외하고는, 엔리에 관한 다양한 저술들의 출현을 알리는 신호였는데, 비록 그것들이 이론이나 그것의 역사에 하등 중요한 것을 덧붙이지는 못했지만, 몇몇에 대해서만큼은 언급이 있어야 될 것이다. 관류의 수학자들 사이에서 최고로 숭앙 받았던 것은「켄콘노 마키(乾坤の卷)」[360]라는 저자 미상의 연구였다[361]. 저자가 미상일 뿐 아니라, 저작 자체도 더 이상 본래의 형태로 남아있지 않다[362]. a^2을 구하는 공식을 발전시키는데 따른 풀이 과정은 타케베에 의하여「엔리 코하이쥬츠」에서 이용된 것보다 간단하며, 오오야마의 그것에 보다 가깝다.

그 미지의 저자는 현의 수를 배증시킴으로써 생기는 연속적인

---

358) 하야시 교수는 자르투가 아홉 개가 아니라 여섯 개의 급수를 제공했으며, 그것들을 밍안투(明安圖)가 얻어서 사후에 그의 제자들이 완성한 책이 1774년에 출판된 것으로 생각한다. 이 여섯 개 가운데 타케베의 급수가 들어 있다. *Proceedings of the Tokyo Math. Phys. Soc.*, 1910(일본어판).

359) 그 셋은 메이 쿠쳉의 책에 들어 있는데, 연도는 미상이며, 그것이 이 시기에 일본에 도입되었다는 증거도 없다.

360) 직역하면, "하늘과 땅의 두루말이."

361) 엔도오는 그것이 마츠나가에 의해서 쓰여졌다고 생각한다. 그의 history, Book II, p. 84를 보라. P. Harzer는 저자를 야마지로 간주한다; *Jahresbericht der Deutschen Mathematiker-Vereinigung*, Bd. 14, p. 317을 참조할 것. C. 카와키타는 그것이 아라키라고 생각했으며, 후쿠다의「삼포오 타마테바코」(1879)에도 같은 의견이 표시되었다.

362) 이 제목이 붙은 문헌이 야마지의 옛 제자가 소유한 센다이의 개인 소장 가운데 발견되었으나, 그 문제를 조사한 N. 오카모토는 그것이 원래의 저작과는 전혀 다르다고 믿고 있다.

호들의 높이가

$$h_1 = \frac{1}{4}h\left[1+\frac{1}{4}\left(\frac{h}{d}\right)+\frac{1\cdot 3}{4\cdot 6}\left(\frac{h}{d}\right)^2+\frac{1\cdot 3\cdot 5}{4\cdot 6\cdot 8}\left(\frac{h}{d}\right)^3+\cdots\right],$$

$$h_2 = \frac{1}{16}h\left[1+\frac{5}{16}\left(\frac{h}{d}\right)+\frac{5\cdot 21}{16\cdot 40}\left(\frac{h}{d}\right)^2+\frac{5\cdot 21\cdot 143}{16\cdot 40\cdot 224}\left(\frac{h}{d}\right)^3+\cdots\right],$$

$$h_3 = \frac{1}{64}h\left[1+\frac{21}{64}\left(\frac{h}{d}\right)+\frac{4\cdot 17}{64\cdot 32}\left(\frac{h}{d}\right)^2+\frac{4\cdot 17\cdot 575}{64\cdot 32\cdot 896}\left(\frac{h}{d}\right)^3+\cdots\right],$$

임을 발견하는데, 이것들은, 비록 계산 자체가 주어지지는 않았으나, 테츠쥬츠 과정이나 방정식의 항들을 실제로 전개하는 것에 의해서 계산된 것이다. 연속적인 계수들의 비는

$$\frac{1\cdot 3}{3\cdot 4},\ \frac{3\cdot 5}{5\cdot 6},\ \frac{5\cdot 7}{7\cdot 8},\ \frac{7\cdot 9}{9\cdot 10},\ \frac{9\cdot 11}{11\cdot 12},\ \frac{11\cdot 13}{13\cdot 14},\ \frac{13\cdot 15}{15\cdot 16},\ \cdots\cdots,$$

$$\frac{1\cdot 3}{3\cdot 4},\ \frac{3\cdot 5}{5\cdot 6},\ \frac{5\cdot 7}{7\cdot 8},\ \frac{7\cdot 9}{9\cdot 10},\ \frac{9\cdot 11}{11\cdot 12},\ \frac{11\cdot 13}{13\cdot 14},\ \frac{13\cdot 15}{15\cdot 16},\ \cdots\cdots,$$

$$\frac{1\cdot 3}{3\cdot 4},\ \frac{3\cdot 5}{5\cdot 6},\ \frac{5\cdot 7}{7\cdot 8},\ \frac{7\cdot 9}{9\cdot 10},\ \frac{9\cdot 11}{11\cdot 12},\ \frac{11\cdot 13}{13\cdot 14},\ \frac{13\cdot 15}{15\cdot 16},\ \cdots\cdots$$

로 나타난다.

그러므로 h_r에 대한 m번째 비는, $k=2^r$일 때,

$$\frac{(km-1)(km+1)}{(km+\frac{1}{2}k)(km+k)} = \frac{2(k^2m^2-1)}{k^2(2m^2+3m+1)}$$

이라는 형태로 나타나며, k가 무한대에 가까워짐에 따라,

$$\frac{2m^2}{2m^2+3m+1}$$

로 환원된다.

그러므로 우리는 h가 접근하는 극한을 얻게 되고, 전과 같이 호의 제곱을 계산할 수 있다. 이것이 센다이 수고에서 진술된 방법으로서, 비록 그 수고가 일실된 원본과 분명히 같지는 않을테지만, 안전하게 이용할 수 있는 것으로는 유일하다[363].

「켄콘노 마키」가 세키에 의해 쓰여졌다는데 대해서는, 비록 추정은 전적으로 그 반대로 기울어져 있으나, 약간의 증언이 없지 않다. 그 일례가 「키겐카이」 또는 「엔리 켄콘쇼」라는 제목을 지닌 저자 미상의 저작에 보이는 다음과 같은 후루카와 우지키요(古川氏淸, 1758-1820)[364]의 언급이다: "이 책은 세키 코오와의 저술이며, 오랫동안 심오한 비밀로 지켜져 왔다. 그것을 지니지 못하는 사람은 세키의 후계자 역할을 맡을 자격이 없었다. 그리하여 후지타 사다스케(藤田貞資, 1734-1807)가 그 저작을 애지중지했으며, 그가 「켄콘노 마키」[365]라고 부른 두루말이 위에 그것을 베껴서 아들과 수제자에게만 보여줬던 것이다. 나는 이 모든 것을 시라이시 쵸오츄우(白石

---

363) Endo, Book II, pp. 89-90은 「코하이노 리」에 나오는 것과 유사한 다른 접근을 제시하고 있다. 우치다 고칸이 N. 오카모토에게 얘기하고, T. 하기와라가 우리에게 확인한 바와 같이, 19세기 후반의 어떤 지도적인 수학자도 「켄콘노 마키」 (어쩌면 「코하이노 리」의 다른 이름일 수도 있음)를 그들의 선생으로부터 받은 적이 없는 것이다.

364) 후루카와는 至誠贊化流의 시조이며, 만년에는 막부의 회계감사역(勘定奉行)을 역임했다.[역주]

365) 190쪽의 주 360을 보라.

長忠)로부터 들었다." 그 저작의 어떤 부분들이 단순히 오오타카 유우쇼오의 「콰츠요오 삼포오」의 오래된 각색이고, 그래서 세키 학파의 것이므로, 스승의 것으로 돌려졌을 가능성은 존재한다. 그러나 그것이 과연 「켄콘노 마키」의 원본인지 아닌지는 미상이다. 아무리 그것이 사실이라고 해도, 그것은 엔리를 지름 a의 한 변을 절단한 구체의 부분의 부피에 대한, 카발리에리와 다르지 않은 방법을 써서 한, 분석적 처리를 포함하도록 확장한 것이다. 절단 부분은, $d_n = a$라고 할 때, 지름이 d_1, $d_2, \cdots\cdots, d_n$인 n개의 얇은 층으로 나뉘어진다. 그러면, $d =$원지름, $h =$절단 부분의 높이라고 할 때,

$$d_k^2 = 4\left(d - \frac{kh}{n}\right)\frac{kh}{n},$$

이다. $k = 1, 2, 3, \cdots\cdots, n$에 대해서 합을 구하면,

$$\begin{aligned}\sum_1^n d_k^2 &= 4\frac{kh}{n}\sum_1^n k - 4\frac{kh^2}{n^2}\sum_1^n k^2,\\ &= \frac{4dh}{n}\cdot\frac{n+n^2}{2} - \frac{4h^2}{n^2}\cdot\frac{n+3n^2+2n^3}{6}\end{aligned}$$

이 된다. 이것을 $\frac{h}{n}$과 $\frac{\pi}{4}$로 곱하면, 구의 절단면 부피의 근사치는

$$\frac{\pi h^2}{6}\left(3d - 2h - \frac{h}{n^2} - \frac{3h}{n} + \frac{3d}{n}\right)$$

이 되는데, $n = \infty$일 때, 그것의 극한값은

$$\frac{\pi h^2}{6}(3d - 2h)$$

이다. 이와 동일한 일반적인 방법은 마츠나가, 야마지, 등등의 저작들에 나타난다.

이소무라와 타케베가 동심구 두 개의 부피의 차이를 냄으로써 구체의 표면적을 구했다는 점은 이미 언급된 바 있다. 이 연구에서는 타원체(ellipsoid)의 표면적에 대해서도 마찬가지가 수행되었다. 입체의 부피는 $\frac{\pi a\ b^2}{6}$ 으로 주어졌으나, 증명은 제시되지 않은 채로다. 또 다른 타면체는 축들이 $a+2k$와 $b+2k$로 취해졌는데, 그것들의 부피 차이를 k로 나누면,

$$\frac{\pi}{3}(2ab+b^2+2ak+4bk+4k^2)$$

이 되며, $k=0$일 때, 그것의 극한값은

$$\frac{\pi}{3}(2ab+b^2)$$

이다.

이러한 처리는, 그것이 수치적이기보다 일반적이라는 점에서, 이소무라와 타케베의 그것에 대한 개선을 나타낸다. 따라서 이에 엔리의 추가적인 발전이 이루어진 셈인데, 그 과정에서 서양 미적분적인 성격의 것들이 약간 가미되었으나, 여전히 협소한 방식으로써만 그러하였다.

마찬가지로, 점차 약간의 진보가 무한급수 사용에 있어서 이루어지고 있었다. 원호에 대한 타케베 급수가 1739년 세키 학파의 비밀을 스승 아라키 손에이(荒木村英, 1640-1718)로부터 물려받은 마츠나가 료오히츠(松永良弼, c. 1693-1744)[366]에 의해 쓰여진 「호오

366) 그의 원래 이름은 테라우치 곰페이(寺內權平)였다. 그는 도한 마츠나가 요시스케로도 알려져 있다.

엔 산쿄오(方圓算經)」[367]라는 제목의 저작에 재등장한다. 아라키-마츠나가 파는 타케베 파보다 덜 화려한 지도자 밑에서 시작되었으나, 시간의 흐름에 따라 보다 번창하게 되었고, 세키의 수고 대부분을 물려받은 것으로 보인다. 실제로 아라키는 세키의 일곱 책[368]에 이름을 올렸으며, 1718년 78세로 사망할 즈음에는[369] 옛 수학과의 밀접한 교제와 세키의 노력 속에서 이루어진 부흥을 되돌아보면서, 촉망되는 마츠나가를 통한 풍요로운 미래를 예측할 수 있었다.

마츠나가는 큐우슈우의 쿠루메(久留米)에서 태어난 것으로 되어 있는데, 혹은 그것이 아와리의 테라우치일 수도 있다. 그의 본명은 테라우치 곰페이로서 그의 몇몇 저술은 테라우치라고 서명된 것이 발견된다. 그는 이와키의 타이라 영주이자 후일 큐우슈우의 노베오카 성주(磐城國平城主)가 된 나이토오 마사키(內藤政樹)를 섬겼는데, 그 자신이 보통 수학자가 아니었다. 실제로 일본 대수를 세키에 의해 사용된 키겐 세이호오라는 이름 대신에 텐잔이라는 이름으로 부르도록 마츠나가를 종용한 장본인이 바로 그였다. 마츠나가는 다산의 작가[370]였으며, "세키 학파(關流)"라는 이름 아래 스승의 가르침을 영속화시킨 것은 그의 덕분이었다. 그는 1744년 6월에 숨을 거

367) 직역하면, "정다각형과 원에 관한 수학서."

368) 세키 서거 200주년을 맞이하여 도쿄에서 「세키류우 시치부쇼」가 발간되었다. 또한 Endo, Book II, p. 42를 볼 것. 일곱권의 책의 제목에 관해서는 얼마간 의심스러운 점이 있다.

369) C. 카와키타, 「혼쵸오 스우가쿠 코엔슈우」, p. 1.

370) 그의 저작은 다음을 포함한다: 「다루이 쇼오사(垜疊招差[之新術])」(1716), 「엠비 엠피 료오쥬츠(燕尾猿臂兩術)」(1735), 「호오로오 요산(綘老餘算)」, 「호오엔 산쿄오(方圓算經)」(1739), 「호오엔 잣산(方圓雜算)」, 「카이코오 운오오」(1747년에 사후출판), 「키죠 토쿠쇼오(歸除得商)」, 「삼포오 슈우세이(算法集成)」, 「삼포오 테츠쥬츠(算法綴術[草])」.

두었다[371].

그가 적은 바대로의 세키 학파의 면허장에는 연구가 다섯 단계로 배열되었는데, 세키 자신은 그것을 셋으로 나누었다. 상위 두 단계는 베츠덴(別傳)과 인카(印可)라고 명명되었으며[372], 후자는 세키의 일곱 책을 다루는데, 세키 학파 총수의 아들 하나와 수제자 둘에게만 허용되었다. 이 세 명의 전수자들은 비밀을 지키는 피의 서약을 해야만 했으며[373], 고대의 피타고라스 형제단과 보다 더 가깝게 유비(類比, analogy)되는 점은 창시자의 신비주의에서 발견된다. 마츠나가가 적은 것[374]도 피타고라스를 연상시킨다: "이성은 확고하지만, 정신은 변화의 영역에서 움직인다. 이성이 머무는 곳에는 수가 발견되고, 정신이 움직이는 곳마다 수도 편력을 떠난다. 정신은 살아있으나, 이성과 수는 불활성이어서 스스로 움직이지 못한다. 우리가 수를 획득하는 방법은 기술(the Art)이라고 불린다. 하늘은 독립적이지만, 사물이 있는 곳마다 수가 있다. 사물과 수는 자연에서 발견된다. 귀한 것을 누르고 천한 것을 높이는 것, 강자로부터 취하고 약자에게 주는 것, 여기서 풍요롭게 하고 저기서 없애는 것, 긴 것을 짧게 하고 짧은 것을 길게 하는 것, 잉여와 부족을 균등케 하는 것, 이것이 영원한 자연의 섭리이다. 모든 기술은 자연에서 나오니,

371) 하기와라의 저술에 그렇게 적혀있다.

372) 이 호칭들은 아마도 "특별한 전승"과 "선서를 받고 알려줌"을 뜻하는 것으로 여겨진다. 이 등급들을 이수한 자는 "베츠덴멩쿄"와 "잉카멩쿄"로 알려진 두 학위들을 받았다.

373) Endo, Book II, p. 82 이하. 다섯 가지 학위에 관해서는 T. Hatashi, "The Fukudai and Determinants in Japanese Mathematics," *Tokyo Sugaku-Buturigakkwai Kizi*, vol. V (2), no. 5, 1910도 참조할 것. 야마지는 그의 아들 이외에도 세 사람에게 비밀을 알려준 것으로 보인다.

374) 「호오엔 산쿄오」, 1739. 이 저작은 작자미상의 「코오하이 쇼오카이」와 밀접히 관련되어 있는 것으로 보인다.

의지만으로 그것들이 존재할 수는 없다."

마츠나가의 「호오엔 산쿄오」는 5책으로 이루어져 있으며, 분석은 등장하지 않고, 전적으로 원의 둘레와 호를 구하는 공식들에만 바쳐져 있다[375]. 그의 첫 번째 급수는 다음과 같다.

$$\frac{\pi^2}{9} = 1 + \frac{1^2}{3 \cdot 4} + \frac{1^2 \cdot 2^2}{3 \cdot 4 \cdot 5 \cdot 6} + \frac{1^2 \cdot 2^2 \cdot 3^2}{3 \cdot 4 \cdot 5 \cdot 6 \cdot 7 \cdot 8} + \cdots,$$

그 다음에는

$$\frac{\pi}{3} = 1 + \frac{1^2}{4 \cdot 6} + \frac{1^2 \cdot 3^2}{4 \cdot 6 \cdot 8 \cdot 10} + \frac{1^2 \cdot 3^2 \cdot 5^2}{4 \cdot 6 \cdot 8 \cdot 10 \cdot 12 \cdot 14} + \cdots,$$

가 뒤따르는데, π를 유효숫자 50째 자리까지 계산하기 위하여 이용된 급수이다. 그 결과는 다음과 같다.

$$\pi = 3.14159\ 26535\ 89793\ 23846\ 26433\ 83279\ 50288\ 41971\ 69399\ 5751.$$

동일한 값이 아리마 영주가 1766년에 쓴 「호오엔 키코오(方圓奇巧)」에 관련 수치 계산과 함께 제시되어 있다. 그 값은 1769년에 아리마에 의해 쓰여진, 추정된 제목 하의 「슈우키 삼포오(拾璣算法)」에 처음 실제로 인쇄되어 나타났다.

그 다음에 마츠나가는 호의 제곱에 대한 타케베의 급수를 제시하는데[376], 그 뒤를 현 c로 호 a의 길이에 대한 다음과 같은 세 급

---

375) N. 오카모토는 우리에게 분석이 들어 있었던 본래의 원고는 저작이 완성된 후 고의적으로 소각되었다고 우치다 고칸이 말하고는 했다고 알려주었다. 마츠나가의 「호오엔 잣산」(정다각형과 원에 관한 여러 가지 계산)에 대해서는 현재 알 도리가 없다.

376) 타케베의 「엔리 코하이쥬츠」와 「후큐우 테츠쥬츠」, 그리고 오오야마의 「엔리 학키」에서 찾아볼 수 있다.

수가 뒤따른다.

$$a = c\left[1 + \frac{2}{3}\left(\frac{h}{d}\right) + \frac{2\cdot 4}{3\cdot 5}\left(\frac{h}{d}\right)^2 + \frac{2\cdot 4\cdot 6}{3\cdot 5\cdot 7}\left(\frac{h}{d}\right)^3 + \cdots\right],$$

$$a = 2\sqrt{hd}\left[1 + \frac{1^2}{2\cdot 3}\left(\frac{h}{d}\right) + \frac{1^2\cdot 3^2}{2\cdot 3\cdot 4\cdot 5}\left(\frac{h}{d}\right)^2 + \frac{1^2\cdot 3^2\cdot 5^2}{7!}\left(\frac{h}{d}\right)^3 + \cdots\right],$$

$$a = \frac{4dh}{c}\left[1 - \frac{1}{3}\left(\frac{h}{d}\right) - \frac{2}{3\cdot 5}\left(\frac{h}{d}\right)^2 - \frac{2\cdot 4}{3\cdot 5\cdot 7}\left(\frac{h}{d}\right)^3 - \cdots\right],$$

높이 h를 호로 나타내기 위한 급수는

$$h = \frac{d}{2}\sum_{0}^{\infty}(-1)^n\frac{1}{(2n)!}\cdot\left(\frac{a}{d}\right)^{2n}$$

이며, 현 c에 대한 급수는

$$c = a - \frac{a^3}{2\cdot 3d^2} + \frac{a^5}{2\cdot 3\cdot 4\cdot 5d^4} - \frac{a^7}{2\cdot 3\cdot 4\cdot 5\cdot 6\cdot 7d^6} + \cdots$$

인데, 그것은 이내 $\sin a$를 위한 급수의 형태로 드러난다[377].

호시의 넓이 s는, c =호의 현, d =원지름, h =호시의 높이라고 할 때,

$$s = \frac{2}{3}ch\left[1 + \frac{1}{5}\left(\frac{h}{d}\right) + \frac{6}{5\cdot 7}\left(\frac{h}{d}\right)^2 + \frac{6\cdot 8}{5\cdot 7\cdot 9}\left(\frac{h}{d}\right)^3 + \cdots\right]$$

으로 주어진다[378].

---

377) 이 두 급수는 「슈우키 삼포오」에 나와 있다.

378) 위에 제시된 급수는 「호오엔 산쿄오」, 1권에 나와 있다.

마츠나가는 또한 한 변이 s인 정 n다각형 둘레에 외접하는 원의 반지름 x와 변심을 계산하기 위한 흥미로운 공식들도 제시한다.

그[379]는 또한 내접 다각형의 변, 다양한 대각선들, 대각선들[380]의 중점들을 잇는 선들, 변들의 다양한 꼭지점들이나 중점들 등을 원지름으로 구하는 공식들도 제시하고 있는데, 그 어느 것도 이런 종류의 논의에서 고찰할 만한 가치가 있는 것은 아니다.

추후에 살펴보게 되겠지만, 타케베에 의해 정식화된 엔리는 얼마간 카발리에리의 방식을 좇아서 다뤄진 입체 도형들을 포함하도록 확장되었는데, 그러나 그것은 단순한 곡선 도형들과 구체의 측정에서 무한급수를 사용하는 다소 원시적인 방법 이상이라고는 거의 하기 어렵다. 그러나 우리는 그것이 점차 보다 정교한 것으로 전개되었으나, 언제나 일단의 기발한 도구들로 남았을 뿐, 결코 위대한 방법이 되지 못했다는 점을 알게 될 것이다.

---

379) 「호오옌 산쿄오」, 3권.

380) 쿄멘시로 알려진 선들.

제 9 장 18세기

우리는 이미 1708년에 사망한 세키 코오와와 타케베 켄코오(建部賢弘), 아라키 손에이(荒木村英)의 탁월한 업적에 대해서 언급한 바 있으며, 5장에서는 아지마 쵸쿠엔(安島直圓)에 대해서 언급하였다. 그러나 타케베가 엔리를 알린 때로부터 아지마가 그 학문에 대해 새로운 충격을 불어넣은 시기까지 수학의 발전에 기여한 많은 다른 사람들이 있었으니, 이들에 관해서는 이 장에서 언급하려고 한다. 그들 가운데 어떤 이들에 관해서는 알려진 것이 별로 없으며, 또 다른 이들에 관해서는 그들의 저작에 대해서만 간단히 언급하면 족할 것이다. 그러나 뉴턴(Newton)의 업적에 대해 달랑베르(D'Alembert)와 오일러(Euler)의 그것이 차지하는 위치를 세키의 업적에 대해 이루었다고 할 만한 사람들이 존재한다. 다시 말해서, 일본과 유럽의 시대들이, 비록 세계의 두 지역에서의 연구의 범위가 동등하지는 않으나, 상대적으로는 얼마간 비교되는 것이다. 어느 면으로 세키의 바로 뒤를 잇는 시대는, 타케베의 연구를 제외하고는, 상대적으로 조용한 시기였으며, 이미 이루어진 업적들을 모으면서 그것들을 적용 가능한 형태로 만들거나, 새로운 방법으로 문제들을 푸는 시기였다. 수학의 역사에서 그런 시기는 보통, 그리고 당연히 발견의 시대 뒤에 오는 법이다.

그리하여 니시와키 리츄우(西脇利忠)는 1714년에 「삼포오 텐겐로쿠(算法天元錄)」를 펴내어 "천원술"과 연단술을 간단한 양식으로 제시했다[381]. 1722년에는 만오 토키하루(萬尾時春)가 「키쿠 분토오

381) Endo, Book II, pp. 57, 59.

슈우(規矩分等集)」를 펴냈는데, 여러 주제들을 다루면서 나선형을 취급했다. 1715년에는 호즈미 요신(穗積興信)이 통상적인 문제집 형태의 「카가쿠 삼포오」(下學算法)를 펴냈다. 1716년에는 미야케 켄류우(三宅賢隆)가 비슷한 책인 「구오오 삼포오(具應算法)」를 펴냈다[382]. 그는 또한 「쇼쥬츠 산가쿠 즈예(正術算學圖會)」도 저술했는데, 1795년에도 한 판본이 나왔다([그림 32]). 그 책을 보면, 그가 직사각뿔(prismatoid)에 대한 개념을 갖고 있었으리라는 것이 짐작된다([그림 33]).

[그림 32] 미야케 켄류우(三宅賢隆)의 「쇼쥬츠 산가쿠 주예(正術算學圖繪)」(1795)의 일부

382) 日本學士院 編, 「明治前 日本數學史」 제2권, 127쪽에는 1699(元祿 12)년에 간행된 것으로 나와 있다.[역주]

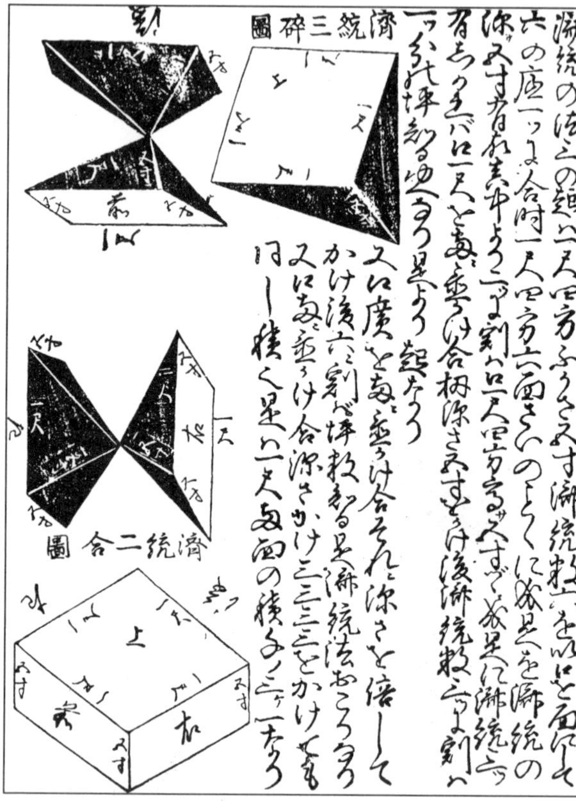

[그림 33] 미야케 켄류우의「쇼쥬츠 산가쿠 주예」(1795년 판)의 일부

1718년에는 오기노 노부토모가「키쿠 겜포 쵸오켄」이라는 책을 저술했는데, 필사본 9권이 전해져 내려오는, 매우 가치 있는 개괄적 논문이다. 요신의 저작에 영감을 얻어서, 아오야마 리에이(靑山利永)는 1719년에「츄우가쿠 삼포오(中學算法)」를 펴냈는데,「카가쿠 삼포오」의 문제들을 풀고, 다른 문제들을 제출한 것이다. 이 후자의 문제들은 또 다시 나카네 겐쥰(中根彦循, 1701-1761)의「칸토오 삼

포오(竿頭算法」(1738), 나카오 세이세이(中尾齊政)의「산가쿠 벰모오(算學便蒙)」, 그리고 이리에 슈우케이(入江脩敬, 1699-1773)의「탄겐 삼포오(探玄算法)」(1759)에 의해서 풀렸다[383]. 또한 1732년에 첫 부분이 나온 무라이 마사히로(村井昌弘)의 걸작「료오치 시난(量地指南)」도 언급되어야 할 것이다. 그 책은 대중적인 인기를 누렸으며, 새로운 수학에 대한 관심을 불러일으키는데 큰 몫을 차지했다. 나카네 겐쥰에 의해서 제기된 문제들은 카미야 호테이(神谷[行吉]定令)의「카이쇼오 삼포오(改精算法)」(1743), 야마모토 카쿠안(山本格安)의「산즈이(算髓)」(1746) 등에 의해서 풀렸다. 같은 양식의 수학에 기여한 것에는 야마모토의「요쿄쿠 삼포오(羊棗算法)」(1745)와「케이로쿠 삼포오(鷄肋算法)」(1746), 타케다 사이세이(武田濟美)의「셈비 삼포오(闡微算法)」(1746[384]), 이마이 켄테이(今井兼庭, 1717-1780)의「메이겐 삼포오(明玄算法)」(1764)와 기타 여러 비슷한 저작들도 있었지만, 이런 양식의 책들은 18세기 말엽에 이르러서 일본에서도 다른 곳에서와 마찬가지로 최고급의 정신이 흥미를 발견하기에는 저급한 형태의 과학을 나타내는 것으로 폄하되었다. 바바 노부타케(馬場信武)의「쇼가쿠 텐몬(初學天文[指南鈔])」(1706)이라는 유명한 천문서가 이 시기에 적지 않은 영향을 미쳤다는 점도 역시 언급되어야 할 것이다([그림 34]).

---

383) 이리에는 나카네 겡케이의 문제(門弟)였으며, 51세 때 쿠루메번주(久留米藩主) 아리마의 초빙을 받아 그의 유신(儒臣)이 되었다. 日本學士院 編,「明治前 日本數學史」제3권, 121쪽을 참조.한편, 日本學士院 編,「明治前 日本數學史」제2권, 130쪽에 따르면,「탄겐 삼포오」의 간행 연도는 1739년(元文 4년)으로 되어 있다.[역주]

384) 日本學士院 編,「明治前 日本數學史」제2권, 130쪽에는 1750(寬延 3)년에 간행된 것으로 나와 있다.[역주]

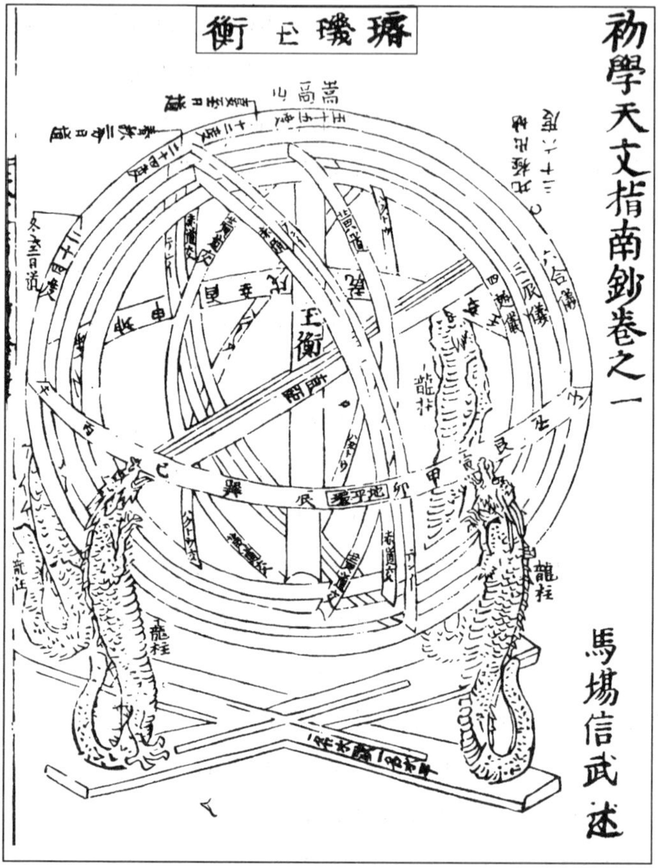

[그림 34] 바바 노부타케(馬場信武)의 「쇼가쿠 텐몬(初學天文)」(1706)의 일부

이 일반적 부류의 저자들 가운데 가장 나은 사람은 그의 「칸토오 삼포오」(1738)이 상당한 각광을 받았던 나카네 겐쥰(中根彦循, 1701-1761)이다. 그의 부친인 나카네 겐케이(中根元圭, 1661-1733)는 오오미 현에서 태어났으며, 타케베 밑에서 사사 받았다. 그는 한때 관직에 근무했으나, 젊은 나이에 쿄오토에서 의사로 진료를 보았

다. 그의 취향은 그로 하여금 수학과 천문학도 연구하도록 이끌었으며, 아들에게는 훌륭한 교사였었던 듯하니, 따라서 후자는 세키의 최고 수제자의 가르침을 간접적으로 받았던 것이다. 학자로서의 그의 위치에 관한 흥미로운 증언이 쿄오호오 시대(1716-1736)의 한 봉건 영주가 시노자키라는 석학에게 동시대인들 가운데 누가 가장 저명하냐고 물었다는 일화에서 주어지고 있다. 그에 대해 석학은 "철학자 중에서 가장 저명하기로는 이토오 진사이와 오규우 소라이, 천문학자 중에서는 나카네 겡케이와 쿠루시마 키나이(久留島喜内)[385], 서예가 중에서는 호소이 코오타쿠와 츠보이 요시토모, 신토에서는 코모의 나시모토, 시에서는 마츠키 지로예몬, 그리고 배우로서는 이치카와 단쥬우로오를 들 수 있다. 이들 가운데 나카네는 천문학에만 정통한 것이 아니라 모든 분야에 탁월하다."고 대답했던 것이다[386].

부친 나카네는 또한 몇몇 천문서를 출판했으며, 새로운 음률 법칙을 개진한 논문도 썼다[387]. 중국 저작들과 중국 체류 예수회 선교사들의 저작 및 번역들을 통하여 그는 유럽 천문학에 익숙했고, 그는 그것이 중국 이론보다 우월하다는 것을 완전히 인정했다. 그는 요시무네 쇼군(八代將軍德川吉宗)에게 외국 서적의 수입과 연구에 대한 금지를 철회하도록 충고한 자들 가운데 두드러진 인물이었으며, 후자의 명령을 받고 메이웬팅(梅文鼎)의 「리수안 취안슈(曆算全書)」[388]를 번역했던 것으로 일컬어진다. 1711년에는 그에게 오오사카의 조폐국 직책이 주어졌고, 1721년에는 공식 역서 준비작업과

---

385) 또는 쿠루시마 요시타(久留島義太).
386) 「혼쵸오 스우가쿠 코오엔슈우」, 1908에 실린 K. 카노의 논문, p. 11.
387) 이것은 척도를 기술한 저작인 「리츠겐 학키」이다.
388) 29쪽을 보라. 그 책은 황실도서관에 소장되어 있다.

관련을 맺기 시작했다[389]. 그는, 비록 모두가 그를 유능한 수학자라고 증언하고 있으나, 순수수학 분야의 간행된 저작으로는「시치죠오 베키 엔시키(七乘冪演式)」[390]라는 책 한 권만을 썼다[391]. 그가 해결한 것 가운데 하나는, 타케베의「후큐우 테츠쥬츠」(1722)에 등장하는데, 흥미로운 부정방정식에 관한 것이다. 그 문제는 n, $n+1$, $n+2$의 값을 가지면서, 반대쪽 꼭지점에서 가장 긴 변에 내린 수선이 유리수가 될 삼각형의 변들을 구하라는 것이다. 나카네는 그것을 다음과 같이 풀이한다.

변이 1, 2, 3일 때, 수선은 명백히 0이다.

이 값들을 잇달아 1씩 증가시켜서 생기는 사례들을 검토하면, 다음과 같은 삼각형들이 그 조건을 충족시킨다.

3	13	51	193
4	14	52	194
5	15	53	195

이 값들을 a_1, b_1, c_1; a_2, b_2, c_2; a_3, b_3, c_3; …으로 나타내면, 이내

$$a_{r+1} = 4a_r + 2 - a_{r-1}$$

이며, b와 c에 대해서도 유사하다는 점이 밝혀질 것이며, 따라서

389) 이 목적을 위해서 그는 시간의 반을 에도에서 보냈으며, 나머지는 쿄오토에서 보냈다.

390) 그것은 1691년에 인쇄되었고, 1798년에 재판을 찍었다.

391) 日本學士院 編,「明治前 日本數學史」제3권, 82-99쪽은 나카네 겡케이의 순수수학 관련 업적으로 이 책 외에도「累約拾遺」(1728),「索術」(1728),「三斜無不盡問題の解」(1725),「八線表算法解義」를 들고 있으나, 모두 다른 저술의 부록 등으로 나와 별도로 간행되지는 못한 것들이다.[역주]

우리는 구하려는 답을 얻는다. 그러나 그가 귀납을 완성했는지의 여부는 드러나지 않고 있다.

또한 1729년에는 타케베가 유시무네 쇼군으로부터 역법상의 문제점을 해결하도록 요청받았다고 전해진다. 타케베는 나카네의 능력을 인정하고 있었으므로, 그더러 그 일을 맡아줄 것을 요청했으나, 그는 자신의 노쇠함을 느꼈기에 나름대로 그것을 자기 아들인 나카네 겐쥰에게 넘겼다. 결과는 고차 수치방정식을 연속적으로 참값보다 교호적으로 크기도 하고 모자라기도 하는 근사치를 구하여 푸는 새로운 방법이었으며, 그 방법은 나카네 겐쥰이 1729년에 쓴 「카이호오 에이지쿠쥬츠(開方盈朒術)」[392]에서 구현되었다. 쇼군에 의해서 제기된 문제는 다음과 같다[393]: "두 장소가 남쪽과 북쪽에 있는데, 각 지점에서 수평선 위로 잰 북극성의 고도가 각각 36° 와 40° 75′이다. 어느 해 9월 2일 정오에 잰 0.8 야드 짜리 막대의 그림자는 각각 0.59 야드와 0.695 야드였으며, 남쪽 지점에서 잰 태양의 중심은 추분날 정오에 천정(zenith)으로부터 36° 37′ 떨어져 있었다. 이 자료로부터 태양 궤도의 지름과 지구 지름의 비를, 양자가 동심원을 그린다고 가정하고, 구하라."

이 문제에 대한 풀이는 여기서 제시하기에 너무 길지만, 같은 수고 속에 들어있는 다른 문제의 그것이 나카네의 방법을 예시하는데 도움이 될 것이다. "두 개의 작은 원들과 우리가 중간 원이라고 부를 또 하나의 원이 내접되어 있는 원이 있다고 하자. 이 네 개의 원들은 각각 다른 셋과 접해 있으며, 큰 원과 세 내접원 사이의 넓이 차이는 120이고, 중간 원과 작은 원의 지름 차이는 5이다. 지름들을

392) 직역하면, "방정식 풀이의 증감법."

393) 출전은 1729년의 저작.

구하라."

나카네는 대 · 중 · 소 세 원의 지름을 각각 l, m, s로 나타낸다. 그러면

$$s+5=m$$

이고, 임의로 약기하면,

$$(s+m)^2-s^2=a^2$$

이다. 그러면

$$l=\frac{(a+m)^2}{2(a+5)},$$

$$l^2-2s^2-m^2=102:\frac{\pi}{4}$$

가 된다. 그런 다음 그는 $s_1=7.5$라고 놓는데, 위의 관계로부터 방정식의 두 변은 150.0654와 152.788이 되며, 그 차이 d_1은 2.723이다. 그 다음에 그는 $s_2=7.6$을 취하고, 전처럼 해서, $d_2=-0.37811$을 얻는다. 그 다음에는

$$s_3=s_1+\frac{d_1}{\dfrac{d_1+d_2}{s_2-s_1}}=7.5878$$

을 취하는데, 전처럼 해서, $-d_3=-0.028246$을 얻는다. 이제 그는

$$s_4 = s_2 - \frac{d_2}{\frac{d_2 - d_3}{s_2 - s_3}} = 7.5868\cdots$$

을 취해서 전처럼 진행하고, 마찬가지로 원하는 만큼 근사치 계산을 계속한다.

아들 나카네는 그의 아버지와 연구를 했을 뿐 아니라, 타케베와 쿠루시마에게 사사 받기 위하여 에도(도쿄)에도 갔다. 오오사카로 귀환해서는 부친을 이어 조폐국에서 일했으며, 1738년에는「칸토오 삼포오」를 펴내고, 이어서 1741년에는「칸자 오토기 조오시(勘者御伽雙紙)」[394]라는 제목으로 산학 입문서를 펴냈다. 후자의 저작에서는 소로반을 상업적으로 사용하는데 대해 설명되어 있고([그림 35]), 구구단에 의한 검산(check by the casting out of nines)이 곱셈, 나눗셈, 개방산(evolution)에서 일본 최초로 사용되었다. 그는 1761년 향년 60세를 일기로 숨을 거두었다.

394) 직역하면, "수학자들을 위한 지침서."

[그림 35] 나카네 겐쥰(中根彦循)의 「칸자 오토기 조오시(勘者御伽雙紙)」 (1741)의 일부

나카네 겡케이의 생도들 가운데에서 가장 뛰어난 자는 코오다 신에이(幸田親盈)였는데, 그는 순수수학보다 천문학에서 탁월했으며, 1758년에 사망했다. 코오다의 생도들 중에는 이리에 슈우케이(入江脩敬), 치바 사이인(千葉[陽生]歲胤, 1770년경), 이마이 켄테이(今井[官藏]兼庭, 1718-1780)가 있었다. 몇 편의 미간행 저술을 남긴

이마이 켄테이에게는 혼다 리메이(本多利明, 1743-1820)[395]라는 출중한 제자가 있었는데, 그는 박학다식했고, 교육분야에서 영향력이 컸던 인물이었다. 혼다는 제자들 가운데 아이다 암메이 내지 야스아키(會田安明, 1747-1817), 무라타 코오류우(村田光隆), 쿠사카 세이(日下[貞八郞]誠, 1764-1839), 모가미 토쿠나이(最上德內), 사카베 코오한(坂部廣胖, 1759-1824)[396], 그리고 바바 세이토쿠(馬場正督)를 포함한 많은 사람들을 탁월하다고 손꼽았다. 그는 항해술과 공무에 큰 관심을 쏟았으며, 심지어 외국과의 교역을 위해 일본의 개국을 주창하기도 했다. 그는 화란어에 익숙했고, 수학 연구를 시도했으며[397], 저명한 여행가인 마미야 린조오의 영향을 받은 덕택에 대해 깊이 감사했다.

타케베의 또 다른 유명한 제자는 코이케 유우켄(小池友賢, 1683-1754)으로서 미토(水戶)의 사무라이였는데, 그는 거기서 역사 연구소인 쇼오코오콴(彰考館)의 총재로 있었다. 그는 번주[398]의 명을 받아 에도로 가서 타케베로부터 수학을 배웠으며, 동시에 천문학에 대한 지식도 습득했다.

미토의 쇼오코오콴에서 그의 후계자가 된 사람은 오오바 케이메이(大場景明, 1719-1785)였는데, 둘 다 수학에 대해서는, 그 학문의 발전에 대한 동정적인 관심을 넘어서, 이렇다할 만한 기여를 하지 못하였다.

나카네 겐쥰의, 그러니까 따라서 세키 학파의 타케베 지파의 생

---

395) 또한 혼다 토시아키로도 알려짐.

396) 사카베는 「算法点竄指南錄」(1815)의 저자이다.[역주]

397) 오자와(小澤正容), 「算家譜略」과 혼다의 묘지명.

398) 당시 번주는 츠나에다(綱條(肅公))였다. 日本學士院 編, 「明治前 日本數學史」 제2권, 42쪽을 참조.[역주]

도들 가운데에는 쿄오토의 의사인 무라이 츄우젠(村井中漸, 1708-1797)이 있었다. 그는 고차방정식의 풀이를 다룬「카이쇼오 템페이 삼포오(開商點兵算法)」(1765)[399]라는 제목의 책을 저술했다. 삼 년 뒤에는 그의 생도중의 한 사람인 나가노 세이요오가 이 책의 두 번째 부분을 간행했는데, 그 속에서 그는 풀이에서 이용된 방법들을 설명하려고 시도했다. 예를 들면, 무라이[400]는

$$6726 - 373x + x^2 = 0$$

이라는 방정식을 취한다. 그런 다음 그는

$$373 - 372.1 = 1$$

이라는 관계를 발견하고, 372를 절대항으로 곱한 다음(6726), 373을 가능한 많이 빼면, 나머지는 361이 남는다[401]. 이 나머지를 6726에 더하고, 그 결과를 373으로 나눈 몫 19가 근이 된다.

마찬가지로,

$$-25233 - 2284x + 25x^3 = 0$$

이라는 방정식에서 무라이는 먼저

$$2284 \times 11 - 25m = -1$$

라는 관계를 취하고, 11을 절대항으로 곱한 다음, 그 곱한 값에서 나

---

399) 직역하면, "군사배치를 위한 방정식 풀이."

400) Endo, Book II, pp. 137-139.

401) 간단히 정리하자면, 372×6726＝2,502,072이며, 2,502,072÷373＝6707 나머지 361이다.

머지가 나올 때까지 2284를 빼면, 그것이 구하고자 하는 근이라고 주장하는데, 그 과정은 전혀 분명치 못하다.

물론 그 방법은,

$$x^2 - 8x + 15 = 0$$

라는 식에 대해서 3이나 5 대신에 2를 근으로 내세우기 때문에, 타당하지 않다. 무라이도 자기의 법칙이 단지 특수한 경우에 대해서만 맞는다는 것을 틀림없이 알고 있었겠지만, 그는 그 사실을 언급하지 않았다. 그럼에도 불구하고, 그는 이미 그의 시대의 최상급 대수학자들에 의하여 비실제적이라고 간주되기 시작하던 상기의 사용을 막음으로써 근대수학으로 나아가는 길을 마련하는데 일조가 되었다.

무라이는 또한「삼포오 도오시몬(算法童子問)」내지 젊은이를 위한 산술을 썼는데([그림 36]-[그림 38]을 볼 것), 그것은 나카네 겐쥰의「칸자 오토기 조오시」의 속편으로 의도된 것이었다.

[그림 36] 무라이 츄우젠(村井中漸)의「삼포오 도오시몬(算法童子問)」(1781)의 일부

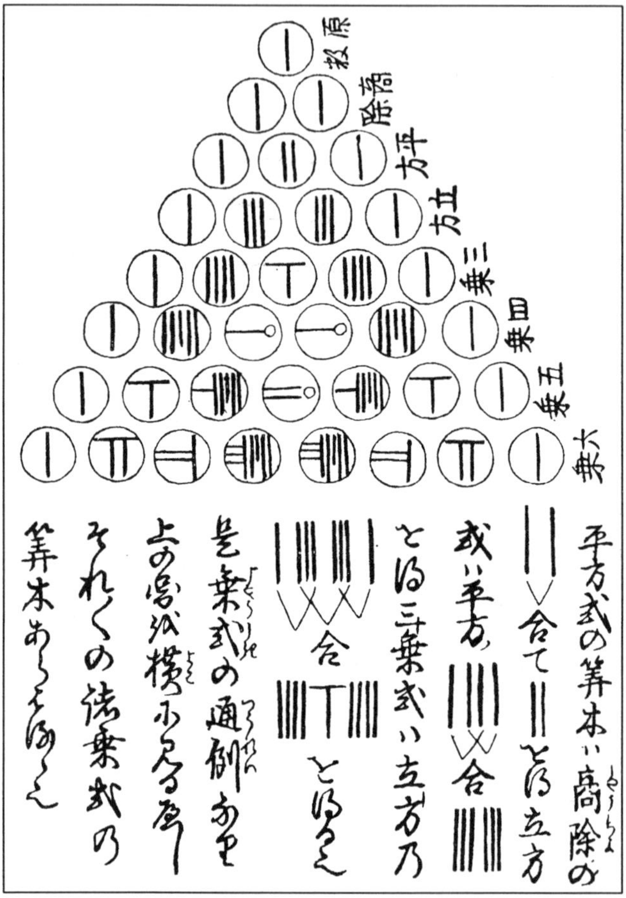

[그림 37] 무라이 츄우젠의「삼포오 도오시몬」(1781)에 제시된 파스칼의 삼각형

[그림 38] 무라이 츄우젠의「삼포오 도오시몬」(1781)의 일부

그 저작은 1781년에 등장했는데, 원시적인 측정작업([그림 36])과 파스칼의 삼각형([그림 37])을 보여주는 많은 흥미로운 삽화들을 담고 있다. 그것은 또한 순환소수를 다룬 것 때문에 주목된다. 단분수(unit fraction)가 반복주기로 나타나는 수에 관한 문제가 일본에서는 나카네의「칸토오 삼포오」(1738)에서 처음 언급되었으며, 불만족스러운

성격의 풀이들을 이케베(池部淸眞)의「카이쇼오 삼포오(開承算法)」(1743)와 야마모토 카쿠안(山本格安)의「산즈이(算髓)」(1745)에서 찾아볼 수 있다. 그 문제에 관한 나카네의 글들은 더 이상 남아있지 않아서, 실질적으로는 무라이가, 비록 그것을 다룬 게 별로 없어도, 미개척 분야를 차지한 셈이다. 무라이의 이론은 9를 2, 3, ⋯, 9로 나누어, 소수점에 상관하지 않는다면, 45, 3, 225, 18, 15, x(나누어 떨어지지 않음), 1125, 1을 얻은 간략한 것이다. 그런 다음 그는 만일 1을 45, 3, 225, ⋯ 등으로 나누면, 몫이 한 숫자로 된 순환절(one-figure repetends)이 될 것이라고 결론짓는다. 비슷하게, 그는 99를 2, 3, ⋯, 9로 나누어 495, 33, 2475, 189, ⋯라는 숫자들을 얻은 다음, 이 몫들로 1을 나누어 두 숫자로 된 순환절을 얻고 있다.

무라이는 소로반 사용을 설명하면서, 그의 선배들이 일반적으로 사용치 않았던 수단들을 제시한다. 예를 들면, 제곱근을 구할 때, 그는 나머지의 반을 이미 구한 근의 부분으로 나누는데, 그가 그것이 소로반에서는 그 근의 두 배로 나누는 것 보다 다소 쉽다고 여겼음에 틀림없다. 세제곱근을 다룸에 있어서도 그는 비슷한 방식으로 나머지의 $\frac{1}{3}$을 이미 구한 근 부분으로 두 번 나누면서 진행한다. 우리는 이 수단들이 무라이 이전에는 일반적으로 사용되지 않았다고 언급한 바 있으나, 그것들은 적어도 1775년 야마모토 히후미(山本一二三)의「하야잔 테비키구사(早算手引集)」[402]에 이미 제시되었다.

나카네 겡케이의 동시대인이자 그의 친구로 쿠루시마 요시타(久留島義太, 1690년경-1757)라는 이름의 기묘한 인물이 있었는데, 그는 빗츄우 현 출신이고, 한 때 나이토오 영주(内藤政樹, 1703-1766)

402) 직역하면, "빠른 계산을 위한 지침서."

의 가신을 지냈으며, 몹시 괴팍하고 방만한 성격의 소유자였다. 그에 대해서는 그가 에도의 집을 접수하기 위하여 큐우슈우를 떠나야 했을 때, 여행용 고리 가방을 고치느라 자신의 모든 수학책들을 써버렸다는 일화가 전해온다. 그러나 그는 나카네(中根元圭) 뿐 아니라 마츠나가(松永良弼)의 친구이기도 했다는 점에서 수학적 재능이 출중했음에 틀림없으며, 최소한 야마지 슈쥬우(山路主住)라는 상당한 업적을 쌓은 제자 한 명을 두었다. 그는 1757년에 사망했다. 그에 관해 전해오는 정보의 편린 가운데에는 한 변이 s인 정 n다각형의 반지름 r을 구하는, 무한급수로 표시된 공식이 있다[403].

쿠루시마는 또한 연속분수에 대해서도 상당히 알고 있었으니, 그것은 아지마의 「후큐우 삼포오」[404]와 다른 저작들에 그가 제곱근을 이런 식으로 연속적인 수렴 값을 구하는 방법을 써서 표시했다고 밝히고 있기 때문이다. 이것은 그가 1726년에 발명해낸 것으로 보인다[405]. 그것은 1748년에 타케베로부터 사사 받은 호리에라는 사

403) Endo, Book II, p. 112; 카와키타, 「혼쵸오 스우가쿠 코오엔슈우」, p. 6. 쿠루시마의 생애에 관해서는 「山路君樹先生茶話」라는 제목의 책(일본어판)이 있다. 이 공식은 아이다 암메이의 「삼포오 코콘 츄우란(算法古今通覽」(고금 수학서들에 대한 개관), 1795, 6권에 처음 발표되었다. 그것은 치바(千葉胤秀)의 「삼포오 신쇼(算法新書)」(수학적 방법에 대한 새로운 연구서)에 다시 등장한다. 후쿠다(福田泉), 「삼포오 타마테바코(算法玉手箱)」, 2권, p. 33; Endo, Book III, p. 33을 볼 것. 쿠루시마는 또한 「큐우시 코하이 소오(久氏弧背草)」(원호에 관한 초고)를 썼는데, 그 속에서 높이의 대한 호의 최단비(minimum ratio)를 다루었다. 그 속에는 마립방(magic cubes)에 대한 연구도 들어 있다.

404) 쿠사카가 편찬한 것.

405) 아마도 타케베가 「후큐우 테츠쥬츠」(1722)에서 연속분수를 쓴 것이 일본인으로서는 최초일 것이다. 그것들이 발견되는 「타이세이 산쿄오」도 보라. 그러나 그것들을 제곱근에 적용한 것은 일본에서 쿠루시마로부터 시작되었다. C. 카와키타는 「스우가쿠 호오치」에서 그것이 1726년 정월에 이뤄졌다고 말한다.

람의 생도인 하수 시게루에 의해서 쓰여진 책에도 반복되어 나타난다. 서문에서 호리에는 그 방법이 당대에 가장 괄목할 만한 것 중의 하나라고 말한다[406].

쿠루시마는 또한 마방진에도 흥미를 가졌는데, 홀수 칸을 지닌 것을 만드는 그의 방법은 반복해서 소개할 만한 가치가 있다[407].

그 방법을 간단히 서술하면 다음과 같다.

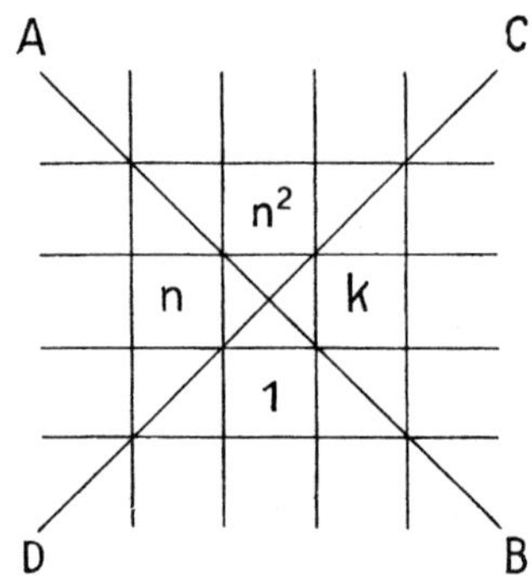

n을 한 변의 칸수라고 하자. 1, n^2, n, $k=n^2+1-n$을 그림에서처럼 배열한다. 그런 다음 $\frac{1}{2}(n^2+1)$을 중앙의 수로 삼고, 이로부터 CD를 따라 C를 향해서는 내림차순으로, D를 향해서는 올림차순으로 공차가 n인 등차수열을 배열한다. 다음으로는 n과 n^2을 지나는 사선과 1과 k를 지나는 사선을 따라서 마찬가지 법칙에 의해 칸들을 채운다. 이제 AB와 n과 1을 관통하고, n^2과 k를 관

406) 필사본으로 된 하수, 「헤이호오 레이야쿠 겡케이」, 1748에 대한 호리에의 서문. 또한 Endo, Book II, p. 105도 참조할 것.

407) 그것은 「큐우시 이코오」(久氏遺稿, 쿠루시마의 사후 저작)라는 그의 저술, 제1권에 등장한다.

통하는 두 평행선을 따라서 칸을 채우는데, A를 향해서는 내림차순으로, B를 향해서는 올림차순으로 공차가 1인 등차수열을 배열한다. 이 규칙의 나머지는 다음 방진을 살펴보면, 분명히 드러날 것이다.

22	47	16	41	10	35	4
5	23	48	17	42	11	29
30	6	24	49	18	36	12
13	31	7	25	43	19	37
38	14	32	1	26	44	20
21	39	8	33	2	27	45
46	15	40	9	34	3	28

또한 쿠루시마가 호시 높이의 몫의 최대값을 구하는 문제를 논의했다는 것도 주목할 만하다[408]. 여기서 발생되는 방정식은

$$4 - x^2 + \frac{x^4}{3 \cdot 6} - \frac{x^6}{3 \cdot 5 \times 6 \cdot 8} + \frac{x^8}{3 \cdot 5 \cdot 7 \times 6 \cdot 8 \cdot 10} - \frac{x^{10}}{3 \cdot 5 \cdot 7 \cdot 9 \times 6 \cdot 8 \cdot 10 \cdot 12} + \cdots = 0$$

이다. 그는 이것을 "무한 방정식"이라고 불렀으며, 복잡한 풀이 끝에

$$x = 5.434131504304$$

라는 결과에 도달한다. 쿠루시마에 의해 제시된 π^2 값 $\frac{98548}{9985}$에 대해서도 언급되어야겠으나, 그가 그것을 얻은 방법은 알려져 있지

408) 이것은「큐우시 코하이소오」에서 이루어졌다.

않다[409].

18세기 전반 오오사카에는 타쿠마 겐자에몬(宅間源左衛門[能淸])이라는 사람이 살았는데, 그의 생애와 소시 적 교육에 관해서는 사실상 아무 것도 알려져 있지 않다. 혹자는 그가 수학을 미야기 학파에서 배웠다고 말하지만, 분명히 알려진 것은 그가 오오사카에 학파(宅間流)를 세웠다는 것이 전부이다. 그는 π 값에 대해 한 세기 이전의 화란식으로 공략한 문제의 연구로 관심의 대상이 된다. 그는 이 목적을 위하여 내접다각형 뿐 아니라 외접 정다각형을 사용한 일본내의 유일한 수학자이었던 것으로 보인다. 그는 그의 결론을 17,592,186,044,416 각형의 지름을 토대로 내리면서, 그것을

3.14159 26535 89793 23846 26433 6658,
3.14159 26535 89793 23846 26434 67

이라고 적고 있다. 그는 이 수들의 평균을 취하여 25 자릿수까지 정밀한 값을 구한다. 이것은 그의 학파의 가장 소중한 비밀 가운데 하나로 간직되었다고 전한다. 타쿠마의 추종자들 가운데 가장 뛰어난 인물은 마츠오카 노오이치(松岡能一) 내지 요시캇스인데, 그는 1808년에 「삼포오 케이코 타이젠(算學稽古大全)」[410]이라는 매우 유용한 교재를 펴냈다[411].

마츠나가 료오히츠[412]에 대해서는 이미 언급했지만, 그의 연구에 대해서는 더 주목할 만한 가치가 있다. 그의 가장 중요한 논문중

---

409) Endo, Book II, p. 127. 쿠루시마의 사후 저작 가운데 필사본에서 발견되었다.
410) 직역하면, "수학교육을 위한 결정판."
411) 「리각카이」, 3권 4호에 실린 Endo, T., "On the development of the mensuration of the circle in Japan"(일본어판).
412) 154쪽을 볼 것. 그의 이름은 또한 마츠나가 요시스케로도 나타난다.

의 하나는 아홉 책으로 이루어지고, 처음 다섯 책이 기하 문제에 대한 부정방정식 분석에 바쳐진 「삼포오 슈우세이(算法集成)」[413]라고 불리는 저작 속에 수록되어 있다. 예를 들면, 그는 두 변이 a, b이고, 빗변이 c인 직각삼각형을 고찰하면서,

$$a=2m+1, \quad c-b=2n$$

이라고 놓는데, 그로부터

$$c+b=\frac{c^2-b^2}{c-b}=\frac{a^2}{c-b}=\frac{(2m+1)^2}{2n}$$

이 도출되며, b와 c는

$$\frac{1}{2}[(c+b)\mp(c-b)]=\frac{(2m+1)^2}{4n}\mp n$$

이라는 형태를 띤다. 그러므로 세 변은

$$4n(2m+1), \quad (2m+1)^2-4n^2, \quad (2m+1)^2+4n^2$$

으로 나타낼 수 있다.

그는 또한 직각의 꼭지점으로부터 수선 p를 빗변에 내려 선분 c', c''로 나누는 문제를 공략한다. 그리고 나서 그는

---

413) 직역하면, "수학적 풀이법의 집대성"인데, 연도는 표시되어 있지 않다. 그의 「호오엔 산쿄오(方圓算經)」는 어떤 서문에는 1739년, 다른 것에는 1738년으로 표시되어 있다.

$$b^2 - a^2 = (c''^2 + p^2) - (c'^2 - p^2)$$
$$= (c'' + c')(c'' - c') = c(c'' - c'),$$
$$2ab = c \cdot 2p,$$
$$a^2 + b^2 = c^2$$

을 얻는다. 그러면, $p^2 = c'c''$이므로,

$$(c'' - c')^2 - (2p)^2 = c^2$$

이 되며, 그로부터 직각삼각형의 변들은 $b^2 - a^2$, $2ab$, $a^2 + b^2$으로 표시될 수 있다.

마츠나가는 대부분의 그의 동시대인 기하학자들과 마찬가지로, 각 변이 s인 정 n다각형의 반지름에 흥미를 가졌다.

$$r^2 = \frac{62370\ n^4 + 107480\ n^2 + 83577}{2462268\ n^2 - 3857400} \cdot s^2$$

이라는 그의 공식은 반지름을 여섯 자리까지 정밀하게 제시한 것으로 주장되고 있다[414]. 7차의 근을 풀어야 되는 훨씬 복잡한 공식이 이리노 요오쇼오의「카쿠소오 삼포오」(1743)에 제시되어 있으나, 그것이 오히려 더 부정확하다.

이런 성격의 또 하나의 공식은 마츠나가의 생도인 야마지 슈쥬우[415](山路主住, 1704-1772)에 의하여 제시된다[416].

---

414) $n=4$, $s=\sqrt{2}$, $r=\frac{1}{2}$인 경우를 고찰해보면 좋을 것이다. 그것은 아리마의「호오엔 키코오」(1766)에도 보이는데, 바로 거기에 전거가 마츠나가라고 되어 있다. 또한 Endo, Book II, p. 109를 참조할 것.

415) 그의 이름은 또한 '누시즈미'라고도 불린다. 日本學士院 編,「明治前 日本數學史」제3권, 159쪽을 참조.[역주]

416) 아리마,「호오엔 키코오」; Endo, Book II, p. 108.

$$r^2 = (151762163981 0 n^8 + 1004974720807 n^6 + 166374503856 n^4) s^2 \div (59913200861841 n^6 - 157432047580066 n^4 + 135529756473206 n^2 - 35692069491815)$$

그러한 노력들은, 그러나 주로 구체들 속에 구체들을 새겨 놓은 일본 상아조각과 마찬가지 이유 — 무한한 각고의 산물이라는 점 — 에서 흥미로울 뿐이다. 야마지는 빗추우 현 출신으로서 후일 쇼군의 사무라이가 되어 천문방(天文方)으로 근무했다. 그는 처음에는 나카네(中根元圭) 밑에서 공부했고, 나카네가 에도를 떠나 쿄오토로 감에 따라 그의 친구인 쿠루시마(久留島義太)의 문하로 들어갔다. 쿠루시마가 큐우슈우로 이주했을 때, 야마지는 마츠나가(松永良弼)의 생도가 되었다. 그리하여 그는, 그의 「차탁이야기(山路君樹先生茶話)」에서 말했듯이, 일본 최고의 세 스승들의 수학적 비밀을 알아내는 특권을 지니게 되었다. 그는 학문에 대해서 직접적으로 큰 공헌을 하지는 못했으나, 위대한 교사임을 입증했으며, 그래서 그가 사망할 때에는 아리마 영주, 후지타(藤田貞資), 아지마(安島直圓)를 포함한 다수의 성공적인 수학자들이 그의 제자들 가운데 손꼽혔다. 「켄콘노 마키」와 또한 엔리에 관한 「코하이노 리」 및 다른 저술들이 그에 의해 쓰여졌을 가능성이 있으나, 그가 쓴 것이 확실한 주요 저작은 「교쿠세키 신쥬츠(玉積眞術)」417) 뿐이다. 그 속에는 구체의 부피를, 작자미상의 「키겐카이(起源解)」418)에서 발견되는 것처럼, 일종의 적분에 의해서 접근한 것이 들어 있다.

417) 직역하면, "구체의 부피를 계산하기 위한 정확한 방법."
418) 또는 「엔리 켄콘 쇼」.

위에 언급된 야마지의 제자들 가운데 첫 번째는 큐우슈우의 쿠루메 영주 아리마[419] 라이도오(有馬頼僮, 1714-1783)이다. 세키 학파에서 창시자 시대 이래로 비밀로 유지되어오던 텐잔 대수를 최초로 공개한 것이 바로 그라는 사실을 회고하게 될 것이다. 그의 5권짜리 「슈우키 삼포오(拾璣算法)」는 1769년 아마도 그의 가신들의 이름 중 하나일 토요타 붕케이[420]라는 필명으로 출판되었다. 그러나, 그 저작은, 단지 그런 위치에 있는 사람만이 관류(關流)의 비밀을 감히 공개할 수 있었을 것이므로, 필시 아리마의 것임에 틀림없다. 이 저술에서 아리마는 150 문제들을 제시하고 풀이하여, 선배들의 문제들을 풀고, 뒤이어 오는 자들을 위해 출제하는 오랜 관행을 파기한 최초의 알려진 저자가 되었다. 그의 문제들은 부정방정식, 방정식의 다양한 근, 기하 명제들에 대한 대수적 접근, 이항급수, 최대값과 최소값, 내접 구체 관련 문제들([그림 39])을 포함한 기하 도형들의 측정에 관한 것들이다. 한 쪽에 초승달을 그려 넣는 신기한 일본식 구체 표시는 [그림 39]에서 볼 수 있다. 이 저작에는 π의 분수 값이

$$\pi = \frac{42822\ 45933\ 49304}{13630\ 81215\ 70117}$$

으로 나타나는데, 그것은 소수점 이하 29 자리까지 정밀하다. 아리마는 또한 「호오엔 키코오(方圓奇巧)」(1766)[421]와 「쇼오사 산요오

419) 가끔 그의 선조인 아키마로 잘못 적는 것이 발견된다.

420) 南筑米府侍臣 豊田光文景. 日本學士院 編, 「明治前 日本數學史」 제3권, 222쪽을 참조.[역주]

421) 여기에도 위에서 언급한 π 값과 π^2에서 π^{22}까지 π의 승수들이 32자리까지 주어져 있다.

(招差三要)」(1764)를 포함한 몇 편의 다른 저작도 썼으나, 그것들은 간행되지 못했다.

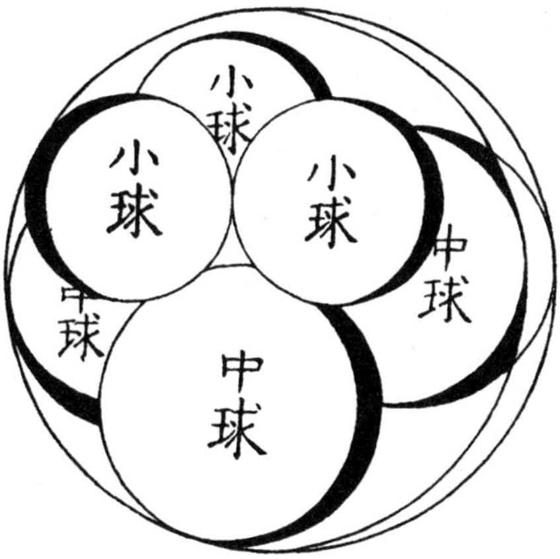

[그림 39] 아리마 요리유키(有馬賴僮)의 「슈우키 삼포오(拾璣算法)」(1769)의 일부

아리마 영주의 가신들 중에는 무사시 현 출신의 혼다 테이켄(本田定賢, 1734-1807)이라는 인물이 있었다. 수학에서는 그가 성년이 되었을 때 취한 후지타 사다스케(藤田貞資)라는 또 다른 이름으로 알려져 있는데, 그 이름은 18세기 후반에 상당한 명성을 획득하게 되었다. 소시 적에 그는 야마지 문하에서 수학했으며, 약관 19세에는 야마지의 추천을 받아 쇼군의 천문방이 되었다. 그는 그 일에 그럭저럭 한 5년간 종사했으나, 안질로 인하여 사직하지 않을 수 없었다. 그러자 아리마는 그가 2년마다 에도에 공무로 갈 때, 자신을 수행해주고, 수학교사로 일해달라고 정중히 초청하였다[422]. 이에 그는

422) 카와키타, 「혼쵸오 스우가쿠 코오엔슈우」, 1908, p. 8.

잘 배열하고 조심스럽게 가려 뽑은 텐잔 대수 문제들로 이루어진 세 권 짜리 「세이요오 삼포오(精要算法)」(1779)를 발간했다. 이 책은 너무나도 깔끔하게 쓰여져서 그것이 출판된 후 오랜 세월동안 교사들을 위한 입문서의 역할을 했다. [그림 40]에는 원뿔에 내접한 구체들에 관한 문제들 중의 하나가 보인다. 후지타는 또한 「카이세이 텡겐 시난(改正天元指南)」(1792)[423]을 포함한 몇 편의 다른 저작들도 펴내고, 비록 독창성에 있어서는 별로 장점이 없었으나, 동시대 수학자들이 열렬히 구해 마지않던 수많은 저술들도 썼다. 그는 1807년 향년 72세를 일기로 숨을 거두었는데, 교사로서는 의심할 바 없이 탁월했으나, 정작 그런 지위를 누릴 자격이 부족했음에도 불구하고, 자기 시대의 지도적인 수학자 중의 하나로 추앙 받았다.

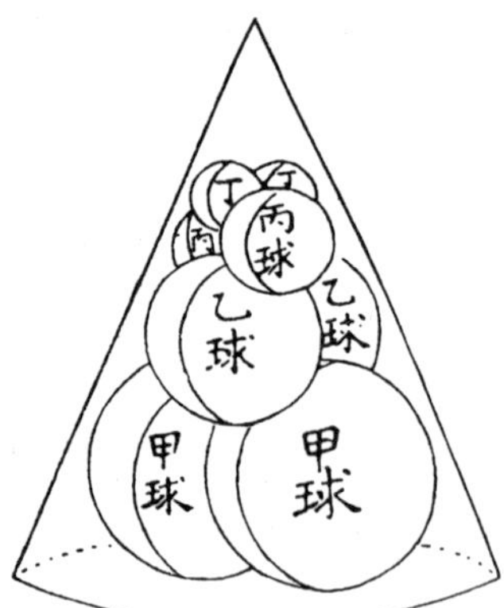

[그림 40] 후지타 사다스케(藤田貞資)의 「세이요오 삼포오」(精要算法, 1779)의 일부

423) 우리는 엔도오를 따랐다. 하야시는 1793년이라고 본다.

후지타의 아들인 후지타 카겐(藤田嘉言, 1765[424]-1828) 역시 상당히 유명한 수학자였다. 그는 1790년에 「심페키 삼포오(神壁算法)」[425]을, 그리고 1806(文化 4)년에 그 속편인 「조쿠 심페키 삼포오(續神壁算法)」를 펴냈다. 이 제목의 의미는 그 저작에 1767년부터 후지타가 저술하던 때까지 사이에 여러 신사 앞에 내걸렸던 산액(算額)의 문제들이 풀이법과 함께 집대성되어 있다는 사실에서 드러난다. 신사 앞에 문제들을 내걸던 이 이상스러운 풍습은 17세기에 비롯되어, 200년 이상 동안 지속되었다. 그것은, 마치 중세 유럽의 학생들이 교회 문에 논문을 붙여 놓았듯이, 신들의 찬사나 동의를 구하려는 욕망에서, 또는 그것이 발견을 발표하는 편리한 수단이라는 점에서, 또는 남들에게 문제를 풀어보라고 도전하려는 마음에서 생겨났을 수 있다. 이것들 가운데 몇 문제[426]를 18세기 말엽 일본 수학자들의 연구를 보여주는 견본으로 여기 번역해 보기로 한다. "삼각형 하나와 A, B, C세 원이 그림에 나타난 바와 같이 내접한 원이 있다. 세 내접원들의 지름이 주어졌을 때, 외접원의 지름을 구하라." 주어진 풀이법은 다음과 같이 요약될 수 있다.

424) 日本學士院 編, 「明治前 日本數學史」 제4권, 435쪽에는 1774년에 태어난 것으로 되어 있다.[역주]

425) 1796년에 약간의 증보가 가해진 재판이 나왔다.

426) 1796년판이 출전임.

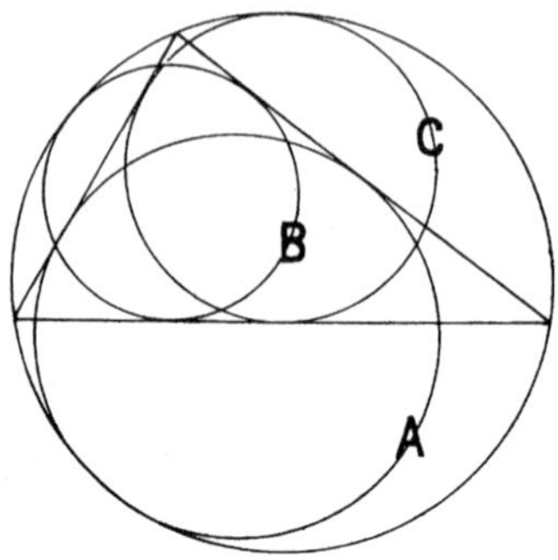

각각의 지름을 x, y, z라고 하고, $xy = a$라고 하자. 그리고 나서 a^2으로부터 $[(x-y)z]^2$을 감한다. a를 이 나머지로 나누고, 그 결과를 b라고 하자. 그런 다음 $(x+y)z$로부터 a를 빼고, 0.5를 이 나머지로 나누고, b를 더한 다음, z와 a로 곱한다. 그 결과는 외접원의 지름이다[427]. 이 풀이법에 대해서는 "1795년 3월 엔슈우현 카케가와 봉지에서 관류 후지타 사다스케의 제자인 미야지마 소노베이 케이치"라는 자부심 어린 서명이 덧붙여져 있다.

또 하나의 문제는 다음과 같이 진술된다. "두 원이 있는데, 하나는 사변형에 내접하고, 다른 하나는 외접한다고 한다. 외접원의 지름과 두 대각선의 곱이 주어졌을 때, 내접원의 지름을 구하라." 이 문제는 1795년에 코바야시 코오신에 의해서 풀렸으며, i = 내접원의 지름, c = 외접원의 지름, p = 주어진 곱이라고 할 때,

$$i\sqrt{c+p} = p$$

427) 즉, $xyz\left[\frac{xy}{x^2y^2-[(x-y)z]^2}+\frac{0.5}{(x+y)z-xy}\right]$.

라는 관계식이 성립된다[428].

세 번째 문제는 다음과 같다: "5개의 원들이 내접한 타원이 있다. 타원의 두 축을 a, b라고 할 때, 원 A의 넓이를 구하라."

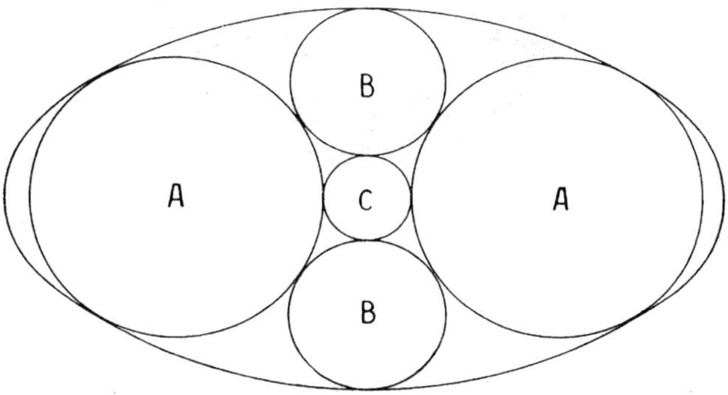

사노 안코오에 의해서 1787년에 제시된 풀이는 다음과 같이 표시될 수 있는 것이다.

$$d = b - \frac{2b^3}{\frac{3a^2+b^2}{2} + \sqrt{\left(\frac{3a^2-b^2}{2}\right)^2 - a^4}}$$

비슷한 성격의 또 다른 문제는 「조쿠 심페키 삼포오(續神壁算法)」(1806)에 수록된 것으로서 [그림 41]과 같이 나타난다.

428) 변이 2인 정사각형의 경우에는 $2\sqrt{16} = 8$이 된다.

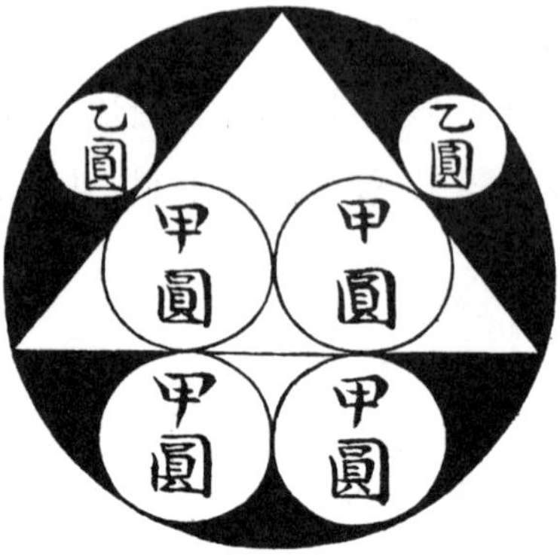

[그림 41]「조쿠 심페키 삼포오(續神壁算法)」(1806)의 일부

아리마와 관련된 것으로 이미 언급한 것과 비슷한 양식의 문제가 1789년 하타 쥬우도오에 의하여 다음과 같이 고찰되었다. "A 구체 둘, B 구체 둘, C 구체 둘이 각각 그림에서 보는 바와 같이 서로 접하면서, 내접해 있는 구체가 있다. A와 C의 지름들이 주어졌을 때, B의 지름을 구하라."

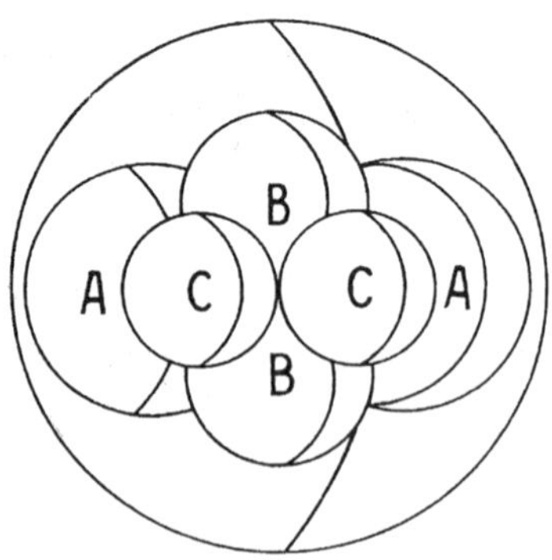

제시된 답은

$$b = 6a \div \left(1 + \sqrt{\frac{a}{b}}\right)$$

이다.

후지타 사다스케의 동시대인인 아이다 암메이(會田安明, 1747-1817)는 일본 동북부의 모가미(最上)[429]에서 태어났다. 세키와 마찬가지로, 아이다도 소시 적부터 수학에 대한 천분을 드러냈는데, 비록 나중에는 자신을 자수성가한 수학자라고 자랑하고, 학자라고 하기 힘들 정도로 자만심으로 가득 차게 되었으나, 어린 나이에 에도로 가서, 나카니시 학파의 제자인 오카자키라는 사람의 문하에서, 그리고 또한 혼다 리메이의 문하에서 수학했다. 그럼에도 불구하고 유능한데다 제자들을 대하는 태도가 친절하여 자기 주위에 많은 추종자들을 불러모았으며, 그가 자만스럽게도 최상류(最上流)[430]라는 칭호를 붙인 그의 학교(數學塾)는 세키 학파(關流)를 제외하고는 일본에서 일찍이 볼 수 없었던 정도의 명성을 누렸다. 제자들이 전하는 바에 따르면, 아이다는, 비록 오늘날에는 비교적 적은 수의 업적만이 남아 있지만, 수학관련 팜플렛을 천 편 가량 썼다고 한다. 그는 1817년 향년 70세를 일기로 사망했다[431].

아이다의 저술 가운데 하나인「토오세이 진코오키(當世塵劫記)」(1784)는 그것의 교육적 의의 때문에 특별히 언급할 만한 가치가 있다. 여기서 그는 전승되던 문제들을 상당수 폐기하고, 그 대신

429) 오늘날의 山形市 七日町에 해당한다.[역주]

430) 최상류는 표면상 아이다의 출신지 이름을 딴 것으로 되어 있지만, 보통 최고의 유파를 뜻하는 "사이쥬우류우"로 읽히게 마련이다.[역주]

431) 그의 묘지명에 그렇게 적혀 있다. 또한「혼쵸오 스우가쿠 코오엔슈우」에 실린 C. 카와키타의 논문을 볼 것.

일상생활에 대한 진정한 응용문제들로 대체했다. 그 결과는 수학교육에 있어서 일대 흥미의 제고를 불러일으켰으며, 그 저작 자체도 크게 각광받았다.

그 책이 출판된 직후 아이다와 당시 관류의 수장이었던 후지타 사다스케 사이에 불행한 논쟁이 벌어졌다. 전하는 바에 따르면[432], 자신을 관류에서 받아주기를 아이다가 요청했는데, 후지타가 오만한 태도로 먼저 그가 도쿄 시바(芝) 소재 아타고산(愛宕山)에 있는 신토 사원에 내건 산액(算額)의 문제풀이 속에 포함된 오류부터 속히 고쳐야 할 것이라고 말했다는 것이다. 아이다는 즉각적으로 자신의 풀이를 바꾸기를 거부했으며, 그래서 관류에서 연구할 수 있는 이점을 포기하게 되었다. 아이다는 후지타를 방문했다는 점을 인정했으나, 그렇게 한 것은 그 학파에 입문하기 위해서가 아니고 후자의 능력을 시험하기 위해서였을 뿐이라고 이야기했다.

이 불행한 논란의 결과로 아이다는 관류에 대해서 큰 원한을 품게 되었고, 특히 후지타 사다스케가 1779년에 펴낸 「세이요오 삼포오(精要算法)」에 대해 공격을 가하기 시작했다. 이 목적을 위하여 그는 「카이세이 삼포오(改精算法)」 또는 개선된 세이요오 삼포오를 써서 1785년에 출간하고, 후지타의 문제 13개 정도를 맹렬히 비판하면서 20년 동안에 걸친 끊임없는 논전에 돌입한 것이다. 그러자 후지타의 제자인 카미야 코오키치 테이레이(神谷[幸吉]定令)는 전자를 변호하기 위해서 「카이세이 삼포오 세이론(改精算法正論)」을 써서, 아이다에게 그 원고를 보냈으며, 그에 대해서 후자는 1786년에 등장한 그의 「카이세이 삼포오 카이세이론(改精算法改正論)」으

432) 이 설명은 논쟁에 참여한 많은 저자들의 견해를 반영한 것이다.

로 응수했다. 전하는 바에 따르면, 카미야는 후지타로부터 그의 수고를 출판하기를 제지당했기 때문에, 거의 같은 때에 또 다른 논문인 「히카이세이 삼포오(非改精算法)」를 마련했다고 하는데, 정확한 시점은 논란의 여지가 있다. 대답과 반론에 관해서는, 우리의 목적을 위하여 이 뉴턴-라이프니츠 논쟁의 축소판을 기록하는 것만으로도 충분하기 때문에, 자세히 설명할 필요가 없다[433]. 그것은 어떤 의미로는 영어에서 "찻잔 속의 태풍"(tempest in a tea-pot)이라고 불리는 것에 해당되지만, 또 다른 의미로는, 그것이 관류의 요구에 대한, 강력한 길드에 대한 개인의, 권위에 대한 천재의, 기득권에 대한 몸부림치는 젊은이의 반항이었으며, 훼손된 수학 연구와 교육의 독점이라는 기치를 내건 카미야의 비하에도 굴하지 않았던 반란자의 외침이었다는 점에서, 그 이상이다. 아이다의 행동을 고취시킨 것은 바로 이것이었으니, 그의 행동의 위엄은 한 저작의 서문에 보이는

433) 논쟁에 관련된 책들로는 참고를 위해서 다음을 언급하고자 한다: 후지타는 1786년에 아이다에게 답장을 보냈으나, 인쇄에 붙여진 적은 없다. 아이다는 「히카이세이 삼포오」에 대해 답하면서 1788년 「카이와쿠 삼포오(解惑算法)」를 썼다. 후지타는 반론으로 「히카이와쿠 삼포오(非解惑算法[艸稿])」를 썼으나, 인쇄되지 않았다. 카미야가 아이다에 대한 응수로 1789년에 「카이와쿠 벵고(解惑辨誤)」를 펴냈다. 1792년에 아이다는 후지타의 아들이 쓴 「심페키 삼포오」를 비판한 「심페키 신쥬츠」를 쓰고, 또한 후지타의 「세이요오 삼포오」를 비판한 「카이세이 삼포오 젠쇼」를 썼으나, 그 어느 것도 인쇄되지 않았다. 1795년에 그는 카미야를 비난하는 응답인 「삼포오 카쿠죠(算法郭如)」를 썼으나, 같은 해에 그에 대한 칭찬을 담은 「삼포오 코콘 츄우란(算法古今通覽)」도 썼다. 1799년에 카미야는 아이다를 모욕하는 응답으로 「하츠란 삼포오(撥亂算法)」를 썼다. 아이다가 1801년에 낸 「히하츠란 삼포오」가 논쟁자들이 쓴 마지막 출판물이었지만, 논쟁은 출판되지 않은 저술들로 계속되었다. 그런 문헌들은 카미야의 「후쿠세이 삼포오」 (1803)와 아이다의 「삼포오 센리 독코오(算法千里獨行)」 (1804)를 포함한다. 또한 제1부(5권)만 인쇄된 아이다의 「삼포오 텐쇼오 호오 시난(算法天生法指南)」 (1811)에 대해서도 언급되어야 할 것이다.

다음과 같은 말이 증언해준다. "「세이요오 삼포오」[434]는 이전에 연구되지 않은 주제는 다루지 않고, 그 방법은 별로 나을 것이 없다. 저자의 수학 솜씨는 전국에서 비견될 수 없다고 하면 안전할는지 모른다. 비록 그것이 전적으로 오류가 없지 않음에도 불구하고, 학생들은 보통 이 책에 의존할 것이다. 그러나 후지타와 같은 위대한 선생의 자연스러운 영향력이 그러기 쉽듯이, 만일 후생들이 이런 잘못으로 오도된다면, 후회스러운 일이 아닐 수 없으므로, 나는 감히 세상에 안내를 제시하는 저작을 쓰기를 마다하지 않았다." 후지타의 장점을 인정하는 이런 저런 말들이 아이다에 대해 카미야가 쏟아낸 비난의 근거가 되지는 않으며, 한 세기 뒤의 독자들에게는 아이다가 기득권층의 괜한 생트집과 부당한 조롱에 맞서 싸운 사상의 자유의 불굴의 투사였다는 인상을 심어준다. 후지타는 그의 문제들을 정확하게 풀었으나, 자신의 연구를 성가신 표기로 나타낸 듯이 보이는 반면[435], 아이다는 표현의 단순성을 지지했다. 어느 누구도 다른 사람의 풀이를 공격하는데 있어서는 전반적으로 옳지 않았으며, 논쟁의 열기 속에서 각자 부정확한 진술에 이르기 십상이었다. 논쟁 전체는 쇠퇴기의 관류의 수학 상태에 대한 다소 처량한 주석으로 비치는데, 이 때에는 수학의 사소한 것들이 확대되고, 큰 문제들이 뒷전에 밀려났기 때문이다.

아이다는 지칠 줄 모르는 노력가로서 사실상 그의 전 생애가 연구에 바쳐졌다. 그 결과 그는 수백 편의 저술을 남겼는데, 그 대부분은 일본의 수천 권의 책들의 운명이 그랬듯이, 잿더미로 소실되고 말았다[436]. 이미 언급한 「삼포오 코콘 추우란(算法古今通覽)」

---

434) 1779년에 발표된 후지타의 저작.
435) 선배들에 대한 진보를 나타내지만, 아이다와 비교해서 그렇다는 뜻임.
436) 「혼쵸오 스우가쿠 코오엔슈우」에 실린 카와키타의 논문, p. 13.

(1795)의 내용 가운데에서 잠깐 주목할 필요가 있는 부분들이 있다. 6권에서 아이다는 $\frac{\pi}{2}$ 값을 다음과 같이 제시한다.

$$\frac{\pi}{2}=1+\frac{1!}{3}+\frac{2!}{3\cdot 5}+\frac{3!}{3\cdot 5\cdot 7}+\frac{4!}{3\cdot 5\cdot 7\cdot 9}+\cdots$$

그는 호 x의 길이를 현 c와 높이 h에 의해서,

$$m=\frac{h^2}{\left(\frac{1}{2}c\right)^2+d^2}$$

이고, d가 원지름이라고 할 때, 다음과 같은 급수로 제시한다.

$$x=c\left(1+\frac{2}{3}m+\frac{2\cdot 4}{3\cdot 5}m+\frac{2\cdot 4\cdot 6}{3\cdot 5\cdot 7}m+\cdots\right)$$

같은 저작에서 이것을 밑변으로 한 호시의 넓이를 구하는 공식을 제시한다.

$$a=\frac{hc}{2}\left(1+\frac{2}{3}m+\frac{2\cdot 4}{3\cdot 5}m+\frac{2\cdot 4\cdot 6}{3\cdot 5\cdot 7}m+\cdots\right)$$

아이다는 또한 아지마의 「후큐우 삼포오」에서 찾아볼 수 있는 다음과 같은 문제에 대해 풀이를 제시했다: 이등변삼각형의 밑변을 정수 n이라고 하자. 한 변과 평행인 직선 s_1, s_2, …를, p, q, s들이 그림에서 보이는 바와 같이 정수 값을 가지도록, 구하라.

아지마는 아이다가 이 문제를 풀려고 시도하기 이전에 이미 그

것을 풀었으며, 다음이 실질적으로 그의 풀이이다. n을 둘 다 홀수든지 짝수인 a, b라는 두 인수로 분해하라. 만약 이렇게 할 수 없으면, 풀이는 불가능하다.

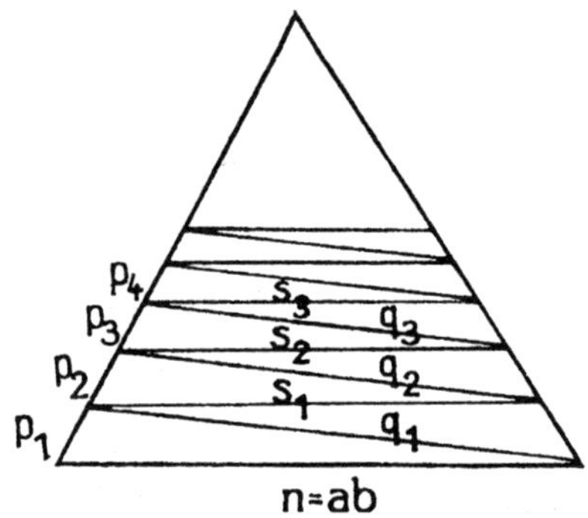

그러면, 그 규칙들은, 공식으로 표시하면, $k=\frac{1}{2}(a+b)$, $D=\frac{1}{2}(b-a)^2$, $M=\frac{1}{2}D$라고 할 때, 다음과 같다.

$$p_1=k^2-a^2, \qquad q_1=(k-a)^2-ka,$$

$$p_2=p_1-D, \qquad p_3=s_2-D, \cdots$$

$$s_2=n-p_1, \qquad s_3=s_2-p_2, \cdots$$

$$q_2=q_1+M-p_1, \quad q_3=q_2+M-p_2, \cdots$$

$p_1 > \frac{1}{2}$일 때, 그것은 s_2와 $n-s_2$로, 또 동시에 p_1로 잡을 수 있다[437].

437) 아지마는 $(k-a)^2 < ka$일 때, q_1을 어찌 해야 되는지 설명하지 않았다.

아이다는 그 같은 규칙의 길이에 반대하면서, 다음과 같이 풀기를 제안한다. $n=ab$이며 $a<b$라고 놓고, $\frac{1}{2}(b-a)=D$라고 놓으면,

$$(a-D)(b-D)=s_2,$$
$$(a-2D)(b-2D)=s_3, \cdots$$

이 된다.

또한 $s_{r-1}-s_r=p_r$이라고 놓으면,

$$\left(\frac{a-rD}{2}\right)^2+3\left(\frac{b-rD}{2}\right)^2=q_r$$

이 나온다.

아이다는 또한 부정방정식에 관한 연구도 했으며[438], 최초로 마방진의 순열을 취하기도 했다[439]. 그는 또한 이항계수를 전개하는 혹은 $(a+b)^{\frac{1}{n}}$을 전개할 때 계수를 적는, 몇 제곱근을 급수로 표시하는 독창적인 방법을 제시한다.

아이다의 풀이에서 가장 흥미로운 것 가운데 하나는 한 변이 s인 정 n다각형의 반지름 r을 구하는 문제에 대한 것이다[440]. 그는

---

438) $z^2 = x_1{}^2 + x_2{}^2 + x_3{}^2 + x_4{}^2 + x_5{}^2$의 풀이와 마찬가지임. *Journal of the Tokyo Physics School*에 실린 C. 히토미의 논문을 볼 것. 「삼포오 세이스우쥬츠」(정수 풀이법에 관한 연구)라는 아이다의 저술에는

$$1^2\, x_1{}^2 + 2^2\, x_2{}^2 + 3^2\, x_3{}^2 + \cdot\cdot\cdot + 10^2\, x_{10}{}^2 = y^2$$

과

$$1\, x_1{}^2 + 2\, x_2{}^2 + 3\, x_3{}^2 + \cdot\cdot\cdot + 10\, x_{10}{}^2 = y^2$$

과 같은 유형들도 보인다. 그 저술은 아마도 1807년 이전에는 쓰여지지 않았을 것이다.

439) 이 진술에 대해서 우리는 K. 카노의 권위에 힘입고 있다.

440) 하야시, 「수학사」, 2부, p. 13.

$\frac{s}{r}$를 나타내는 무한급수의 연속적인 항들이

$$\frac{6}{n},\ \frac{\left[1^2-\left(\frac{6}{n}^2\right)\right]\frac{6}{n}}{4\cdot 6},\ \frac{\left[1^2-\left(\frac{6}{n}^2\right)\right]\left[3^2-\left(\frac{6}{n}^2\right)\right]\frac{6}{n}}{4\cdot 6\cdot 8\cdot 10},$$
$$\frac{\left[1^2-\left(\frac{6}{n}^2\right)\right]\left[3^2-\left(\frac{6}{n}^2\right)\right]\left[5^2-\left(\frac{6}{n}^2\right)\right]\frac{6}{n}}{4\cdot 6\cdot 8\cdot 10\cdot 12\cdot 14},\cdots$$

이라고 말한다. 만일 우리가 $\frac{6}{n}$ 대신 m, $\frac{1}{2}$ 대신 x를 대입하면, 급수는

$$\frac{\sin(m\arcsin x)}{x}=\frac{m}{1!}-\frac{m(m^2-1^2)}{3!}x^2+\frac{m(m^2-1^2)(m^2-3^2)}{5!}x^4\mp\cdots$$

라는 뉴턴과 오일러의 업적으로 돌려지는 것이 된다.

따라서 우리는

$$\frac{s}{r}=2\sin\left(\frac{6}{n}\arcsin\frac{1}{2}\right)$$

또는

$$\frac{s}{r}=2\sin\frac{\pi}{n}$$

를 얻는데, 그 때 $\sin\frac{\pi}{6}=\frac{1}{2}$이다. 그 공식이 실질적으로 쿠루시마에 의해서 이미 제시되었다는 것을 아이다가 알았다는 점은 일반적

으로 인정된다[441]. 그것은 또한 마츠나가의 1739년간 「호오엔 산쿄오(方圓算經)」에도 등장한다.

이 장에서 살펴본 인물들로부터 우리는 18세기를 문제풀이의 시대, 원의 측정에 대한 무한급수의 다소 제대로 정의되지 않은 적용의 확대, 여러 과정들에 대한 약간의 개선, 세키 학파의 기고만장하다고 할 만한 지배, 그리고 수학교육에 있어서의 독립파들과 보수주의자들 간의 극심한 분쟁의 시대로 특징지을 수 있다. 그리고 이것은 그 세기 후반의 대부분에 대해서도 공정한 특징화이다. 그러나 거기에는 보속적(redeeming)인 일면이 있었으니, 그것은 아지마 쵸쿠엔(安島直圓)의 연구에서 발견되며, 우리는 그에 대해서 다음 장에서 서술할 것이다.

441) 217쪽을 보라.

제 10 장 아지마 쵸쿠엔(安島直圓)

18세기 말엽 후지타 사다스케(藤田貞資)와 아이다 야스아키(會田安明) 사이에 몰골 사나운 논쟁이 벌어지는 가운데에서도 이 두 경쟁자들을 능가하며 당시 일본의 학문적 명예를 되찾도록 하는데 많은 일을 한 수학자가 고요히 물러나 있었다. 보기 드물게 겸손하고, 적은 것에 만족하고, 관이나 사회에 매료되기보다 단순한 학자 생활에서 기쁨을 얻었으며, 당대의 학문적 싸움의 와중에서는 거의 알려져 있지 않은 인물이었던 아지마 만조오 초쿠엔[442](安島直圓, 1732-1798)은 그럼에도 불구하고 동시대의 어느 누구보다 수학에 큰 기여를 한 보기 드문 천재였다[443].

그는 1739년 에도에서 태어나, 북동지역에 봉토가 있었던 신조 장군 휘하에서 사무라이로 일했다. 그는 나카니시 학파(中西流)에서 수학했던 이리에 오오츠우(入江[十太夫]應忠)[444]라는 사람에 의해 수학의 비밀 속으로 인도되었다. 그는 나중에 야마지 슈쥬우(山路主住)의 제자가 되었으며, 이 무렵에 후지타 사다스케를 알게 되어 가까운 친구로 지냈으나, 아이다와 그가 벌린 논쟁에는 결코 관여하지 않았다. 그리고 그는 한 세기 내내 축적되어온 일련의 문제들을, 오랫동안 전혀 불가해하다고 간주되어온 것들 모두를 포함해서, 해결하는데 있어서 모든 동료들을 능가하게 한 훈련을 받았던 것이다. 그런 유형의 정신은 수학적 발견의 경계를 넓히는 일은 드물지만,

442) 또는 나오노부.[역주]
443) 또한 Harzer, P., 앞의 책, 1905년도 키일(Kiel) 재판의 p. 34를 보라.
444) 또한 이리에 마사타다라고도 함.

이런 종류의 천재를 타고난 인물이 자신의 상상력이 아니라면 적어도 진정한 애정에 의해서 과학 발전에 이바지할 수 있는 경우가 간혹 나타난다. 아지마는 바로 그런 인물이었다. 그의 관심은 텐잔(点竄) 대수로부터 디오판투스적 분석(Diophantine analysis)으로, 그리고 간단한 삼각함수로부터 그 세기 내내 엄청난 관심을 불러일으켰던 새로운 국면의 엔리로 확대되었다. 단순한 천재성을 갖춘 덕에 그는, 비록 주목할 만한 발견을 스스로 한 적은 없었으나, 선배들이 남긴 추상적인 업적에 좀더 이해 가능한 형태의 외피를 입힐 수 있었다. 비록 그의 은둔적인 성격이 자신의 저작들을 출판하도록 허락하지 않았으나, 그는 많은 원고들을 남겼으며, 그 가운데 좀더 중요한 것들에 대해서는 주목하는 것이 좋을 것이다. 그는 1798년 59세를 일기로 생을 마쳤는데[445], 동료들은 그의 업적을 기려서 그를 메이진[446](名人, 천재 또는 기술이 탁월한 사람)이라고 칭송했다.

「칸엔 무유우키쥬츠(環圓無有奇術)」(1782)에서 그는 주어진 원 속에 내접한 n개의 원, 비슷하게 서로 접해 있으며, 주어진 원에 대해서는 외접한 일단의 원 문제에 대한 정수해를 제시하였다. 그 문제는 일본 학자들이 많은 관심을 기울였던 부정방정식 분석 문제 중의 하나이다. 그가 고려한 또 다른 부정방정식은 다음과 같다.

$$x_1^2 + x_2^2 + x_3^2 + x_4^2 + x_5^2 = y^2$$

이것은「베키와 카이호오 무유우키 세이스우쥬츠(冪和開方無有

445) C. 카와키타는「혼쵸오 스우가쿠 코오엔슈우」에 실린 논문에서 그가 1800년에 사망한 것으로 믿어지기도 한다고 말하고 있으나, 우리에게 주어진 연대는 그가 묻힌 불교 사찰의 기록에 의한 것이다.

446) 이 말은 인도의 pandit에 비견될 수 있을 것이다.

奇生數術)」(제곱합의 정수 제곱근을 구하는 풀이법)[447]라는 제목이 붙었고, 1791년 작으로 되어있는 저술에 나타난다.

그의 또 다른 저작으로는「삼포오 코오소오(算法考艸)」[448]가 있는데, 그 속에는 삼각형 안에 내접한 세 원의 각각이 다른 두 원과 접하는 유명한 말파티 문제(Malfatti problem)가 등장한다. 이 문제는, 현재까지 알려진 바로 일본에서는, 1781년 오오사카의 반 세이에이(坂正永)에 의해서 출간된「삼포오 각카이(算法學海)」[449]에 처음 나타나는데, 그 해답은 그 후 아지마에 의해서 주어진 것보다 훨씬 복잡하다[450].

「센죠오 루이엔쥬츠(線上累圓術)」(1790)[451]와「엔나이요오 루이엔쥬츠(圓內容累圓術)」[452]는 직선과 원 또는 두 원에 접한 일단의 원들에 관한 두 저작이다. 그는「렌쥬츠 헨칸(廉術變換)」(1784)[453]에서 그 문제를 좀더 일반적으로 다루어 직선을 둘레의 극한 사례로 간주하고 있다.

---

447) 직역하면, "원에 접한 원들에 대한 풀이법."
448) 직역하면, "수학적 풀이법에 관한 고찰 초고."
449) 직역하면, "수학적 방법을 위한 배움의 바다."
450) Endo, Book III, p. 187. 서양에서의 이 문제의 역사를 위해서는 A. Wittstein, *Geschichte des Malfattischen Problems*, München, 1817, Diss.; M. Baker in the *Bulletin of the Philosophical Society of Washington*, Vol. II, p. 113; "Intorno alla vita ed agli scritti di Gianfranco Malfatti," in the *Boncompagni Bulletino*, tomo IX, p. 361을 볼 것. 이등변삼각형에 대해서는 그 문제가 Jakob Bernoulli, Opera, Geneva, 1744, *Problema geometrica*, lemma II, tomus I, p. 303에 나타난다. 그것은 Malfatti(1731-1807)에 의하여 *Memorie di Matematica e di Fisica*, Modena, 1803, tomo X, p. 235에 처음 출판되었는데, 아지마가 죽은지 5년 뒤의 일이었다.
451) 직역하면, "일직선상에 연달아 접한 원들에 대한 풀이법." 이 저술은 1784년에 나타났으며, 속편은 1791년에 나왔다.
452) 직역하면, "원 안에 잇달아 내접한 원들에 대한 풀이법."
453) 직역하면, "특별한 사례들에 대한 일반적 계획의 적용."

1794년에 쓴 수고인「쥬우지칸 신쥬츠(十字環眞術)」[454]는 원통둘에 의해 절단된 닻형 고리 문제를 고찰하고 있다. 그 문제는 일본에서 세키에 의해 최초로 연구되었고, 나중에 아리마 요리유키(有馬賴僮)에 의해서「슈우키 삼포오(拾璣算法)」(1769)에서 다루어졌는데, 거기서 그 나라 최초로 극한소적 분석(infinitesimal analysis)이 그것에 적용된 것으로 보인다. 아지마가 푼 가장 유명한 문제들 가운데 하나는 기온샤(祇園社) 문제로 알려진 것으로서 그의「기온산다이 노 카이(祇園算題の解)」[455]에서 다루어졌다[456]. 문제는 다음과 같다. "호시가 있는데, 시(높이)의 좌우에 원과 정사각형이 맞붙어 있다. 현, 시, 내접원의 지름, 정사각형의 한 변의 합이 주어져 있고, 또한 현과 시, 시와 원지름, 그리고 원지름과 정사각형의 한 변의 비들의 합이 주어져 있을 때, 언급된 여러 길이들을 구하라."

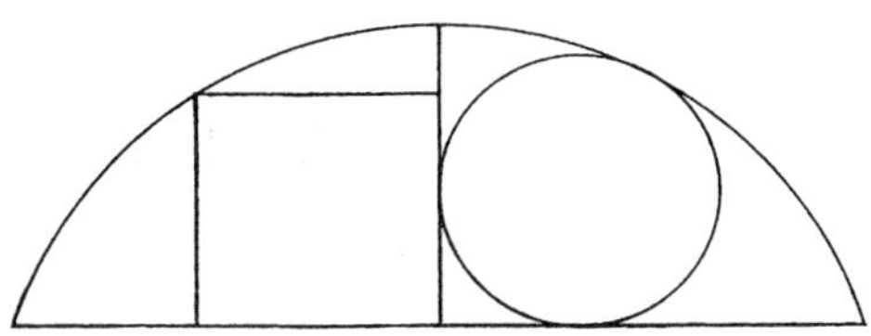

문제의 이름은 그것이 답과 함께 쿄오토 기온샤 앞에 니시무라 엔리(西村遠里)[457]의 제자인 츠다 엔큐우(津田延久)에 의해서 산가

454) 직역하면, "교차된 고리에 대한 정확한 풀이법."

455) 직역하면, "기온샤 문제에 대한 풀이." 이것의 저술 시점은, 비록 엔도오(Book III, p. 8)가 1774년이라고 보고 있지만, 1773년 6월 24일로 되어 있다.

456) 日本學士院 編,「明治前 日本數學史」제4권, 201, 319-20쪽에서는 이 저술을「京都祇園額答術」이라고 부르고 있다.[역주]

457) 그의「텐가쿠 시요오(天學指要)」(천문학개요)는 1776년에 발행되었다.

쿠(算額)로 내걸렸다는 사실에서 유래하는데, 그 때의 풀이는 현의 항을 기준으로 1024차 방정식에 의존하였다. 나중에는 풀이가 나카타[458]라는 사람에 의해 46차 방정식에 의존하게끔 단순화되었다. 아지마는 1774년에 그 문제에 도전하여 10차 방정식으로 풀었다. 이것은 아지마의 단순화 능력에 대한 경이적인 증명일 뿐 아니라, 18세기 일본 수학의 세부에서 끊임없이 진행되었던 개선의 증거이기도 하다.

아지마는 「후진 잇슈우(不盡一周術)」(나머지 분수의 순환주기)에서 1을 주어진 소수(素數, prime number)로 나누었을 때 순환소수의 순환절(repetend)에 포함된 숫자의 개수를 구하는 문제를 고찰하고 있다. 비록 그 문제가 너무 어려워서 어떤 일반적인 공식도 허용하지 않는다고 말했으나, 그는 특별한 경우들을 다루는데 있어서 상당한 솜씨를 나타냈다. 그는 적어도 두 선배들의 저작으로부터 도움을 받을 수 있었는데, 그것은 나카네 겐쥰(中根彦循)이 1738년 「칸토오 삼포오」에서 특수 사례들에 대한 문제를 연구했고, 「니세이 효오센(二精評筌)」에서 오오사카의 반 세이에이가 한 특수 사례에 대해 답을 내지는 못했으나 결과를 제시한 적이 있기 때문이다. 그러나 아지마는 그것을 일반적으로 고찰한 최초의 일본 학자이다.

그는 먼저, 1의 약수로 고려될 때, 하나에서 16개까지의 숫자로 이루어진 주기가 생성되는 수의 목록을 다음과 같이 제시한다.

458) 日本學士院 編, 「明治前 日本數學史」 제4권, 320쪽에는 그의 이름을 中田高寬이라고 밝히고 있다.[역주]

1개	3		
2개	11		
3개	37		
4개	101		
5개	41,	271	
6개	7,	13	
7개	239,	4649	
8개	73,	137	
9개	333,667		
10개	9091		
11개	21,649,	513,239	
12개	9901		
13개	53,	79,	665,371,653
14개	909,091		
15개	31,	2,906,161	
16개	17,	5,882,353	

그가 쓴 방법의 한 예로서 $\frac{1}{353}$과 $\frac{1}{103}$이라는 특수사례에 대한 그의 취급을 살펴보도록 하자. 아지마는 구하는 수들이 각각

$$353 - 1 = 352 = 2^5 \times 11,$$
$$103 - 1 = 102 = 2 \times 3 \times 17$$

속에 들어있는 소인수들 몇몇의 가능한 곱들의 하나로 주어진다는 것을 설명하지 않은 채 가정하였다. 그런 다음 그는 이 곱들 가운데 하나에서 각각의 구하는 수들이 32와 34라는 것을 시행착오를 통하

여 찾을 수 있다고 말한다. 이것은 후일 코이데 슈우키(小出兼政, 1797-1865)에 의해서 이루어졌으며, 그 결과는 코이데의 제자이자 리켄(理軒)이라는 필명(*nom de plume*)으로 저술을 한 후쿠다 센(福田泉, 1815-1889)의 「삼포오 타마테바코(算法玉手箱)」(1870)에 인쇄되어 나타났다. 코이데는 아지마의 작업을, 꼭 같은 수들을 사용하여, 설명한 것에 지나지 않는다.

그러나 그의 설명이나 아지마의 암시 그 어느 것도 그다지 분명하지 않고, 그 각각은 와산의 추종자들이 당면한 어려움과 그들이 자신들의 지식을 세속적인 정신과 격리하려 했던 경향 둘 다를 보여준다.

$\sqrt[n]{N}$의 전개를 위해서 아지마는 두 가지 공식을 제시했는데[459], 현대적인 표기를 써서 나타내면 다음과 같다.

$m=\dfrac{N-a^n}{a^n}$ 일 때,

$$\sqrt[n]{N}=a+\frac{1}{n}am-\frac{n-1}{2n}D_1m+\frac{2n-1}{3n}D_2m-\frac{3n-1}{4n}D_3m+\cdots$$
$$=a\left[1+\frac{1}{n}m+\sum_1^\infty\frac{(n-1)(n-2)\cdots[(i-1)n-1]}{n\cdot 2n\cdot 3n\cdots in}m^i\right],$$

$m=\dfrac{N-a^n}{N}$ 일 때,

$$\sqrt[n]{N}=a\left[1+\frac{1}{n}m+\sum_1^\infty\frac{1(n+1)(2n+1)\cdots[(i-1)n+1]}{n\cdot 2n\cdot 3n\cdots in}m^i\right].$$

459) 1784년의 「테츠쥬츠 캅포오(綴術括法)」.

이 연구에 대한 설명은 주어져 있지 않다. 그는 또한 제곱근들을 연속분수에 의하여 다뤄서 수렴 값들을 구하기도 했다[460].

아지마는 또한 아르키메데스의 나선에 대해서도, 비록 같은 이름 하에서는 아니었지만[461], 연구했다. 그것은 심지어 세키의 시대 이전에도 고찰된 적이 있고[462], 세키 자신도 그에 대해서 얼마간 관심을 기울였다[463]. 아리마 공도 1769년의 「슈우키 삼포오」에서 그것을 논의했다. 그러나 우리가 진정코 그의 시대에 이르기까지 유일하게 심각한 취급으로 빚지고 있는 것은 바로 아지마이다. 그는 원의 부채꼴을 복사선에 따라 n개의 동일한 부분으로 나누고, 그 다음에는 각각의 복사선도 동심원의 호에 따라 n개의 동일한 부분으로 나누었다. 그런 다음에 그는 연이은 교차점들을 중심에서부터 시작하여 보다 바깥쪽에 있는 원들에까지 결합시키면서, 이 점선의 $n=\infty$에 대한 극한 형태가 옘파이라고 말했다. 그리고 나서 그는 장삼각형 넓이를 구하고 $n=\infty$에 대해서 그것들을 더하여 $\frac{1}{3}ar$을 얻음으로써 곡선과 원래의 호 사이의 넓이를 구했다. 비슷한 방식으로 그는 곡선을 보정하여

$$s=r+\frac{a^2}{6r}-\frac{a^4}{40r^3}+\frac{a^6}{112r^5}-\frac{5a^8}{1152r^7}+\frac{7a^{10}}{2816r^9}-\cdots$$

라는 급수를 결과로 얻고 있는데, 그 결과는 시라이시 쵸오츄우(白石長忠(1795-1862), 1822)가

---

460) 하야시, 「수학사」, 2부, p. 9는 아마도 쿠루시마의 방법에 대한 그의 논평을 지칭하는 듯하다.

461) 일본 학자들에 의해서는 "옌케이," "옘페이," 또는 "옌완"이라고 불렸다.

462) 이소무라가 1684년에 펴낸 「케츠기쇼오」.

463) 그의 「카이켄다이 노 호오」와 재수록된 「타이세이 산쿄오」.

$$s = r\left[1 + \sum_{1}^{\infty}(-1)^{i+1}\frac{1^2 \cdot 3^2 \cdot 5^2 \cdot \cdots (2i-3)^2(2i-1)}{(2i+1)!}m^i\right]$$

에 해당되는 형태로 적은 결과이다. 아지마는 또한 곡선의 길이의 제곱을 구하는 공식도 제시하고, $r=10$, $a=5$에 대한 수치 값을

$$s = 10.402288144\cdots,$$
$$s^2 = 108.2075996685\cdots$$

로 내서 자신의 연구를 요약하는데, 그로부터 그는 동 주제에 대한 세키의 취급이 상당히 조악하다고 결론짓고 있다.

아지마는 호 대신 현을 등분함으로써 작업을 실질적으로 단순화 시켰다는 점에서 엔리 상의 주목할 만한 변화를 가져왔다[464]. 사실상 우리는 이 연구에서 아지마가 일본에서 발견되는 적분 관념의 통달에 대해 최초로 진정한 접근을 보였다고 말해도 좋을 것이며, 그 접근은 1775년경에 이루어진 것으로 잡을 수 있을 것이다. 이 연구는 너무나도 주목할 만하기 때문에 우리는 18세기의 업적들을 이야기할 때 보통 요구되는 것보다 훨씬 자세한 서술을 하고자 한다.

아지마는 더 나아가 먼저 두 개의 평행선과 그것들에 의해서 잘려진 동일한 호로 구획된 원호의 넓이, 즉, 그림 속의 넓이 $ABCD$를 구한다. 여기서 우리는 호의 현 c를 n개의 동일한 부분으로 나눈다[465].

464) 이것은 그의 「코하이쥬츠 카이」(원호의 측정에 관한 주석)라는 연대미상의 저술에 등장한다. 엔도오(Book III, p. 1)는 이것이 그가 스승 야마지로부터 엔리를 배워서 알게 되기 이전의 것으로 보고 있다.

465) 그림에서 현 DC는 5등분되고 있으며, 각 부분을 μ로 나타냈으므로, $5\mu=c$가 된다.

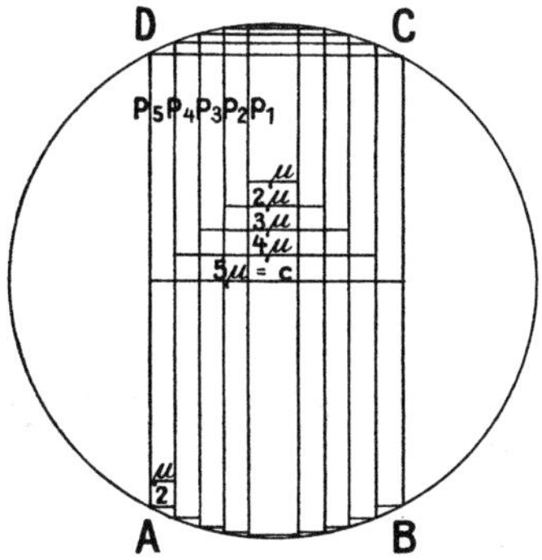

그러면 그림으로부터, p_r이 지름 d로부터 r번째 평행선일 때,

$$\mu=\frac{c}{n},$$

$$p_r^2=d^2-(r\mu)^2$$

라는 것이 명백해진다.

아지마는 이제, 그의 과정(테츠쥬츠의 그것임에 분명하나)을 설명하지 않은 채, p_r을 전개하여,

$$\begin{aligned}p_r &= d\left[1-\frac{1}{2}\left(\frac{r\mu}{d}\right)^2-\frac{1}{4\cdot 2}\left(\frac{r\mu}{d}\right)^4\right.\\ &\qquad\left.-\frac{3}{4\cdot 3\cdot 2}\left(\frac{r\mu}{d}\right)^6-\cdots\right]\\ &= d\left[1-\frac{1}{2}\left(\frac{r\mu}{d}\right)^2-\frac{1}{8}\left(\frac{r\mu}{d}\right)^4-\frac{3}{48}\left(\frac{r\mu}{d}\right)^6\right.\\ &\qquad\left.-\frac{15}{384}\left(\frac{r\mu}{d}\right)^8-\cdots\right]\end{aligned}$$

를 얻는다.

$r=1,2,3,\cdots,n$에 대해서 더하고, μ로 곱하면, 급수는 다음과 같이 된다.

$$\sum_{1}^{n} p_r \mu$$

$$= d\mu \left[n - \frac{1}{2}\left(\frac{\mu}{d}\right)^2 \sum r^2 - \frac{1}{8}\left(\frac{\mu}{d}\right)^4 \sum r^4 \right.$$

$$\left. - \frac{3}{48}\left(\frac{\mu}{d}\right)^6 \sum r^6 - \frac{15}{384}\left(\frac{\mu}{d}\right)^8 \sum r^8 - \cdots \right]$$

$$= d\mu \left[n - \frac{1}{2} \cdot \frac{1}{6}\left(\frac{\mu}{d}\right)^2 (2n^3 + 3n^2 + n) \right.$$

$$- \frac{1}{8} \cdot \frac{1}{30}\left(\frac{\mu}{d}\right)^4 (6n^5 + 15n^4 + 10n^3 - n)$$

$$- \frac{3}{48} \cdot \frac{1}{42}\left(\frac{\mu}{d}\right)^6 (6n^7 + 21n^6 + 21n^5 - 7n^3 + n)$$

$$- \frac{15}{384} \cdot \frac{1}{40}\left(\frac{\mu}{d}\right)^8 (10n^9 + 45n^8 + 60n^7 - 42n^5 + 20n^3 - 3n)$$

$$- \frac{105}{3840} \cdot \frac{1}{66}\left(\frac{\mu}{d}\right)^{10} (6n^{11} + 33n^{10} + 55n^9 - 66n^7 + 66n^5 - 33n^3 + 5n)$$

$$- \frac{945}{46080} \cdot \frac{1}{2730}\left(\frac{\mu}{d}\right)^{12} (210n^{13} + 1365n^{12} + 2720n^{11}$$

$$\left. - 5002n^9 + 8580n^7 - 9009n^5 + 4550n^3 - 691n) - \cdots \right]$$

이제 μ를 그 값인 $\frac{c}{n}$로 대체하고, n이 ∞에 접근하게 하면, 분모에 n이 들어간 항들은 모두 극한으로써 0에 접근하고, 구하

려는 넓이가 접근하는 극한값은

$$넓이 = d\left[c - \frac{1}{6}\frac{c^3}{d^2} - \frac{1}{40}\frac{c^5}{d^4} - \frac{3}{336}\frac{c^7}{d^6} - \frac{15}{3456}\frac{c^9}{d^8} - \frac{105}{43240}\frac{c^{11}}{d^{10}} - \frac{945}{599040}\frac{c^{13}}{d^{12}} - \cdots\right]$$

이 된다.

이것으로부터 아지마는 호시의 넓이를 도출하고, 그것으로부터 호의 길이를 다음과 같이 구하는데,

$$호 = c + \frac{1^2}{2\cdot 3}\frac{c^3}{d^2} + \frac{1^2\cdot 3^2}{2\cdot 3\cdot 4\cdot 5}\frac{c^5}{d^4} + \frac{1^2\cdot 3^2\cdot 5^2}{2\cdot 3\cdot 4\cdot 5\cdot 6\cdot 7}\frac{c^7}{d^6} + \cdots$$

그것으로부터 다른 공식들도 도출될 수 있을 것이다.

아지마는 또한 한 원통이 그것과 직교하는 다른 원통에 의해서 절단된 부피를 구하는 문제에 주목했다. 그의 결과는 제자인 쿠사카 세이(日下誠, 1764-1839)[466]에 의해서 필사본 저술인「후큐우 삼포오(不朽算法)」(1799)를 통하여 설명은 제시되지 않은 채, k와 d가 각각 뚫린 원통과 뚫는 원통의 지름이고, $m = k^2 \div d^2$이라고 할 때, 다음과 같이 주어졌다[467].

466) 또는 쿠사카 마코토.

467) 엔도오는 그의「수학사」, 3권, p. 25에서 얼마간 설명을 시도하고 있다.

$$k^2d \cdot \frac{\pi}{4}\Big[1 - \frac{1}{8}m - \frac{1}{8 \cdot 8}m^2 - \frac{1 \cdot 5}{8 \cdot 8 \cdot 16}m^3 - \frac{1 \cdot 5 \cdot 7}{8 \cdot 8 \cdot 16 \cdot 16}m^4 - \frac{1 \cdot 5 \cdot 7 \cdot 21}{8 \cdot 8 \cdot 16 \cdot 16 \cdot 40}m^5 - \cdots\Big]$$

그러나 아지마는 1794년에 나온 다른 저작[468]에서는 이미 서술한 원의 절단면의 경우와 비슷하게 입체를 단위별로 절단하면서 그 문제에 대한 분석을 제시했다. 그리고 나서 그는 그 경우에 대한 극한을 취하였는데, 그렇게 함으로써 부피를 구하는데 적용된 매우 잘 발달된 적분에 대한 좋은 예시를 제공한 것이다[469].

이리하여 우리는 마침내, 비록 유럽의 영향을 상당히 받았을는지는 몰라도, 아지마의 연구에서 미적분이 토착 일본수학에 확립된 것을 발견한다. 그와 더불어 마츠나가 료오히츠(松永良弼)와 쿠루시마 요시타(久留島義太, 1690년경-1757)에 의해서 이미 사용되었던 이중급수가 다시 등장하며, 그에 의해서 이중 적분의 중요성이 처음으로 실현된 것으로 나타난다. 그에게는 서구의 단순한 표기법이 결여되었으나, 그는 이론의 정신을 갖추고 있었으니, 비록 그의 동시대인들이 이 점에서 그의 천재를 실감하지 못했더라도, 이제는 그의 작업을 되돌아보면서 제대로 평가할 수 있는 것이다. 결론적으로는 아지마가 18세기 일본의 어느 누구보다도 수학의 위상을 더 높였으며, 만일 그가 지구상 다른 지역의 동시대인들과 쉽게 접근할 수 있었더라면, 학문적인 의의가 엄청났었으리라고 말해도 좋을 것이다.

---

468) 이것은 「엔츄우 센쿠우엔 쥬츠」(다른 원통에 의해 관통된 원통에 대한 계산법)라는 저술이다.

469) 아지마가 제시한 풀이과정은 길게 늘어놓기에는 너무나 장황하지만, 그 이론은 이미 예시된 것과 유사하다.

제 11 장 19세기 초

일본에서 19세기는 제국 전체에 대한 대규모 측량사업이라는 주목할 만한 사업과 함께 시작되었다. 이 사업의 총책임자는 이노오 츄우케이(伊能忠敬, 1745-1818)[470]로서 자신의 계통에서는 고도의 능력을 지닌 인물이며, 그의 지도들은 모든 지도제작자들로부터 마땅하게 존경받고 있다. 그는 나이 오십이 되도록, 농부로서 번영하는 삶을 살았다. 그 자신은 순수 수학에 대한 공헌자가 아니지만, 남은 생애동안 천문학자 타카하시 시지(高橋[作左衛門]至時, 1765-1804)[471]의 영향을 받았으며, 그의 위촉을 받아 자신을 일찍이 일본에서 배출된 탐사자들 가운데 최고로 유명하게 만든 사업을 시작하였다. 타카하시는 그의 화란어 지식 덕분에 서양 천문학과 구면삼각법(spherical trigonometry)에 익숙하게 되었다. 또한 젊은 시절에는 오사카의 포병부대에서 근무하면서 천문학을 공부했는데, 그의 선생은 아사다 고오류우(麻田剛立, 1732[472]-1799)라는 이름의 민간 천문학자이자 근면한 학도로서 직업은 의사였다. 아사다라는 인물은 난학(蘭學, Dutch sciences)에 밝았으며[473], 새로운 타원 컴퍼스(ellipsograph)를 발명한 것으로 이따금씩 언급되기도 한다[474]. 그는 1795년에 쇼군 막부의 천

470) 또는 이노오 타다노리 내지 이노오 타다요시로서 그의 생애와 업적들은 현재(1913) R. 오오타니에 의해서 연구되고 있다.

471) 또는 타카하시 시게토키, 타카하시 요시토키 내지 타카하시 무네토키.

472) 下平(1972: 195)에는 아사다의 출생년도가 1734년으로 되어 있다.[역주]

473) 당시에는 의사들과 통역들만 그러했다.

474) 다른 도구는 아이다 암메이에 의해서 발명되었는데, 그는 타원에 관하여 20권의 저술을 남겼다. 하자마 쥬우신이 1828년에 쓴 「다엔 키겐」(타원에 관한 기술)이라는 제목의 저술도 있는데, 거기에서는 문제의 타원 컴퍼스가 작

문방(天文方)으로 부름을 받았으나, 그 영예를 자신의 제자들인 타카하시 시지와 하자마 쥬우후우(間重富)를 위해 거절했다. 그 후 타카하시는 에도에 거처를 정했는데, 거기서 아사다가 사망한지 5년 뒤인 1804년[475]에 숨을 거두었다.

아사다보다 나이 어린 동시대인 가운데에는 후루카와 우지키요(古川氏清, 1758-1820)가 있었는데, 그는 시세이 산카 류우(至誠贊化流)[476]라는 이름의 학파를 창시했다. 그는 쇼군 휘하의 최고위 사무라이로서 재정 총책임자(勘定奉行)의 직책을 맡았는데, 비록 활발한 저술가이기는 했으나, 수학에 별로 중요하게 기여한 것은 없었다[477]. 그럼에도 불구하고, 그의 학파는, 비록 당시 일본에서 주도권을 겨루던 19개[478] 가운데 하나에 불과했지만, 번창하였으며, 사후

자의 아버지인 하자마 쥬우후우(또는 시케토미)에 의해서 1756-1816년 사이에 발명되었다고 주장하고 있다. 하자마 쥬우후우는 아사다의 생도이었으며, 상인이었다.

475) 40세 경이었다고 전해진다.

476) "지극히 성실하게 가르치는 파"라는 뜻. 또한 산와잇치 류우라고도 불림.

477) 텐잔 문제들을 수집한 그의「산세키」는 223책으로 이루어졌다.

478) Endo, Book III, p. 57. 이 학파들이 일본교육사에서 차지하는 중요성을 감안해서 서구 독자들을 위하여 그 명단을 여기에 다시 열거하기로 한다.

1. 모모카와 류우(百川流), 또는 모모카와 학파. 모모카와(百川忠兵衛)가 1645년에 펴낸「카메이잔(龜井算)」에 제시된 주산을 가르침.
2. 세키 류우(關流), 또는 세키 학파.
3. 쿠우이치 류우(九一流). 그 의미는 알려지지 않음.
4. 나카니시 류우(中西流), 또는 나카니시 학파.
5. 미야기 류우(宮城流), 또는 미야기 학파.
6. 타쿠마 류우(宅間流), 또는 타쿠마 학파.
7. 사이죠오 류우(最上流), 또는 최상의 학파. 간혹 모가미 파로 부정확하게 일컬어짐.
8. 시세이 상카 류우(至誠贊化流), 또는 산와 이치 류우(三和一致流). 후자의 이름은 삼위일체의 파를 뜻한 것으로 보임.
9. 코 류우(古流) 내지 오래된 학파, 또는 요시다 류우 내지 요시다 파.
10. 쿠루시마(久留島) 각쿠, 또는 쿠루시마 학파.

에는 아들 후루카와 켄(古川謙, 1783-1837)에 의해서 유지되었다.

그런 종류의 여타 학파들과 마찬가지로, 이 학파에서도 텐잔(点竄) 대수는 상당한 관심을 불러 일으켰다. 그것이 1769년 아리마 요리유키(有馬頼僮)가 쓴 「슈우키 삼포오(拾璣算法)」에 처음 발표되었다는 점을 상기해야 할 테지만, 그 저술은 한문으로 되어 있는데다가 문체가 모호하여 쉽사리 이해하기가 곤란했다. 그러나 1810년 사카베 코오한(坂部廣胖, 1759-1824)[479]에 의해서 「삼포오 텐잔 시난로쿠(算法点竄指南錄)」[480]라는 제목으로 제시될 때까지는 보다 낫게 다룬 것이 등장하지도 않았다. 이 주제에 대해서는 같은 해에 각각 하나는 오오하라 리메이[481], 다른 하나는 아이다[482]에 의하여 두 저작이 쓰여졌지만, 그 어느 것도 사카베의 논문이 지닌 장점에 필적할 수 없었다. 사카베는 젊은 시절에 쇼군 막부의 소방서에서 근무했으나, 일찍이 그 자리를 사퇴하고, 로오닌 내지 자유 사무라

11. 오오하시 류우(大橋流), 또는 오오하시 학파.
12. 나카네 류우(中根流), 또는 나카네 학파로서 세키 학파의 타케베-나카네 지파.
13. 니시카와 류우(西川流), 또는 니시카와 학파.
14. 아사다 류우(麻田流), 또는 아사다 학파.
15. 혹켄 류우. 그 의미는 알려지지 않음.
16. 코무라 류우, 또는 코무라 학파로서 측량학파.
17. 후루이치 류우(古一流), 또는 후루이치 학파.
18. 미조구치 류우(溝口流), 또는 미조구치 학파로서 측량학파.
19. 시미즈 류우(清水流), 또는 시미즈 학파로서 역시 측량학파.

479) 그는 다작을 했던 저자이었으며, 그의 좀더 중요한 저작들로는 「신센 테츠쥬츠」(1795)와 「카쿠쥬츠케이모오」(다각형 이론에 관한 고찰, 1802)가 있다. 이것들은 단지 필사본으로만 존재한다. 그의 필명은 츄우가쿠였다.

480) "텐잔법에 관한 문제집."

481) 「텐잔 시난」(텐잔법 문제집). 오오하라는 1831년에 사망했다.

482) 「삼포오 텐쇼오호오」 또는 「삼포오 텐세이호오」(텐쇼오법에 관한 연구서). 아이다는 텐잔법을 텐쇼오라는 이름으로 불렀다.

이가 되어 자신의 시간을 전적으로 공부하고 학생들을 지도하는데 바쳤다. 그는 처음에는 수학을 세키 학파의 타케베-나카네 지파[483]를 이끌던 혼다 리메이(本多利明, 1744-1821)로부터 배웠는데, 그는 수학자라기보다 애국자라고 할만한 인물이었으나, 화란어를 약간 알고 있었고, 유럽 자료로부터 항해술을 공부한 최초의 일본인이었다. 사카베는 또한 아라키-마츠나가 학파[484]에서도 공부했으며, 아지마의 가장 뛰어난 제자들 중의 하나가 되었다. 그는 자신의 학문 발전과 제자들 지도에 성실하게 헌신한 삶이라는 명예로운 기록을 남겼다.

사카베의 논문은 15 책으로 발행되었는데, 1815년에 마지막 책이 나왔다. 그 저작이 독자들을 놀라게 한 최초의 특이점들 가운데 하나는 모든 초기 저자들이 상이한 숫자에 대해 다르게 늘어놓았던 점을 감안할 때, 상기의 새로운 배열이다. 사카베는 "이것들을 어떤 때는 수평적으로 배열하고, 어떤 때는 수직적으로 배열한 것은 옛 현인이다....그러나 숫자들의 자리가 앞뒤로 움직일 때마다 재배치한다는 것은 지겨운 일이므로, 이것은 바람직한 것과는 거리가 먼 계획이다."라고 언급한다. "그러므로 나는, 예로부터 내려오는 관습에도 불구하고, 내 방식대로 학생들을 지도하려고 한다. 빠른 방법을 알려는 사람들은 이 현대적인 계획을 받아들여야 할 것이다."라고 그는 덧붙이고 있다.

---

483) 이 학파는 타케베 켕코오(建部賢弘, 1664-1739) 및 그의 형들(賢雄, 1654-1723; 賢明, 1661-1716)로부터 켕코오의 제자인 나카네 겡케이(中根元圭, 1662-1733)와 그의 아들 겐쥰(彦循, 1701-1761)으로 이어져 내려온 것이다. [역주]

484) 이 학파는 아라키 손에이(荒木村英, 1640-1718)와 그의 제자인 마츠나가 료오히츠(松永良弼, 1693년경-1744)의 노선에 충실한 학파를 말한다.[역주]

사카베는 2차 방정식을 세 유형으로 분류하는데, 그것은 상당한 정도까지 알 코와라즈미(Al-Khowarazmi)와 오마르 카이얌(Omar Khayyam)과 같은 중동 저자들과 유럽에서 비교적 최근까지 관행적으로 해오던 것과 마찬가지이다. 그의 유형들은 다음과 같으며,

$$-ax^2+bx+c=0,$$
$$ax^2+bx-c=0,$$
$$ax^2-bx+c=0,$$

이것들에 대해 그는

$$x=\frac{1}{a}\left[\frac{b}{2}+\sqrt{\left(\frac{b}{2}\right)^2+ac}\right],$$
$$x=\frac{1}{a}\left[-\frac{b}{2}+\sqrt{\left(\frac{b}{2}\right)^2+ac}\right]$$

와

$$x_1=\frac{1}{a}\left[\frac{b}{2}-\sqrt{\left(\frac{b}{2}\right)^2-ac}\right],$$
$$x_2=\frac{1}{a}\left[\frac{b}{2}+\sqrt{\left(\frac{b}{2}\right)^2-ac}\right]$$

에 해당되는 풀이법을 제시한다. 뒤에서 보게 되겠지만, 그는 양수근만을 취하고 허수 문제는 무시했는데, 이 종류의 수는 순수 일본수학에서 전혀 고찰된 바 없다[485].

485) 세키는 근이 없는 방정식 "무쇼오 시키"가 존재한다는 사실을 알았으나, 허수의 성격의 대해서는 몰랐던 것 같다. 카와이(川井久德)의 「카이시키 심포오

그의 196 문제 가운데에는 주어진 타원에 의해 그 작은 축(minor axis)의 끝에서 내접될 수 있는 가장 작은 원과 주어진 타원에 의해 그 큰 축(major axis)의 끝에서 외접될 수 있는 가장 큰 원을 발견하라는 것이 6권에 들어있다. 뒷부분을 풀기 위해서 그는 원통에 내접하는 구체를 취하고, 그것을 접점을 통해서 면으로 절단한 끝에, 최대원의 지름은, a를 작은 축, b를 큰 축이라고 할 때, $a^2 \div b$라고 결론짓는다.

사카베는 부정방정식에도 약간의 관심을 보이고 있다. 그래서

$$2x^2 + y^2 = z^2$$

이라는 방정식(문제 104)을 풀 때, 그는 x에 대해 임의의 짝수를 취하고, $\frac{1}{2}x^2$을 m과 n이라는 두 인수로 분리한 다음,

$$y = m - n, \ z = m + n$$

으로 잡은 것이다.

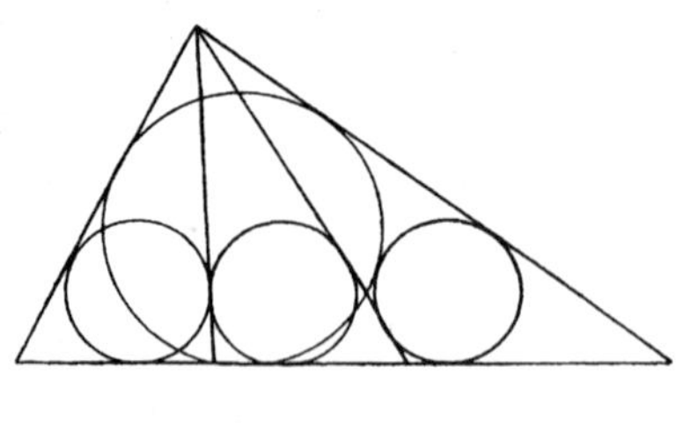

(開式新法)」(1803)에는 "무쇼오," 즉, 양수도 정수도 아닌 근이 존재할 수 있다는 진술이 나와 있으나, 그 같은 근의 성격에 관해서는 아무런 언급도 제시되지 않았다.

기하 문제 가운데에는 다음(문제 138)과 같은 것이 있다: "꼭지점에서 그어진 사선에 의하여 작은 삼각형들로 나뉘고 작은 내접원들이 그림에서 보이듯이 모두 같은 삼각형이 있다. 삼각형의 높이 h와 그 삼각형에 내접하는 원의 지름 d가 주어졌을 때, n개의 동일한 원들 중의 하나의 지름을 구하라." 그의 풀이는, x를 구하려는 지름이라고 할 때,

$$1-\frac{d}{h}=\left(1-\frac{x}{h}\right)^{n}$$

라는 공식으로 표현될 수 있다.

10번째 책에서 사카베는 급수를 더하는 흥미로운 방법을 제시하는데, 그러나 그 어느 것도 이미 일본과 세계 전반에 알려지지 않은 원리를 포함하는 것은 없다. 그것들은 다음 사례에서와 같이, 단순 급수를 부분적인 기하급수로 분해하는 일반적인 계획을 내포한다.

$$\begin{aligned}
s &= 1+2r+3r^2+4r^3+\cdots \\
&= 1+r+r^2+r^3+\cdots && = \frac{1}{1-r} \\
&\quad\;\; +r+r^2+r^3+\cdots && = \frac{r}{1-r} \\
&\quad\;\; +r^2+r^3+\cdots && = \frac{r^2}{1-r} \\
&\quad\;\; +r^3+\cdots && = \frac{r^3}{1-r} \\
&= \frac{1}{1-r}+\frac{r}{1-r}+\frac{r^2}{1-r}+\frac{r^3}{1-r}+\cdots \\
&= \frac{1}{(1-r)^2}
\end{aligned}$$

마찬가지 방식으로 그는

$$1+3r+6\ r^2+10\ r^3+15\ r^4+\cdots$$
$$1+4r+9\ r^2+16\ r^3+25\ r^4+\cdots$$
$$1+5r+14\ r^2+30\ r^3+55\ r^4+\cdots$$

등등을 더하고 있으며, 이것들은

$$\sum_0^{\infty}(i+1)^4\ r^i,\ \sum_0^{\infty}(i+1)^5\ r^i,\ \sum_0^{\infty}(i+1)^6\ r^i,\ \cdots$$
$$\sum_{i=1}^{\infty}\left(\sum_{k=1}^{i}k^3\right)r^{i-1},\ \sum_{i=1}^{\infty}\left(\sum_{k=1}^{i}k^4\right)r^{i-1},\ \cdots$$

과 같은 일반형들을 포함한다.

근을 추출함에 있어서 사카베가 $\sqrt[n]{N}$의 값을 구하는 공식을 제시한 것(문제 167)은 얼마간 흥미를 끈다. 그는 임의의 수 a_1을 취하여 $a_1{}^n$이 대략 N과 같게 한다. 이것으로부터 그는 $a_2=N\div a_1^{n-1}$를 얻는다. 그러면 $\sqrt[n]{N}$의 실제 값은 명백히 a_1과 a_2 사이에 놓이게 되고, $\sqrt[n]{N}$이 a_1이나 a_2 어느 쪽에 더 가까운지 알면, 이것을 약간 증가시키거나 감소시켜서 세 번째 근사값으로 $a_3=\frac{1}{2}(a_1+a_2)$을 취한다. 그런 다음 그는 $a_4=N\div a_3^{n-1}$을 계산하고, 원하는 만큼 이 과정을 계속해 나간다. 그리하여 $\sqrt[5]{0.125}$ 을 발견하기 위해서 $a_1=0.66$을 취하고, a_2의 유효숫자를 소수점 이하 5째 자리까지 하고, a_3의 유효숫자를 소수점 이하 12째 자리까지로 하면,

$$a_2 = 0.6597541,$$

$$a_3 = 0.6597539553865$$

로 드러난다.

사카베는 엔리의 다양한 응용을 포함해서 많은 다른 흥미로운 문제들을 제시하였다. 그의 결과들 가운데에는 다음과 같은 급수가 발견된다.

$$\frac{\pi}{4} = 1 - \frac{1}{5} - \frac{1 \cdot 4}{5 \cdot 7 \cdot 9} - \frac{(1 \cdot 3) \cdot (4 \cdot 6)}{5 \cdot 7 \cdot 9 \cdot 11 \cdot 13} - \frac{(1 \cdot 3 \cdot 5) \cdot (4 \cdot 6 \cdot 8)}{5 \cdot 7 \cdots 15 \cdot 17} - \cdots$$

그는 또한, 몇몇 저자들이 이전 세기에 이미 그랬듯이, 현과 높이로 호의 길이를 다루기도 하였는데, 그는 타원의 둘레와 호를 발견하는 풀이법을 발표한 최초의 일본인이다[486].

사카베는 또한 1803년에 「립포오 에이지쿠(立方盈朒[術])」[487]라는 제목의 저작을 썼으며, 그 속에서 그는 3차 방정식을 다루고, 근을 제곱근만을 포함하는 연속분수를 닮은 형식으로 표현하였다[488]. 1812년에 그는 구면삼각법(spherical trigonometry)에 관한 저작인 「콴키

486) 아지마가 이 규칙들을 발견했다는 의심스러운 이야기가 전해지지만, 그가 그것들을 출판한 적은 없다. 사카베야말로 인쇄된 저작에서 타원을 다룬 최초이다.

487) 또는 「립포오 에이치쿠」. 직역하면, "3차를 증감시켜서 접근하는 방정식 풀이법."

488) 이 저술은 인쇄에 붙여진 적이 없다. 동일한 계획이 죠오슈우 타테바야시의 후지타 세이신이라는 사람에 의해서 시도되었고, 그의 원고가 사카베에게 제출되었는데, 그는 그것이 너무 복잡한 것을 발견하고, 이 저작에서 그것을 단순화하게 되었다.

코도 쇼오호오(管窺弧度捷法)」[489]를 펴냈고, 1816년에는 과학적 항해술에 관한 저작인「카이로 안신로쿠(海路安心錄)」[490]를 펴냈다.

사카베의 제자들 중 가장 유명한 사람은 카와이 큐우토쿠(川井久德)[491]로서 쇼군 휘하의 최고위 사무라이였으며, 한 때는 재정 총감독관을 지내기도 했다. 카와이는, 비록 사카베가 저술하는데 손을 댔다는 의심이 들기는 하지만, 1803년에「카이시키 심포오(開式新法)」[492]를 펴냈다. 그는 사카베가 자신의 시대에 유럽과 중국의 저작들이 어떻게 일본으로 들어왔는지, 그러나 그것들 가운데에는 자신이 직접 제자들 앞에 제시한 것과 같은 일반적인 방법이 하나도 없다고 말했다며 서문에 기록하고 있다. 사실상, 고려의 대상이 고차수리 방정식이므로, 이 호언장담에는 약간의 진실이 있으며, 우리가 살펴본 바와 같이, 호너의 방법은 동양에서 오래 전부터 알려졌었다. 이 분야에서는 중국과 일본이 실제로 세계를 선도해왔고, 사카베와 카와이가 그들 나라 사람들의 업적에 개선을 이루어냈을 때, 그들은 한층 더 여타 수학적 형제들에게 개선을 선사했던 것이다.

이 개선은 첫째 상기를 포기하고 18세기 일본 수학자 전원이 이상적으로 생각한 주판을 택했다는데 놓여 있다[493]. 둘째로는 저술의 전반적인 계획이, 다음과 같은 과정의 요약에서 볼 수 있듯이, 단순화되었다는 것이다.

계수들이, 양이든 음이든, 정수인 n차 방정식이

---

489) 직역하면, "망원경 천체관측에 의하여 구면 호를 측정하는 간단한 방법."
490) 직역하면, "안전 항해에 관한 기록."
491) 또는 카와이 히사노리.
492) "방정식에 대한 새로운 풀이법"이라는 뜻.
493) 카와이,「카이시키 심포오」(1803)와 Endo, Book III, p. 53을 볼 것.

$$a_1 + a_2x + a_3x^2 + \cdots + a_nx^{n-1} + a_{n+1}x^n = 0$$

으로 표시된다고 하자. n개의 근은 $(a_{n+1}, a_n), (a_n, a_{n-1}), \cdots (a_2, a_1)$ 계수 쌍의 부호가 다르냐 같으냐에 따라서 일반적으로 양 또는 음이 된다. 이 가운데 r번째 근($r = 1, 2, 3 \cdots n$)은 다음과 같이 발견될 수 있다. 먼저

$$P = \cfrac{\cfrac{\cfrac{\cfrac{a_1}{A} + a_2}{A} + a_3}{\cdots}}{A} + a_{n-r+1}$$

$$= \frac{a_1 + a_2A + a_3A^2 + \cdots + a_{n-r+1}A^{n-r}}{A^{n-r}}$$

이라고 적는다. 그리고 나서

$$Q = a_{n-r+2} + a_{n-r+3}A + a_{n-r+4}A^2 + \cdots + a_{n+1}A^{r-1}$$

을 취하고, $B = \frac{-P}{Q}$라고 놓는다.

P가 a_{n-r+1}과 다른 부호를 갖지 않고, Q가 a_{n-r+2}와 다른 부호를 갖지 않는 한, A는 어떤 값이 할당되어도 좋다.

다음에는 마찬가지 방식으로 A'로 진행하여 그 결과를 B'로 표시하기로 하자.

만약 우리가 이제

$A > B$이면서 $A' < B'$이거나

$A < B$이면서 $A' > B'$이라는 것을

발견하면, 일반적으로 A와 A' 사이에 방정식의 근이 있게 될 것이다. 이제 근이 놓이는 범위를 좁힘으로써 첫 번째 근사값에 도달되겠지만, 대략적인 접근은 A, A', B, B'의 평균을 취하기만 해도 충분하다.

A를 따르도록 한 첫 번째 접근과 마찬가지 과정을 반복하여 두 번째 근사값을 얻는 식으로 계속한다.

예를 들어,

$$3360 - 2174x + 249x^2 - x^3 = 0$$

이라는 방정식을 살펴보기로 하자. a_3과 a_4의 부호가 다르므로, 첫째 근은 양수이다. $A = 10$에서 시작해보자. 그러면,

$$\begin{aligned} \frac{3360}{10} &= 336, \\ 336 - 2174 &= -1838, \\ -\frac{1838}{10} &= -183.8, \\ -183.8 + 249 &= 65.2 = P. \end{aligned}$$

또한 $Q = -1$이므로

$$B = -\frac{P}{Q} = 65.2.$$

마찬가지로 $A = 10$ $\quad B = 65.2$

$A' = 100$ $\quad B' = 227$

$A'' = 230$ $\quad B'' = 239.6$

$A''' = 250$ $\quad B''' = 240.3$이 되는데,

$A'' < B''$이고 $A''' > B'''$이므로, 첫째 근이 A''와 A''' 사이에 놓인다는 것을 보여준다.

더 나아가 $\frac{A''+A'''+B''+B'''}{4} = 239.975$, 또는 약 240이라는 것이 첫 번째 근사값이다.

마찬가지 방식으로 두 번째 근사값은 7.21이 된다. 나머지 계산은 이전에 알려졌으며 이미 서술된 과정에 따른다.

히라우치 테이신(平内廷臣)[494]이라는 이름의 건축가는 1820년에 「삼포오 헹교오 시난(算法變形指南)」[495]이라는 제목의 저작을, 그리고 나중에는 「쇼오카 키쿠 요오카이」[496]를 펴냈는데, 둘 다 자신과 같은 직종 종사자들과 기술자들을 위해 의도된 것들이었다. 교선(line intersection)을 이용하여 세제곱근을 추출하는 것과 같은 그래프 계산이 풍부히 사용되었다. 1840년에 히라우치는 「삼포오 쵸쿠쥬츠(算法直術[正解])」라는 다른 저서를 썼으며, 그 속에서 도형의 측정보다 기하적 특징을 다루었다. 그 책에 특별한 장점은 없었으나, 일본에서는, 사실상 동양 전체에서와 마찬가지로, 도외시되어 온 학문이었던 순수기하로의 진일보를 나타낸다는 점이 주목할 만하다.

역사 일반에서와 마찬가지로, 수학사에서도 특정 분야가 자발적으로 모습을 드러내는 듯이 비치고, 유행하는 일이 가끔 일어난다. 중세 중국의 대수, 아랍의 삼각함수, 16세기 이탈리아 대수의 방정

---

494) 또한 후쿠다 테이신(福田廷臣)이라는 그 이전의 이름으로 알려짐.

495) 또한 「삼포오 헹케이 시난」으로도 음역됨. 헹교오는 형태의 변형을 뜻하며, 직역하면, "형태 변형에 관한 연구서."

496) 日本學士院 編, 「明治前 日本數學史」 제5권, 207쪽에는 이 책의 이름이 「匠家矩術要解」로 기록되어 있다.[역주]

식 연구, 17세기의 미적분이 그랬듯이 말이다. 일본의 기하 연구도 마찬가지 현상이었다. 히라우치가 그의 첫 번째 소책자를 펴냈을 때(1820), 요시다 쥬우쿠(吉田重矩)는 「키쿠쥬츠 즈카이([溝口流]規矩術圖解)」[497]를 출간했는데, 그 속에서 그는 상당히 많은 문제들을 자와 컴퍼스를 써서 풀려고 시도했다. 이 연구가 미조구치에 의해서 이미 시작되었으며, 무라타 코오류우(村田光隆)에 의해서 계승되어 요시다가 그 밑에서 수학했다는 것은 사실이지만, 만족스러운 형식으로 내용을 집대성한 미조구치 학파의 최초의 인물은 후자였다[498].

이 무렵 오오사카에는 타케다 신겐(武田眞元, ?-1846)이라는 이름의 교사가 있었는데, 그는 1824년에 당시의 부채 문제(그림 42)가 등장하는 「삼포오 벤란(算法便覽)」[499]을 출간했으며, 그의 파는 서부 지방에서 상당한 영향력을 행사했다. 그는 또한 「신겐 삼포오(眞元算法)」를 썼으며, 그 저작은 그의 아들에 의해 1844년에 출판되었다. "수 없는 이치는 없으며, 이치 없는 수도 없다"는 그가 채택한 오래된 금언은 일본에서는 유명하다.

그러나 우리가 이 시기에 대해서 관심을 갖는 것은 초기 기하학이며, 그 주제에 대한 다음으로 주목되는 저자는 하시모토 쇼오호오(橋本昌方)로서 그는 1830년에 「삼포오 텐잔 쇼가쿠쇼오(算法點竄初學抄)」[500]를 펴냈다. 그의 저작에서 흥미로운 특징은 도형의 무게중심에 대한 기하적인 처리이다. 그의 문제 가운데 하나는 기하적인

497) "선형 방법에 대한 도해"라는 뜻. 그의 저작을 하세가와가 썼다고 여기는 사람들도 있다.

498) Endo, Book III, p. 91.

499) "편리하게 찾아볼 수 있는 수학적 풀이법"이라는 뜻. 그는 가끔 토쿠노신(篤之進)이라는 통상적인 이름으로 불리기도 한다.

500) "초보자를 위한 텐잔법"이라는 뜻.

작도로 사변형의 무게 중심을 구하라는 것인데, 비록 설명은 딸려 있지 않으나 그림은 제시되어 있다[501].

이 무게 중심 문제가 이제 일본에서 커다란 관심을 불러일으키기 시작한 것이다. 이 문제에 대한 아마도 최초의 본격적인 연구는 타카하시 시지(高橋至時)에 의해 이루어진 것으로 보이는데, 그 이유는 「토오코오 센세이 초쥬츠 모쿠로쿠」[502]라는 제목의 수고가 이 문제에 대한 그의 작업을 언급하고 있기 때문이다. 이 저자는 화란의 언어와 과학에 친숙하였던 만치, 그가 이 출처에서 영감을 받았으리라는 점은 의심할 바 없다. 그의 아들 타카하시 케이호오(高橋景保, 1786-1830)[503]도, 그와 마찬가지로, 쇼군 막부의 천문감 소속이었는데, 그의 업적이 14장에서 언급될 지볼트(Siebold)[504]와 지도를 교환했다는 죄목으로 1828년에 투옥되어 1830년 거기서 사망했다.

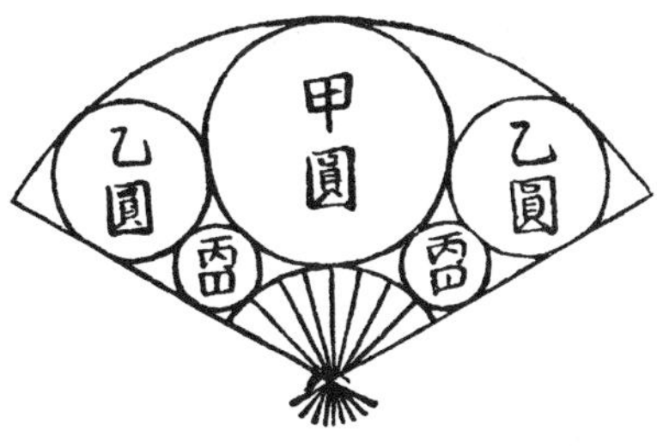

[그림 42] 타케다 신겐(武田眞元)의 「삼포오 벤란」(算法便覽, 1824)의 일부

501) Endo, Book III, p. 107은 추측성의 설명을 제공한다. 그는 문제와 답 모두가 유럽 출처에서 유래한 것으로 보고 있다.

502) 토오코오는 그의 필명으로서, "토오코오 선생의 저작목록"이라는 뜻.

503) 또는 타카하시 카게야스.

504) 일본에서는 그의 이름을 흔히 "시볼드(シイボルド)"로 불러왔다.[역주]

19세기초의 다른 군소 저자들 가운데 가장 저명한 인물은 하세가와 칸(長谷川寬, 1782-1838)[505]이었으며, 그는 1830년에 「삼포오신쇼(算法新書)」를 자신의 학생 가운데 하나의 이름으로 펴냈다. 하세가와 칸 자신이 학생으로서 사실상 저명한 아지마 밑에서 수학한 동일인인 쿠사카 세이의 최초이자 가장 유명한 학생이었으므로, 그는 훌륭한 수학 학통을 이어받았다고 하겠다. 그의 저작은 주산, "천원" 대수, 텐잔 대수, 엔리, 그리고 룰렛(roulettes) 연구를 포함하는 작은 기하 연습을 망라한 수학 개론서였다. 그것은 어찌나 잘 쓰여졌던지 나라 안에서 가장 유명한 수학 저술이 되었으며, 능숙한 집대성자라는 명성을 저자에게 안겨주었다. 그럼에도 불구하고, 이 책의 발간은, 그것이 이 학파의 소속원들에 의해서 그렇게 부럽게 보존되어 왔던 엔리의 마지막 비밀을 까발린 만치, 세키 학파의 편에서는 엄청나게 쓰라린 일이 되고 말았다[506]. 그의 행동은 그가 세키의 제자들로부터 추방당하는 것을 낳았지만[507], 수학적 업무의 오랜 비밀 체제를 종식시켰다. 하세가와는 1838년에 56세를 일기로 숨을 거두었다[508].

505) 또는 하세가와 히로시.

506) 여기서 서술된 엔리는 아지마나 와다의 그것과 같지 않다.

507) 엔도오는 그가 아지마의 「후큐우 삼포오」를 출판하여 거둬들인 돈을 개인적으로 유용했기 때문에 추방당했다고 주장한다.

508) 하야시 교수는 그 시점을 1792-1832년으로 보고 있다. 그러나 Endo, Book II, p. 12와 「혼쵸오 스우가쿠 코오엔슈우」에 실린 카와키타의 논문 p. 17을 보라.

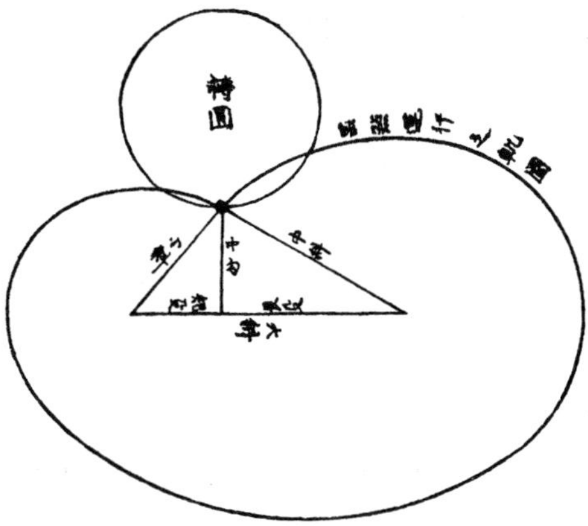

[그림 43] 하세가와 칸(長谷川寛)의「삼포오 신쇼(算法新書)」(1849)의 일부

「삼포오 신쇼」의 괄목할 만한 특징들 중에서는 기하 문제 하나에서 시도된 급수의 역산[509]에 대하여, 그리고 해답을 구하려는 목적에서 극한을 가한 형태들을 사용하는 수단에 대하여 언급해야 할 것이다. 그의 대수기하 문제 가운데 하나는 다음과 같다: 삼각형의 세 외접원의 지름들이 주어졌을 때, 내접원의 지름을 구하라. 세 외접원이 동일한 경우를 형태의 극한들 가운데 하나로 고찰하여 하세가와는 일반해를 추적하였는데, 그것은 우리가 특수한 경우를 처음 고찰하거나 그것으로부터 기하의 일반적인 사례로 이행하려고 시도할 때 흔히 채택되는 수단이었다. 그 원리는, 정사각형으로부터 한편으로는 직사각형, 그리고 다른 한편으로는 마름모꼴까지를 극한으로 생각할 수 없다는 점이 분명하기 때문에, 신랄한 비판에 직면하게 되었다. 그럼에도 불구하고, 하세가와는 그것을 사용함

509) 무한차 방정식과 관련된 기본적으로 유사한 문제를 제일 먼저 연구한 것은 와다 네이로 여겨진다.

에 있어서 매우 능숙했으며, 1835년에 그는 동 주제에 대해 또 다른 논문「삼포오 쿄쿠교오 시난(算法極形指南)」[510]을 써서, 자신의 학생이었던 에도의 아키타 요시이치(秋田義一)의 이름으로 펴냈다[511].

그러므로 19세기초는 서학(西學) 침투의 증가, 텐잔 대수 상의 부분적 개선, 순수기하의 초보 단계라는 특징들을 지니는 것으로 나타난다. 지금까지 언급된 어떤 이름도 특별히 괄목할 만한 것은 아니며, 만약 이들이 전부라면, 일본 수학은 몇 단계 퇴보한 것으로 느껴야만 할 것이다. 그러나 그 세기초에도 탁월한 의의를 지닌 한 이름이 있었으니, 와다 네이라는 이름에 대해 우리는 하나의 특별한 장을 마련하려고 한다.

---

510) "극한을 취하는 법에 관한 지침서"라는 뜻.

511) 하세가와의 습벽. 히라우치에 관한 상기 주석을 참조할 것.

제 12 장 와다 네이(和田寧)

18세기 후반에는 아지마 쵸쿠엔(安島直圓)이 일본 수학계에 최초로 넓이의 원적법(quadrature)과 부피의 입체구적법(cubature)을 위하여 일종의 적분 지식을 도입함으로써 엔리(圓理)에 값진 공헌을 했다는 점을 상기할 필요가 있다. 그에 의해서 그렇게 시작된 중요한 작업은 그의 제자인 쿠사카 세이(日下誠)를 통해 이제부터 우리가 상당한 분량을 할애해서 논의하려는 가치 있는 후계자에게 계승되는 운명을 맞이하였다[512].

하리마 지방의 미카즈키 사무라이(播州三日月藩士)였던 와다 엔조오 네이(和田寧, 1787-1840)[513]는 에도에서 태어났다. 그의 본명은 코야마 나오아키(香山直五郎政明)이며, 소시 적에는 에도에 있는 죠오죠오지(江戶 芝三縁山 増上寺)라는 절에서 일했다. 그후 그는 무슨 이유에서인지 이름을 바꿨으며, 자기 나라의 학술연보에는 일반적으로 와다 네이로 알려지게 되었다. 사원 생활을 떠난 다음, 그는 황궁의 세습 역관(曆官)이었던 츠치미카도 공의 후원을 받으며 수학에 정진하였다. 그는 처음에는 미야기 학파의 어떤 학자 밑에서, 그 다음에는 쿠사카 세이(日下 誠) 밑에서 순수수학을 공부했다. 이미 언급한 바대로, 쿠사카는 아지마와의 접촉의 결과로서 「후큐우 삼포오(不朽算法)」를 편찬했으며, 따라서 자기 선생의 가르침을 뚜렷이 밝힌 인물이다. 비록 아지마의 천재가 그에게 결여되어 있었다고 해야겠지만, 그럼에도 불구하고 쿠사카는 놀랄 만한 교사였으

512) Endo, Book III, 212쪽을 볼 것.
513) 코이데(小出脩喜), 「엔리 상쿄오(圓理算經)」, 서문. 14장을 보라.

며, 수학에 매력을 부여했는데, 그것은 그의 제자들을 매료시켰고, 매우 훌륭한 업적을 이루도록 고취시켰다. 그는 돈 따위에는 관심이 없었으며, 빈곤 속에서 살다가 1840(天保 11)년[514] 75세를 일기로 생애를 마쳤다[515].

한편, 와다로 말할 것 같으면, 저서가 출판된 적이 없으며, 많은 양의 원고들 전부가 츠치미카도 공의 수중에 있다가 소각되었는데[516], 그것은 일본의 과학과 문학을 파괴한 분서(焚書) 사건 가운데 최대의 것이었다. 수학 교습을 하거나[517], 술에 대한 조갈을 해소하려고 원고의 일부를 파는 것 외에도, 점을 봐주거나, 습자를 가르쳐서 생계를 이어나간 와다의 생애에는 가르치는 일의 대가로 생기는 것 말고는 즐거움도 거의 없었다. 그는 자신의 제자들 가운데 당대 최고의 탁월한 수학자들이 도열해 있다고 주장했는데[518], 그들은 연구자로서나 교사로서의 그의 재능을 알아보고, 몰래 배워보려고 그를 찾은 사람들이었다[519].

아지마가 표면을 실질적으로 동등한 요소가 되는 것들로 잘라내서, 그것들을 얼마간 고생스러운 과정을 거쳐서 더한 다음, $n=\infty$ 에 대한 극한까지 전개함으로써 적분을 실습했다는 점을 상기할 필요가 있다. 비슷한 방식으로 그는 입체의 부피를 구했다. 각각의 사

514) 원문에는 1839년으로 되어 있으나, 바로 잡는다.[역주]

515) Endo, Book III, p. 121; 「혼쵸오 스우가쿠 코오엔슈우」에 실린 C. 카와키타의 논문 p. 17; 코이데, 「엔리 상쿄오」, 서문.

516) 코이데, 「엔리 상쿄오」, 1842년도 필사본, 서문.

517) Endo, Book III, p. 128.

518) 휴지 같은 데 적힌 원래의 명단은 현재 N. 오카모토의 수중에 있다. 명단 가운데에는 시라이시, 카와이, 우치다, 사이토오, 우시지마 및 많은 다른 사람들이 포함되어 있다.

519) 또한 Endo, Book III, p. 86을 볼 것.

레마다 특별한 급수가 더해져야 하는데, 운산이 지루하게 되는 것은 바로 여기서였다. 그러므로 와다는 근대적인 적분표의 작업을 달성할 일단의 표를 작성함으로써 문제를 단순화시키기에 착수했다. "적분한다"는 그의 표현이 "접는다(타타무, 疊む)"는 일본어 단어였으므로, 이러한 계산 보조수단은 "접이표(죠오효오)"라고 지칭되었으며, 이것들에 관해서 그는 팜플렛 형태로 배열하고 독특한 이름을 달고 있는 21개를 남긴 것으로 알려져 있다[520].

1818년에 와다는「엔리 신코오(圓理唇口)」를 두 권으로 저술했는데, 단지 필사본으로만 펴냈다. 거기서 그는 원의 넓이를 다음과 같이 계산하기 시작한다.

먼저 지름을 $2n$개의 동일한 부분으로 나눈다. 그 다음에, 그림에서 볼 수 있는 바와 같이 선들을 그으면,

$$AM_{n-1} = M_{n-1}M_{n-2} = \cdots = \frac{d}{2n}$$

이고

$$D_r D_r' = \frac{rd}{n}$$

라는 것이 분명하며, 그 때

$$\overline{D_r D_r''}^2 = d^2 - \overline{D_r D_r'}^2$$
$$= d^2 - \frac{r^2 d^2}{n^2}$$

이 된다.

520) Endo, Book III, p. 74.

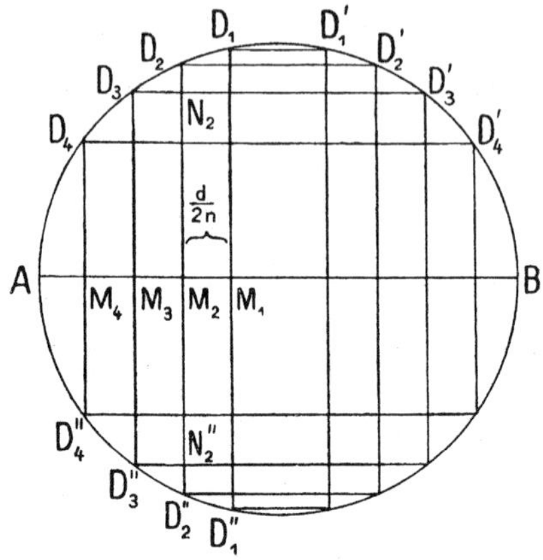

그리하여 $D_r D_r'' N''_{r-1} N_{r-1}$의 넓이의 두 배는

$$D_r D_r'' \cdot \frac{d}{n} = \frac{d^2}{n}\sqrt{1-\frac{r^2}{n^2}}$$

$$= \frac{d^2}{n}\left(1 - \frac{r^2}{2n^2} - \frac{1r^4}{2\cdot 4n^4} - \frac{1\cdot 3r^6}{2\cdot 4\cdot 6n^6} - \frac{1\cdot 3\cdot 5r^8}{2\cdot 4\cdot 6\cdot 8n^8} - \cdots\right)$$

이다. $r=1,2,3,\cdots,n$에 대해서 더하면,

$$\frac{d^2}{n}\left(n - \frac{1}{2n^2}\sum_1^n r^2 - \frac{1}{2\cdot 4n^4}\sum_1^n r^4 - \cdots\right)$$

이 된다. 곱한 다음, $n=\infty$에 대한 극한까지 전개하면, 원의 넓이는

$$a= d^2\left(1-\frac{1}{2\cdot 3}-\frac{1}{2\cdot 4\cdot 5}-\frac{1\cdot 3}{2\cdot 4\cdot 6\cdot 7}-\frac{1\cdot 3\cdot 5}{2\cdot 4\cdot 6\cdot 8\cdot 9}-\cdots\right)$$

라는 공식으로 표현된다. 더하고 극한까지 전개하는 두 연산에서 와다는 그의 "접이표"를 이용한다.

비슷한 과정에 의해서 와다는 둘레를

$$2d\left(1+\frac{1^2}{3!}+\frac{1^2\cdot 3^2}{5!}+\frac{1^2\cdot 3^2\cdot 5^2}{7!}+\cdots\right)$$

라고 구하고, 호와 현으로 또는 두 개의 호와 두 개의 평행 현들로 경계 지워진 원 호시의 넓이에 대한 공식들을 구하고 있다[521]. 또한 그는 π 값을 직·간접적으로 나타내는 100개쯤의 무한급수를 제시한 것으로 전해지는데[522], 그 가운데 몇몇은 다음과 같다.

$$\frac{\pi}{2}=1+\frac{1}{3\cdot 2}+\frac{3}{5\cdot 8}+\frac{15}{7\cdot 48}+\frac{105}{9\cdot 384}+\frac{945}{11\cdot 3840}+\cdots$$

$$\frac{\pi}{4}=\frac{1}{3}+\frac{1}{5\cdot 2}+\frac{3}{7\cdot 8}+\frac{15}{9\cdot 48}+\frac{105}{11\cdot 384}+\frac{945}{13\cdot 3840}+\cdots$$

---

521) 본격적으로 다룬 것을 보기 위해서는 Harzer, P., 앞의 책, 1905년도 키일 재판, p. 33을 참조할 것. Harzer는 사용된 공식이 기본적으로 뉴턴의 1666년도 것으로서 나중에 월리스가 제시한 것이라는 점을 밝혔다.

522) Endo, "A short account of the progress in finding the value of π in Japan" (일본어판), 「리각카이」, vol. III, No. 4, p. 24.

$$\frac{\pi}{8}=\frac{1}{3}+\frac{1}{15\cdot 2}+\frac{3}{35\cdot 8}+\frac{15}{63\cdot 48}+\frac{105}{99\cdot 384}+\frac{945}{143\cdot 3840}+\cdots$$

$$\frac{\pi}{32}=\frac{1}{15}+\frac{1}{35\cdot 2}+\frac{3}{63\cdot 8}+\frac{15}{99\cdot 48}+\frac{105}{143\cdot 384}+\cdots$$

$$\frac{\pi}{4}=1-\frac{1}{3}+\frac{3}{15}-\frac{15}{105}+\frac{105}{945}-\frac{945}{10395}+\cdots$$

$$\frac{\pi}{2\sqrt{2}}=1+\frac{1}{3\cdot 2\cdot 2}+\frac{3}{5\cdot 8\cdot 2^2}+\frac{15}{7\cdot 48\cdot 2^3}+\frac{105}{9\cdot 384\cdot 2^4}+\cdots$$

이 공식들의 분모들 가운데 보다 큰 수들은

$$2,\ 2\cdot 4,\ 2\cdot 4\cdot 6,\cdots$$
$$3,\ 3\cdot 5,\ 3\cdot 5\cdot 7,\cdots$$
$$1\cdot 3,\ 3\cdot 5,\ 5\cdot 7,\cdots$$

이다.

그는 원에 적용한 같은 원칙을 또한 타원과 관련하여 사용하여[523], $m=\frac{1}{4}\left(1-\frac{b^2}{a^2}\right)$이라고 할 때, 둘레를

$$\pi a\left[1-\sum_{1}^{\infty}\frac{1^2\cdot 3^2\cdot\cdots(2n-3)^2(2n-1)\ m^n}{1^2\cdot 2^2\cdot\cdots n^2}\right]$$

으로 구했는데[524], $n=1$일 때, 그 항은 $\frac{1}{1^2}m$의 값을 취하게

523) 그의 「세츠케이 준갸쿠」에서 그렇게 함.

된다.

와다는 또한 부피 계산에도 관심을 돌려서, 서로 교차하는 두 원통에 대한 아지마의 작업을 단순화시키고, 측정 문제와 관계되는 한도에서 매우 훌륭한 형태의 적분 연산을 일반적으로 발달시켰다.

극대값·극소값 문제는 와다의 시대보다 한 세기 이상 전에 이미 세키에 의해서 고찰되었으며, 미분계수를 0으로 놓는 현재의 풀이법과 다르지 않은 풀이법이, 비록 그 방법에 대한 설명이 제시되지는 않았지만, 사용되었다. 당연히 그것은 많은 세키 학파(關流) 수학자들의 관심을 끌었으나, 어느 누구도 그 풀이법 저변에 깔려있는 이유들에 대해서는 감히 논의를 하지 못했다. 세키가 그 방법을 어디서 얻었는지에 관한 문제도 여전히 열려있는 논란거리이다. 서양과의 은밀한 교류로 금지된 관문을 통해 들어오기 쉬운 것은 바로 그와 같은 풀이법이었겠지만, 논문 전체에 대해 의사소통 하기는 그만큼 어려웠을 것이다. 아무튼 그 풀이법은 세키 학파 초기에 알려졌는데, 와다가 그 문제를 떠맡기까지[525] 한 세기 이상 동안이나 설명되지 못한 채로 남아 있었다. 그는 풀이법에 대한 이유를 제시했을 뿐 아니라, 논의를 가일층 진전시켜서, 자신의 이론 속에 무한급수의 극대값·극소값이라는 주제를 포함시켰다[526]. 이렇게 해서 그는 이론을, 이미 살펴본 바와 같이, 무한급수들이 늘 발견되는 엔리 관련 문제들에 적용할 수 있었다.

1825년에 와다는 「이엔 삼포오(異圓算法)」[527]라는 제목의 저작을 썼는데, 거기서 그는 그가 "다양한 종류의 원들"이라고 부른 것

524) Endo, Book III, p. 81.
525) 그것은 그의 「테키진 호오큐우호오」라는 저술에서 발견된다.
526) Endo, Book III, p. 83.
527) "다양한 종류의 원들에 관한 풀이법."

들을 다루었다. 그는 "정사각형의 넓이를 원 넓이의 모멘트[528]로 곱하면, 그것이 원으로 변환되어(altered)[529], (이 원의) 넓이를 얻게 된다. 직사각형의 넓이를 원 넓이의 모멘트로 곱하면, 그것이 타원으로 변환되어, (이 타원의) 넓이를 얻게 된다. 정육면체나 직육면체(cuboid)의 부피를 구체 부피의 모멘트[530]로 곱하면, 그것이 구체나 장구(spheroid)로 변환되어, 그것의 부피를 얻게 된다. 이것들은 잘 알려진 과정들이다. 그러나 이 과정들을 등변사다리꼴, 직사각형 피라미드, 등에 적용하여 여러 가지 형태의 원이나 구체를 얻음으로써 이 생각을 일반화하는 것은 가능하다."라고 말한다.

예를 들면, 직사각형 $ABCD$에 내접한 타원이 여기 보이는 바와 같이 주어졌다고 하자. Y′Y″를 각각 DC와 AB의 중점으로 잡고, 이등변삼각형 ABY를 작도하라.

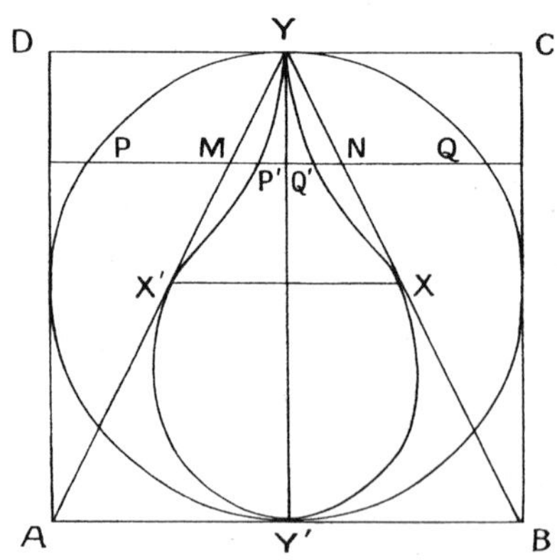

528) 즉, $\frac{\pi}{4}$. 우리는 보통 $a=\pi r^2$라고 말하지만, 일본인들은 언제나 반지름보다는 지름을 우선시 했다.

529) 이것이 일본식 형태를 표현하는 가장 적절한 용어로 여겨진다.

530) 즉, $\frac{4}{3}\pi$.

AB에 평행하게 임의의 선을 그으면, 보이는 바와 같이, 타원은 P와 Q에서, 그리고 삼각형은 M과 N에서 자르게 될 것이다. 이제 PQ상에 두 점 P', Q'를 YY'에 대해 대칭이 되고, $AB: MN = PQ: P'Q'$가 되게끔 잡는다. 그러면 P'와 Q'의 궤적(locus)은 그림에서 볼 수 있는 바와 같은 형태의 곡선이 되어 AY와 BY를 그것들의 중점인 X'와 X에서, 그리고 선분 AB를 Y'에서 만나게 된다. 이제 $YY' = a$, $X'X = b$라고 하면, 세 종류의 곡선을 고려할 수 있을 터이니[531], 즉, $a > b$, $a = b$, $a < b$인 경우들이 그것이다.

그 다음에 와다는 이 곡선에 의해서 둘러싸인 넓이가 $\frac{1}{4}\pi ab$라는 것을 발견하는데, 그 과정은 다른 곡선 도형을 구할 때 사용한 것과 비슷하다. 그는 또한 이등변삼각형 ABY 대신에 등변사다리꼴을 취하여, 그 넓이가, a와 b를 새로운 도형의 YY', $X'X$라고 할 때, 전과 같이 $\frac{1}{4}\pi ab$이라는 것을 발견함으로써 그 명제를 일반화한다.

와다는 또한 룰레트 내지 전거궤적(轉距軌跡, roulette)의 연구에 관심을 바침으로써 일본에서 이런 곡선을 연구한 것으로 알려진 최초의 수학자가 되었다. 그가 한번은[532] 에도에 있는 아타고(愛宕) 신사 앞에 이 주제에 관한 연구 결과를 어떻게 내걸었던지 하는 얘기가, 비록 그의 제자의 이름[533]으로 그렇게 한 것으로 되어 있으나,

---

531) 와다는 이것들을 "세이토오엔(盛燈圓)"(왕성한 불길 모양의 원), "호오슈엔(寶珠圓)," "스이토오엔(衰燈圓)"(스러져가는 불길 모양의 원)으로 불렀다.

532) 이 때는 1834년(天保 5년)에 해당한다.[역주]

533) 日本學士院 編, 「明治前 日本數學史」 제4권, 102쪽에는 제자의 이름이 奧山直祇로 기록되어 있다.[역주]

전해진다. 그 문제와 해답은 흥미를 끌기에 충분하므로 실질적으로 원래의 형태와 가깝게 인용해 보려고 한다[534].

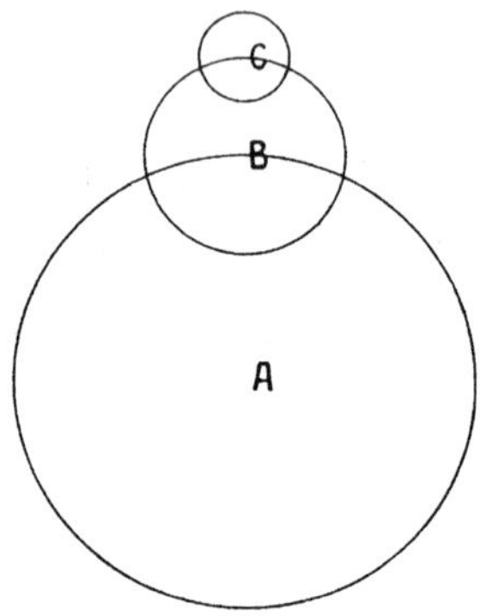

"그림에서 보듯이, 중심이 A인 원이 있고, 그 둘레 상에 둘째 원의 중심 B가 있으며, B의 둘레에는 셋째 원의 중심 C가 있다.

C에 의해서 그려지는 궤적을 키엔(龜圓)이라고 하자. 원 A와 B의 지름들이 주어져 있고, 후자의 극대값이 전자의 반일 때, 키엔의 넓이를 구하라.

답은 다음과 같은 풀이법에 따라서 구해야 할 것이다. 원 B의 지름을 취하여, 그것을 제곱하고 두 배한 다음, A의 지름의 제곱을 더하고, 원 넓이의 모멘트로 곱해주면, 그 결과가 키엔의 넓이이다.

새로운 엔리 이론의 창시자이며 세키 학파(關流) 학통상으로 6대째인 와다 엔조오 네이의 제자."[535]

---

534) 원문에서 인용. 또한 Endo, Book III, p. 103을 볼 것.

535) 그 풀이법은 넓이가, a와 b를 A와 B의 지름이라고 할 때, $\frac{1}{4}\pi(a^2+2b^2)$라고 말하는 것과 같다. 이 제자는 코이데 슈우키(小出脩喜)일 가능성이 있다. 와다의 자세한 풀이는 일실되었다.

극대값·극소값 분야에서 와다가 이룩한 작업은 많은 그의 동시대인이나 직속 후계자들에 의해서 계승되었는데, 그들 가운데 어느 누구도 켐모치 요오시치 쇼오코오(劒持章行, 1790-1871)보다 이론에 더 기여한 사람은 없었다. 그 주제에 대한 그의 기여는「엔리 쿄쿠스우 쇼오카이」(극대값과 극소값을 구하는 엔리의 방법에 대한 자세한 설명)[536]이라고 불리며, 두 문제가 들어 있다.

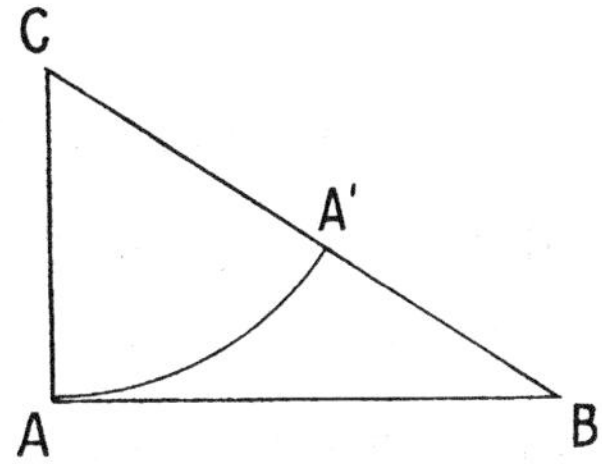

이 문제들 중 첫 번째는 현 위의 높이가 1이 되는 최단 원호의 길이를 구하는 것이다. 이를 위해 그는 두 가지 풀이를 제공하고 있는데, 그 각각은 너무 길어서 이 맥락에서 제시하기가 어렵다. 그의 둘째 문제는 빗변이 1인 직각삼각형 ABC를, 그림에서와 같이, C를 중심으로 하여 그은 호 AA'가 극대값이 되도록 구성하여, 이 극대 호의 길이를 구하는 것이다[537].

---

536) 출판되지 않았으며, 정확한 연도도 알 수 없다.

537) 켐모치의 저술에는 아마도 사이토오 기기나 그의 부친 덕택이겠지만, 일본에서 칸루이쥬츠라는 이름으로 알려진 접근방법에 의해서 풀리는 몇몇 초월방정식들이 들어 있다. 켐모치는 분명히 그로부터 그것을 배웠다. 그는 또한 보통 이와이 쥬우엔의 것으로 돌려지는 저술이자 콰츠쥬츠법을 최초로 설명한 것 중의 하나인「삼포오 엔리 히오 샤쿠」도 썼다. 파선(擺線, cycloid)이「레키쇼오 신쇼」(1800)에서 그것을 다룬 시즈키 타다오에 의해서 와다 이전에 고찰되었다는 점도 언급되어야 할 것이다.

제 13 장 옛 와산(和算)의 최후

와다가 일상적인 측정 목적에 쓰이는 적분을 발달시켰던, 엔리 내지 원의 원리에서 이루어낸 괄목할 만한 진보에 대해서 언급했으므로, 이제는 이 분야에 그가 활약한 시기와 재래식 와산 내지 토착 수학의 종언을 고하게 되는 시기인 해외 교역에 대한 일본의 개항 사이의 활동기가 남는다. 이 시기의 일부는 와다의 몇몇 동시대인들의 노력을 포함하고, 또 다른 일부는 후속 세대의 그것을 포함하지만, 어떤 부분에서도 와다와 같은 천재를 찾아볼 수 없다. 두 세대에 걸쳐서 수학자들에게 엔리를 더욱 개선하도록 의욕을 고취시킨 것은 바로 그의 작업, 발견, 교육이었다. 우리는 당대 최고의 수학자들이 가르침이나 자문을 받을 목적으로 몰래 그를 찾았다는 얘기가 있다는 것을 보았는데, 더 나아가 그의 발견의 범위가 제자들이 알고 있었던 것보다 훨씬 크고, 그런 발견 가운데 몇 가지는 다른 사람의 업적으로 나타난다고도 전해진다. 이것은, 믿을 만한 증거가 밝혀주는 한에 있어서는 허튼 소문에 지나지 않으나, 그의 능력에 대해 가해진 높은 평가를 알려준다.

엔리에 대해 심각한 관심을 보였던 그의 동시대인들 가운데에는 2부로 된 「고메이 삼포오(五明算法)」를, 1부는 1814년, 2부는 1826년에 펴낸 이에자키 젠시(家崎善之)라는 이름의 에도 거주 상인이 있었다. 많은 문제들이 접이 부채, 즉, 환형(annulus)의 일부 위에 작도될 수 있는 도형들, 특히 여러 무리의 타원들과 관련된다는 사실에서는 작지만 매력적인 일본식 감각이 엿보인다.

이에자키는 또한 다소 진전된 성격의 엔리 문제들을 제시하였다. 예를 들면, 그는 밑변이 b 인 이등변삼각형에서 양변 s와 맞닿아 내접하는 최대의 원호의 넓이를

$$\frac{(2s+b)s-b^2}{4\sqrt{s^2+\frac{b^2}{4}}}$$

으로 내고 있다.

그는 또한 만약 직각삼각형 내에서 빗변을 현으로 삼는 호가 그려지고, 또한 만약 원이 이 호와 삼각형의 두 변과 접하도록 그려진다면, 이 원의 최대 지름이, a, b, c를 세 변이라고 할 때,

$$\frac{1}{a}(a+b-c)$$

라고 진술한다.

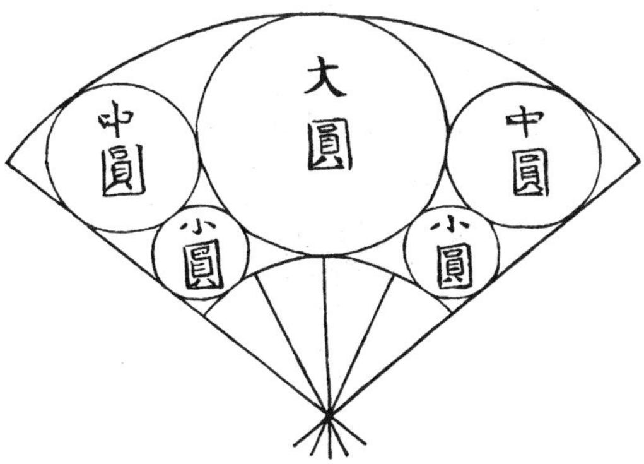

[그림 44] 분카(文化)시대(1804-1818)에 나온 야마다 지스케(山田治助)의 「삼포오 텐잔 시난(算法點□指南)」의 일부

이에자키와 동시대인이거나 그 뒤를 막 바로 잇는 사람들로서 부채 위에 그려진 도형들에 관심을 나타낸 몇몇 다른 저자들이 있었다. 이들 가운데 그 세기초에 「삼포오 텐잔 시난(算法点竄指南)」을 선보인 야마다 지스케(山田治助)([그림 44]를 보라), 1818년에 「카이테이 삼포오(階梯算法)」를 선보인 타케다 토쿠노신(武田眞元)([그림 45]를 보라), 이미 5장에서 자신의 맞수들에게 문제를 풀도록 제시하는 행위를 활용한 최후의 일본 저자로서 언급된 이시구로 신유우(石黑信由)([그림 46]을 보라), 1808년과 다시 1849년에 「산가쿠 케이코 다이젠([增補]算學稽古大全)」라는 탁월한 수학 개설서를 선보인 마츠오카 요시카즈(松岡能一)가 언급될 수 있을 것이다.

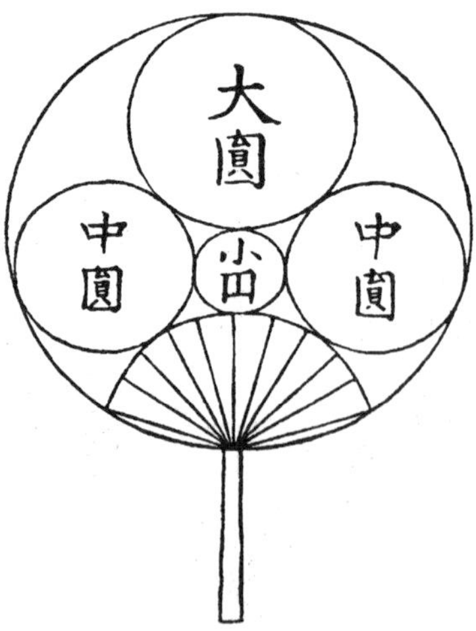

[그림 45] 타케다 토쿠노신(武田眞元, ?-1846)의 「카이테이 삼포오(階梯算法)」(1818)의 일부

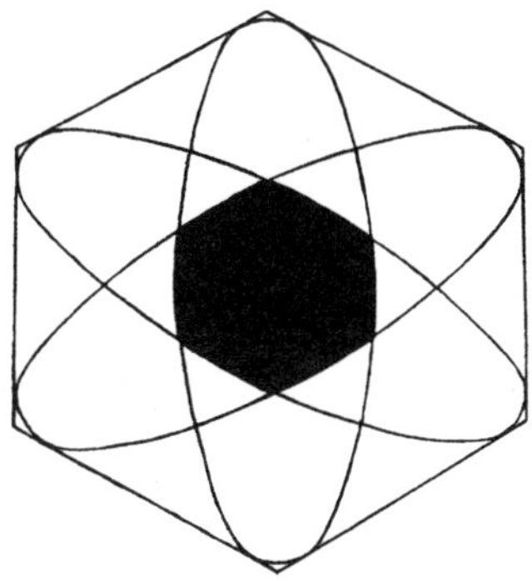

[그림 46] 이시구로 신유우(石黑信由, 1813)에 나오는 탄젠트 문제

이에자키와 또 동시대인으로는 1826년에 「샤메이 삼푸(社盟算譜)」[538]라는 저술을 펴낸 시라이시 쵸오츄우(白石長忠, 1796-1862)가 있다. 그는 쇼군과 가까운 친척인 시미즈 영주를 모시던 사무라이였다. 이 저작에 수록된 문제들은 대부분 엔리와 관련된 것들이지만, 부정방정식 계열의 흥미로운 문제도 들어있다. 이 방정식들 가운데 하나는 고카이 암폰이라는 이름을 갖고 있으며, 다른 것들과 마찬가지로 사찰 앞에 걸렸던 것이다. 그 문제는 다음과 같다.

"천, 지, 인이라는 세 정수가 있는데, 세제곱하여 더해도 그 세제곱근에 소수점 이하 부분이 생기지 않는다. 그 수들을 구하라."

이 문제는 물론 $x^3+y^3+z^3=n^3$을 충족시키는 정수 방정식을 구하라는 것이다. 풀이는 고카이라는 이름으로 주어졌으며, 그가 유능한 수학자라는 것은 알려졌으나, 그것이 그의 것인지 시라이시의 것인지는 알 길이 없다. 동 저작에 대한 필사본 주해서[539]에

538) "사찰에 게시된 수학문제들에 대한 풀이."
539) 「샤메이 삼푸 카이기」.

그 방정식에 대한 다음과 같은 논의가 등장한다.

먼저 다음과 같은 표가 작성된다.

$1^3 + 7 = 2^3$ $12^3 + 469 = 13^3$
$2^3 + 19 = 3^3$ $13^3 + 547 = 14^3$
$3^3 + 37 = 4^3$ $14^3 + 631 = 15^3$
$4^3 + 61 = 5^3$ $15^3 + 721 = 16^3$
$5^3 + 91 = 6^3$ $16^3 + 817 = 17^3$
$6^3 + 127 = 7^3$ $17^3 + 913 = 18^3$
$7^3 + 169 = 8^3$ $18^3 + 1027 = 19^3$
$8^3 + 217 = 9^3$ …[540]
$9^3 + 271 = 10^3$ $53^3 + 8587 = 54^3$
$10^3 + 331 = 11^3$ …
$11^3 + 397 = 12^3$ $102^3 + 31519 = 103^3$

두 번째 항 7, 19, 37, …을 취하면, 잇따른 차이가 다음과 같다는 것을 알 수 있다.

7		19		37		61		91		127
	12		18		24		30		36	
		6		6		6		6		

540) 표 속에 이와 같이 생략된 숫자들이 보이지만, 그것들이 우리 목적에 필수적인 것은 아니다.

그리하여 두 세제곱의 합인 수들을 $91 = 3^3 + 4^3$, $1027 = 3^3 + 10^3$ 등과 같이 쉽게 뽑아낼 수 있고,

$$197^3 + 117019 = 198^3$$
$$306^3 + 281827 = 307^3$$

과 같이 다른 것들을 임의로 더하여 표에서 수행한 바와 같은 해당 관계식으로 만들 수 있다. 그런 다음 $x^3 + y^3 + z^3 = n^3$에 대하여 $n = y + 1$이라고 하면,

$$\frac{4(x^3 + z^3)}{3} - \frac{1}{3} = 4y^3 + 4y + 1 \quad (1)$$

라고 도출된다. 그리고 나서 해당 방정식을

$$4^3 + 5^3 + 3^3 = 6^3 \qquad 31^3 + 102^3 + 12^3 = 103^3$$
$$10^3 + 18^3 + 3^3 = 19^3 \qquad 46^3 + 197^3 + 27^3 = 198^3$$
$$19^3 + 53^3 + 12^3 = 54^3 \qquad 64^3 + 306^3 + 27^3 = 307^3$$

과 같은 형태로 적으면, x, y, z, n의 값이 다음과 같이 표시될 수 있음을 알 수 있다.

x	$3 \cdot 1 + 1$	$3 \cdot 3 + 1$	$3 \cdot 6 + 1$	$3 \cdot 10 + 1$	$3 \cdot 15 + 1$	$3 \cdot 21 + 1$
y	5	18	53	102	197	306
z	$3 \cdot 1^2$	$3 \cdot 1^2$	$3 \cdot 2^2$	$3 \cdot 2^2$	$3 \cdot 3^2$	$3 \cdot 3^2$
n	6	19	54	103	198	307

그러므로 z는 $3a^2$의 형태를 취하는 것으로 드러난다. 이러한 z

값에 대하여 x는, r을 교대로 $r=2a-1$이나 $2a$라고 할 때,

$$x=3(1+2+3+\cdots+r)+1$$

이라는 형태를 취한다. 즉,

$$x=6a^2\pm 3a+1$$

이다. 식 (1)을 이 값으로 치환하면,

$y=9a^3+6a^2+3a$, 또는 $9a^3-6a^2+3a-1$이고,

$n=y+1=9a^3+6a^2+3a+1$, 또는 $9a^3-6a^2+3a$

라고 할 때,

$$\begin{aligned}&324a^6\pm 432a^5+360a^4\pm 180a^3+60a^2\pm 12a+1\\&\quad=4y^2+4y+1\end{aligned}$$

이 되어 일반해를 제공한다.

시라이시에 의해서 제시된 기하 문제들 가운데에서는 이케다(池田貞一)의 이름으로 된 두 문제가 대표적인 것으로 언급될만하다.

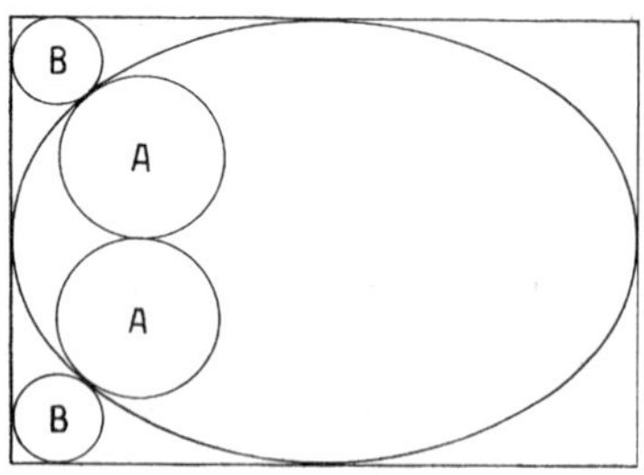

첫 번째는 다음과 같다. "직사각형 안에 타원이 내접해 있는데, 둘씩 같은 네 원들이 그림에 보이는 바와 같이 그려져 A와 B가 타

원상의 같은 점에서 접하고 있다. 원들의 지름들(a와 b)이 주어질 때, 타원의 작은 축을 구하라." 이것의 답은 $a+b+\sqrt{(2a+b)b}$로 주어진다.

두 번째는 구체에서 그것의 중심을 축이 통과하는 정다각형 프리즘에 의하여 절단되는 부피를 구하라는 것이다.

또 다른 두 문제가 주어진 것은 시라이시의 제자인 요코야마와 바이슈에 의해서 풀렸는데, 한 문제는 원통에서 그것과 직교하며 표면의 한 점과 닿아 있는 다른 원통에 의하여 절단되는 부피를 구하라는 것이고, 다른 문제는 구체에서 그것의 중심을 축이 통과하는 타원형 통(elliptic cylinder)에 의하여 절단되는 부피를 구하라는 것이다.

「샤메이 삼푸」는 구체가 그것의 중심을 통과하는 선상에 서로 접해 있는 두 개의 동일한 원통에 의해서 관통될 때 남는 구체의 표면적을 구하기, 구체의 표면적에서 그것과 표면이 한 점에서 접하는 원통에 의하여 절단되는 넓이를 구하기, 원뿔에서 그것의 축과 직교하면서 관통하는 원통에 의하여 절단되는 부피를 구하기와 타원체(ellipsoid)의 표면적 구하기를 포함해서 이러한 일반적인 성격의 많은 문제들을 수록하고 있다.

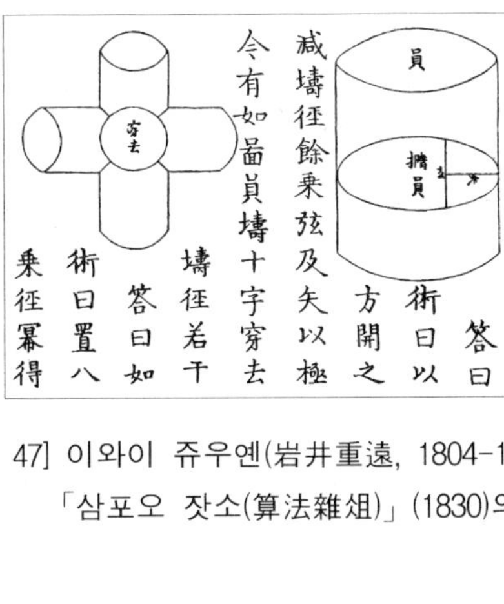

[그림 47] 이와이 쥬우엔(岩井重遠, 1804-1831)의
「삼포오 잣소(算法雜俎)」(1830)의 일부

시라이시는 또한「스우리 무진조오(數理無盡藏)」541)라는 제목의 저술도 썼으나, 출판된 적은 없다. 그것은 기하적인 성격의 공식들과 관계식들을 집대성한 것이다. 그의 제자인 키무라 쇼오쥬(木村尙壽)는 1828년에「온치 산소오(溫知算叢)」를 간행했는데, 그것도 넓이와 부피에 관한 많은 문제들을 수록하고 있다.

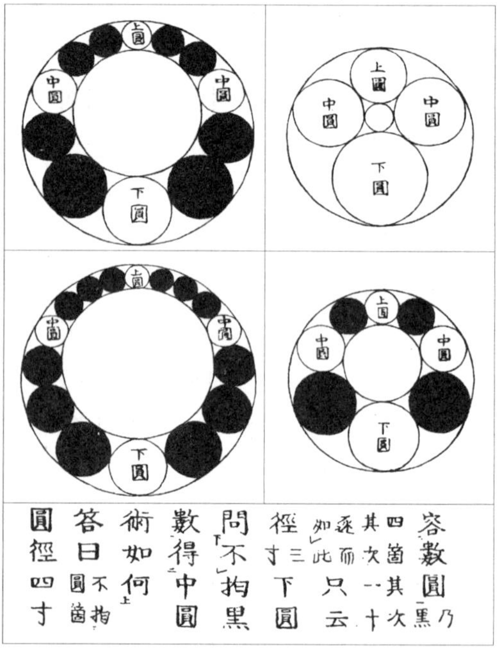

[그림 48] 아이다 야스아키의「삼포오 코오콘 츠우란(算法古今通覽)」의 일부

시라이시에 의해 제시된 것들과 비견되는 흥미로운 접점 문제들은 19세기의 많은 문헌에서 발견된다. 예를 들면, 이와사키 토시히사라

541) "수학적 이치의 끊임없는 원천." 그것은 이케다(池田貞一)의 이름으로 되어 있다.

는 인물의 연대미상 문헌에 나오는 [그림 50], [그림 51]과 아이다 야스아키의 저작에 나오는 [그림 48]이 그것이다.

엔리를 측정에 적용한 또 하나의 저작인 이와이 쥬우엔(岩井重遠) 또는 시게토오의「삼포오 잣소(算法雜俎)」는 1830년에 등장했다. 이와이는 조오슈우 지방에 살았던 부유한 농민이었으며, 시라이시 밑에서 수학했다. 그도 교차하는 원통 문제([그림 47]을 볼 것)와 닻 원(anchor ring)의 평면분할의 넓이를 구하는 문제를 제시했다.

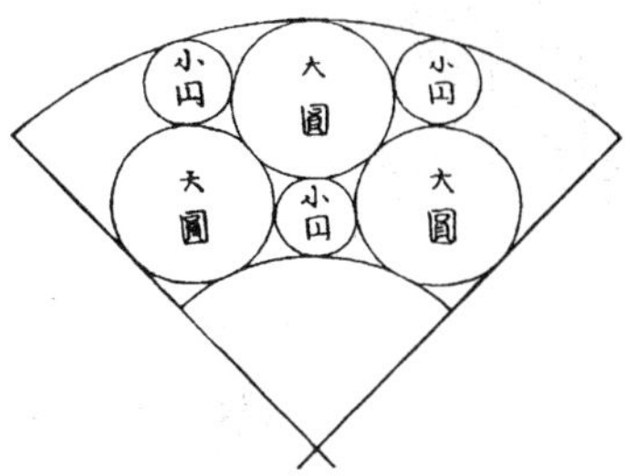

[그림 49] 호리이케의「요미오 삼포오」(1829)의 일부

1837년에 이와이는「엔리 효오샤쿠([算法]圓理氷釋)」[542)]라는 제목이 붙은 두 번째 저작을, 비록 그것이 켐모치 요오시치(劍持要七[章行])에 의해 쓰여졌다고 전해지기는 하지만, 출간했다. 이 책에서는 고차원적인 엔리 연산이 처음 공개되었으며, 투영의 관념도 엿보인다. 같은 해에 출판된 호리이케 히사미치(堀池久道)의「켑피 삼포오(攓楣算法)」도 이런 점들에서는 그것과 유사하다. 호리이케의「요미오 삼포오(要妙算法)」(1829)에는 흥미로운 부채 문제 몇 개가 들어 있다([그림 49]를 볼 것).

---

542) "엔리법 해설."

그러나 보다 재능 있는 수학자로서 훨씬 더 알려졌던 인물은 우치다 고칸(內田五觀)[543]으로서 그는 27세의 나이에 한 저작을 출판하여 즉각적으로 유명해졌다.

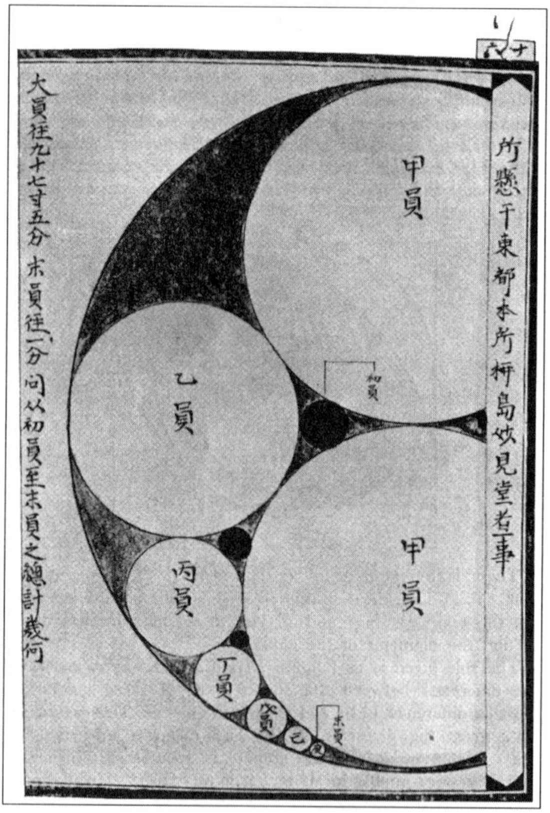

[그림 50] 이와사키 토시히사의 저술에 보이는 내접 문제

543) 또는 우치다 이츠미.

우치다는 1805년에 태어났으며, 쿠사카 밑에서 수학을 공부하여 즉시 그의 수제자 반열에 들게 되었다. 1832년에 그는 두 권으로 된 「코콘 산칸(古今算鑑)」[544]을 펴냈는데, 그 속에는 전적으로 새로우면서도 보다 고차원적인 엔리 문제들이 다수 포함되어 있다. 예를 들면, 타원형 쐐기(elliptic wedge)의 분할 문제는 와산에서는 새로운 면모였으며, 다음 문제들은 오래된 문제들에 대한 그의 관심도 잘 보여준다.

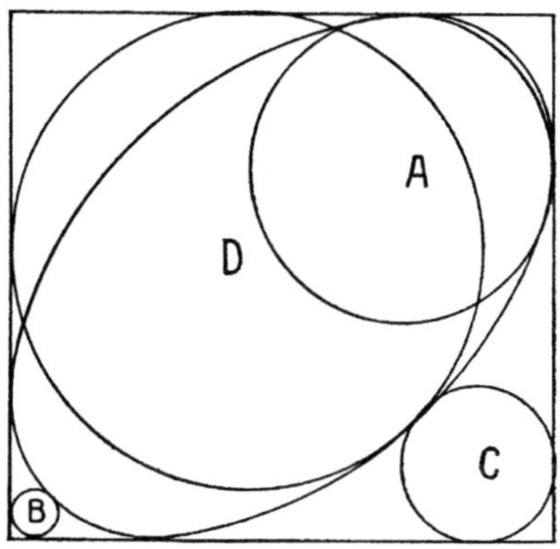

그림에 보이는 바와 같이 타원과 네 원이 내접하는 직사각형이 있다. 세 원 A, B, C의 지름, 즉, a, b, c가 주어질 때, 원 D의 지름을 구하라.

제시된 풀이법은 다음과 같다. a와 b를 c로 나눈 다음, 이 값들의 제곱근 사이의 차이를 구하라. 이 차이에 1을 더하고 그 결과를 제곱하라. 이 값을 c로 곱하면 D의 지름이 나온다. 이 풀이법은 우치

544) "고금 수학문제들의 거울."

다의 동시대인들과 직속 후계자들에 의해서 의심을 받았으나, 그들은 그것이 잘못임을 밝힐 수 없었다[545]. 그러나 우치다도, 비록 그의 저작 어디에서도 찾아볼 수는 없지만, 그것을 알고 있었다[546]. 우치다는 또한 몇 가지 흥미로운 부채 문제들을 제시하기도 했다([그림 55]를 볼 것).

우치다는 1882년에 사망했는데, 자기 자신의 저술들 뿐 아니라 제자들의 저작들을 통해서 수학에 대하여 가치가 없지 않은 기여를 했다[547]. 후자의 저술로는 다른 몇 가지를 언급하지 않더라도 시노 치쿄오(志野知鄕)의 「칵키 삼포오(豁機算法)」(1837), 켐모치(劍持章行)의 「탄이 삼포오(探頤算法)」(1840)와 「삼포오 카이운(算法開蘊)」(1848), 후지오카(藤岡有貞)의 「삼포오 엔리추우(算法圓理通)」(1845), 타케노우치(竹內修敬)의 「삼포오 엔리 카파츠(算法圓理括發)」(1849), 그리고 쿠와모토 마사아키(桑本政明)의 「센엔 캇츠우([算法]尖圓豁通)」(1855)를 들 수 있다.

545) 이 정보는 1909년 사망할 때까지 옛 일본 학파의 지도자 중 유일한 생존자였던 T. 하기와라로부터 얻은 것이다.

546) 이 정보는 우치다의 제자 중의 한 명인 C. 카와키타와 교신을 하다가 알게 되었다.

547) 「혼쵸오 스우가쿠 코오엔슈우」에 실린 C. 카와키타의 논문, p. 20. 시노 치쿄오의 필명이 켄잔(權山)이었다.

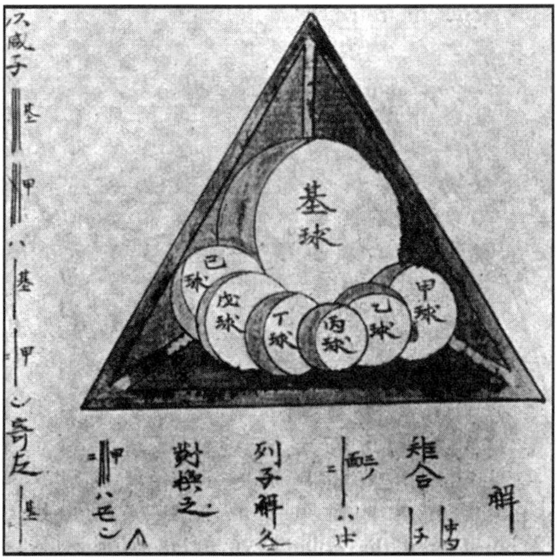

[그림 51] 이와사키 토시히사의 저술에 보이는 정사면체에 내접한 구체의 문제

와다의 동시대인으로는 또한 1834년에 「엔리칸([算法]圓理鑑)」을 펴낸 사이토오 기기(齊藤宜義)를 언급하지 않을 수 없다. 진정한 저자는 사이토오의 아버지인 사이토오 기쵸오(齊藤宜長, 1784-1844)일 수도 있는데, 그 역시 수학에 깊은 흥미를 가졌던 인물이었다. 부자는 모두 죠오슈우 지방의 유복한 농민이었으며, 수학 연구는 어느 정도 여기에 속했다. 「엔리칸」은 그 속에 중심(重心) 문제와 룰레트에 관한 몇 문제를 포함하고 있다는 사실 때문에 이렇게 지나가면서 언급할 가치가 있다.

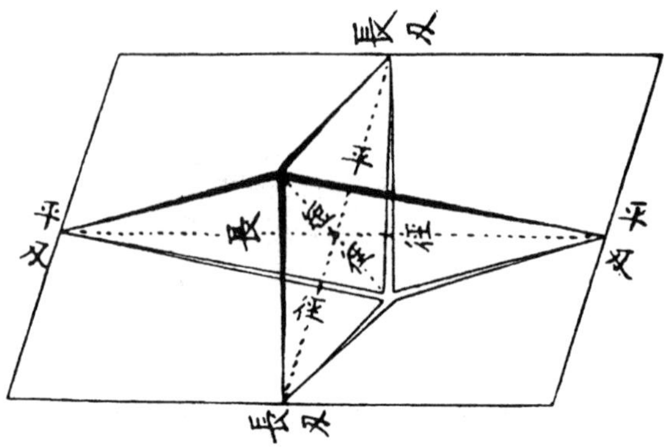

[그림 52] 코바야시의 「삼포오 코렌(算法瑚璉)」(1836)의 일부

1836년에는 코바야시 타다요시(小林忠良)의 「삼포오 코렌(算法瑚璉)」이 등장했는데, 그 책에는 교차하는 원통들의 부피와 기울어진 표면에 관한 문제가 고찰되고 있다. 후자는 다음과 같이 진술된다. "위에서 보면 직사각형처럼 보이고, 오른쪽, 왼쪽, 또는 뒤에서 보면 마름모꼴처럼 보이는 마름모꼴 직사각형(rhombic rectangle)[548]이 있다. 세 축이 주어질 때, 표면적을 구하라." 여기서 밑면은 변형사변형(gauche quadrilateral)이다(그림은 [그림 52]에 제시되어 있음). 사이토오도 1840년에 비슷한 저작인 「엔리 신신(圓理新新)」을 펴냈다.

같은 시기 무렵에 다소 성격이 같은 많은 저작들이 나왔는데, 그 가운데의 최상의 것들은 다음과 같이 언급할 수 있을 것이다.

고급 텐잔(点竄) 이론서로서 마방진을 다룬 고카이 암폰(御粥安本, 1796-1862)의 「삼포오 셈몬 쇼오(算法淺問抄)」(1840)([그림 54]).

548) 이것은 "쵸쿠 비시"를 직역한 것이다. 도형은 입체로서 문제 속에 정의되어 있다.

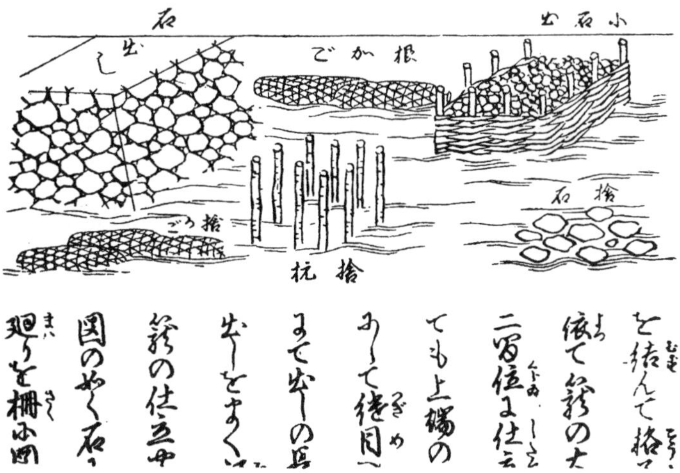

[그림 53] 무라타 츠네미츠(村田恒光)의 「삼포오 지카타 시난(算法地方指南)」(1835)의 일부

당대의 문제들에 대한 폭 넓은 공식 목록과 탁월한 삽화들이 들어 있는 야마모토 카젠(山本賀前)의 「삼포오 조쥬츠(算法助術)」(1841)[549]. ([그림 57]을 보라.)

텐잔 대수를 타원에 적용하여 관련지은 무라타 츠네미츠(村田恒光)의 「소쿠엔 쇼카이」(1833)와 공학 문제들을 다룬 「삼포오 지카타 시난(算法地方指南)」(1835)([그림 53]). 무라타의 제자인 토요타도 텐잔 대수를 타원에 적용하여 관련지은 「삼포오 다옌카이」를 1842년에 썼다[550].

549) "수학적 계산의 길잡이."

550) 무라타의 저작 외에도 Endo, Book III, p. 129를 참조함.

[그림 54] 고카이 암폰(御粥安本)의 「삼포오 셈몬 쇼오(算法淺問抄)」(1840)에 보이는 마방진

1794년 쿄오토에서 불교 승려인 카쿠도오(覺道)에 의해 쓰여져서, 1836년에 출판된, 엔리의 개요를 제시한 「엔리 키쿠 삼포오(圓理規矩算法)」라는 제목의 저작.

치바 타네히데(千葉胤秀)의 이름으로 되어 있으나, 실제로는 하세가와 칸(長谷川寬, 1782-1838)의 저작인 대규모 수학 개론서 「삼포오 신쇼(算法新書)」(1830).

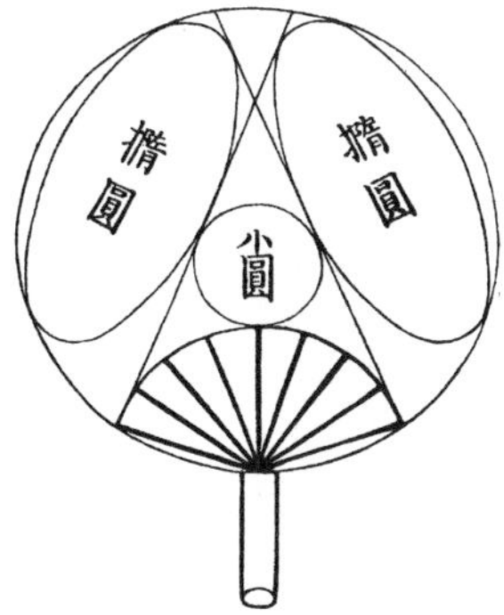

[그림 55] 우치다 고칸(內田五觀)[551]의 「코콘 산칸(古今算鑑)」 (1832)의 일부

초편이 야마모토 카젠(山本賀前)에 의해서 1833년에, 그리고 2편이 오오무라 잇슈우(大村一秀, 1824-1891)에 의해서 1841년에 출판된 「삼포오 텐잔 테비키구사(算法点竄手引草)」. 이것은 천원 대수에 관한 논문이다. 이 책에 들어 있는 부채 문제들 가운데 몇몇은 상당한 흥미를 자아낸다.([그림 58]을 보라.)

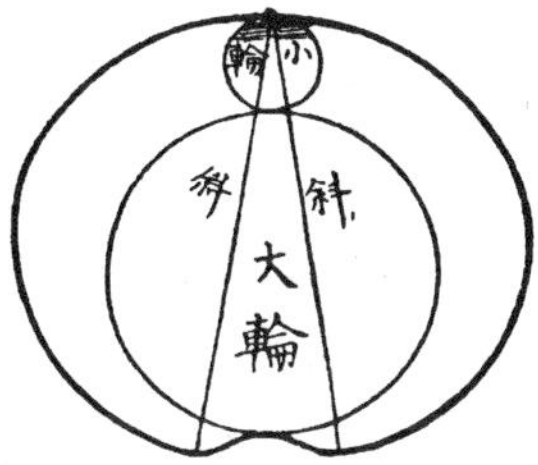

[그림 56] 미나미 료오호오(南亮方)의 「삼포오 엔리 산다이(算法圓理三臺)」 (1846)의 일부

551) 內田恭(1805-1882)인 듯함.[역주]

부정분석(indeterminate analysis)에 관한 논문인 키쿠치 쵸오료오(菊池長良)의 「삼포오 세이수 키겐쇼오(算法整數起源抄)」(1845).

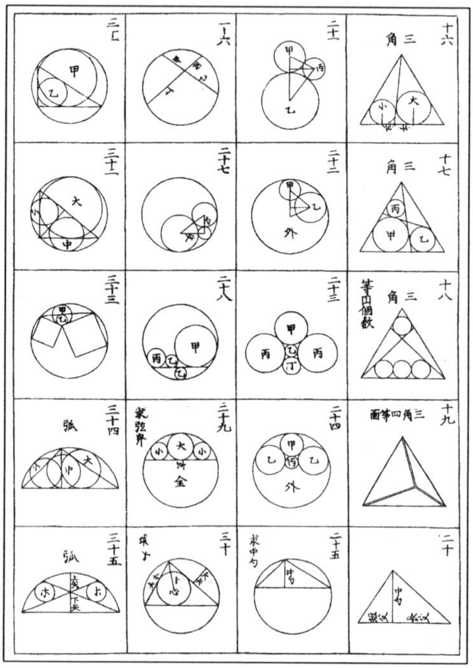

[그림 57] 야마모토 카젠(山本賀前)의 「삼포오 조쥬츠(算法助術)」(1841)의 일부

룰레트([그림 56]을 보라)를 다루고 있는 미나미 료오호오(南亮方)의 「삼포오 엔리 산다이(算法圓理三臺)」(1846)와 이와타 세이요오와 코바야시(타다요시가 아님)의 「쥰텐도오 삼푸(順天堂算譜)」(1847)[552]. 미나미의 책의 첫 열 페이지는 아라비아 숫자로 표시되어 있어서 흥미롭다.

552) "쥰텐도오 수학문제집."

고급 엔리 연구서인 카에츠(加悅俊興)의「삼포오 엔리 카츠노(算法圓理括囊)」(1851). 이것은 매우 훌륭하다고 여겨져서 중국에서도 간행되었다.

모두 상당히 잘 되어 있는, 기하 문제 계열의 저작들인 이와사키 토시히사의「야추 작 카이」(1831),「사쿠엔 류콰이기」,「심페키 삼포오」.

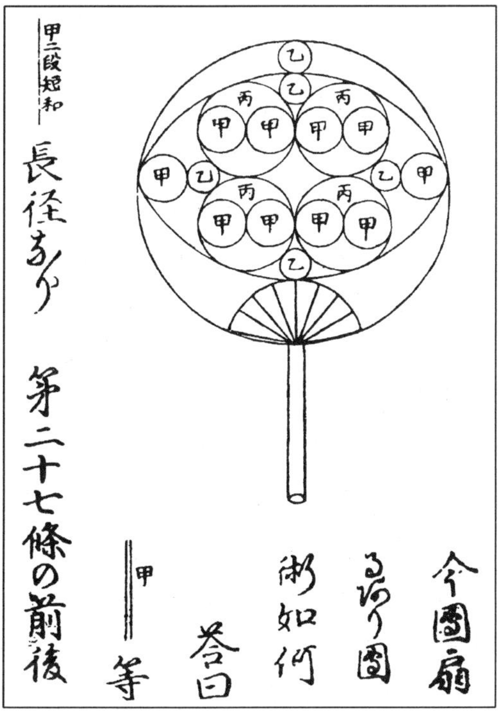

[그림 58] 야마모토 카젠(山本賀前)과 오오무라 잇슈우(大村一秀)의「삼포오 텐잔 테비키구사(算法点口手引草)」(1833, 1841)의 일부

후일 「삼포오 키쇼」(算法奇賞)라는 제목으로 널리 알려진 바바 세이토(馬場正統)[553]의 「시사츠 헨카이(祠刹匾掲)」(1830).

자신의 제자인 우치다 큐우메이(内田久命)의 명의로 출판된 하세가와 코오(長谷川弘, 1810-1887)의 「큐우세키 츠우코오([算法]求積通考)」(1844)[554]. 이것은 방금 언급된 저작들보다 더 중요하다. 그것은 5권으로 이루어져 있으며, 극한과 와다 네이의 "접이표"의 사용으로부터 시작하여 엔리를 매우 체계적으로 다룬 것이다. 그것은 원형 쐐기와 그의 부채꼴, 원통들과 구체의 교차([그림 59]를 보라), 와다에 의해 연구된 여러 종류의 달걀 모양이나 원들, 그리고 파선(擺線, cycloid)이나 외파선(外擺線, epicycloid)들에 대해서까지 다루고 있다.

현수선(懸垂線, catenary)에 대한 연구는 1860년에 시작되었다. 그것에 관심을 기울인 최초는 오오무라와 카가미였지만, 그것이 논의되어 출판된 최초의 저작은 하기와라 테이스케(萩原信芳, 1828-1909)의 「삼포오 호오엔칸(算法方圓鑒)」(1862)이다. 이 책에 등장하는 또 다른 흥미로운 문제는 구체와 평면의 접점의 궤적에 관한 것인데, 구체가 평면 위를 돌아다니면서 평면과 수직을 이루면서 접하는 환형 닻과 항상 맞닿아 있다. 하기와라는 또한 「삼포오 엔리 시론(算法圓理私論)」(1866)이라는 제목의 책도 펴냈는데, 아리마 요리유키(有馬頼僮)의 「슈우키 삼포오(拾璣算法)」(1769)가 등장한 때부터 자신의 시대에 이르기까지 여러 시대에 걸쳐서 출판된 22 책 속에 나오는 34 문제들의 결과들을 바로잡았다([그림 60], [그림 61]을 보라). 그는 또한 고급 엔리 문제들에 대한 연구의 결과로서 「엔리 산요오(圓理算要)」(1878)라는 제목의 책도 펴냈다. 「레이칸 삼포

553) 바바 세이토(1800-1860)는 安島直圓의 제자인 馬場正督의 아들이다. 日本學士院 編, 「明治前 日本數學史」 제4권, 50쪽을 참조.[역주]

554) "구적법에 대한 일반적 고찰."

오(蠡管算法)」라고 불리는 그의 원고는 1910년에 다수의 일본 학자들의 노력을 통해 간행되었다. 하기와라는 1828년에 태어났으며, 조슈 지방의 빈한한 농부였다. 1854년까지는 수학에 관심을 갖지 않았으나, 그 학문에 대한 취향을 인식하고서부터 그는 사이토의 제자가 되었으며, 스승과 하루 종일 보내기 위해 명절 전야에 10 마일을 걸어가기도 했다. 그는 1909년 11월 28일, 옛 학파 최후의 이 위대한 수학자가 서거하는 그 날까지 원고를 차곡차곡 쌓아두기만 했다.

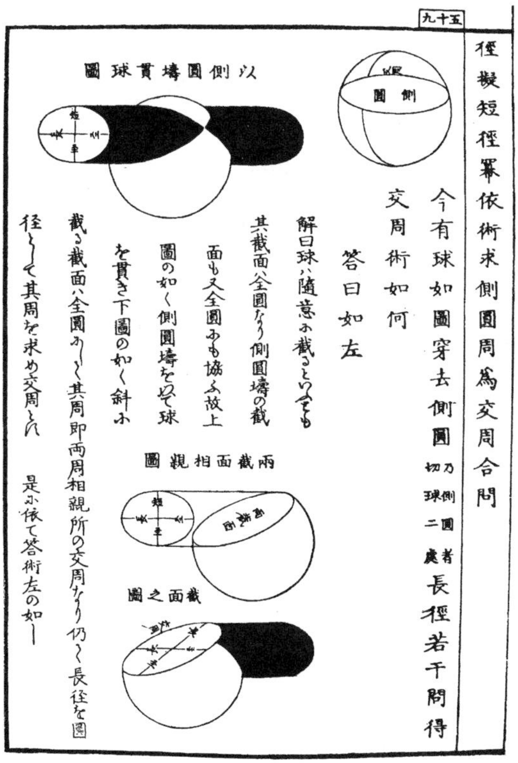

[그림 59] 하세가와 코오(長谷川弘)의「큐우세키 츠우코오(算法求積通考)」(1844)의 일부

하기와라와 동시대인이며, 1868년 쇼군이 천황에게 굴복했을 때 살아있었던 지도적 수학자들에 대해서 언급이 가해져야만 할 것이다. 이 가운데, 호오도오지 와쥬우로오(法道寺和十郎)는 1820년에 태어나서 1871년에 사망한 사람이다[555]. 그는 히로시마에서 대장장이의 아들로 태어났으며, 비록 유랑하는 삶을 살았으나, 수학적 능력만큼은 출중했다. 일설에 따르면, 카에츠(加悅俊興)의 「엔리 카츠노오(圓理括嚢)」의 실제 저자는 바로 그라고 한다. 그는 다른 몇 권의 책을 썼다고도 알려져 있지만, 그것들이 그 자신의 이름 하에 출판되지는 않았다.

이와타 코오산(岩田好算, 1812-1878)은 사무라이로 태어나, 타원에 각별한 관심을 바쳤다. 다음의 그의 문제들 가운데 가장 유명한 것이다. 그림에서 보는 바와 같이, 두 개의 직선과 네 개의 원 A, B, C, D에 접한 타원 E가 있다고 하자. A, B, C의 지름이 주어졌을 때, D의 지름을 구하라. 1866년에 제시된 그의 풀이는, a, b, c, d가 차례대로 A, B, C, D의 지름일 때, 기본적으로 $a : b = c : d$의 비례가 성립된다는 것이다. 그 문제는 후일 테라오 등에 의해서 네 원 대신에 네 원뿔곡선으로 확장되었다.

555) 「혼쵸오 스우가쿠 코오엔슈우」에 실린 C. 카와키타의 논문, p. 23.

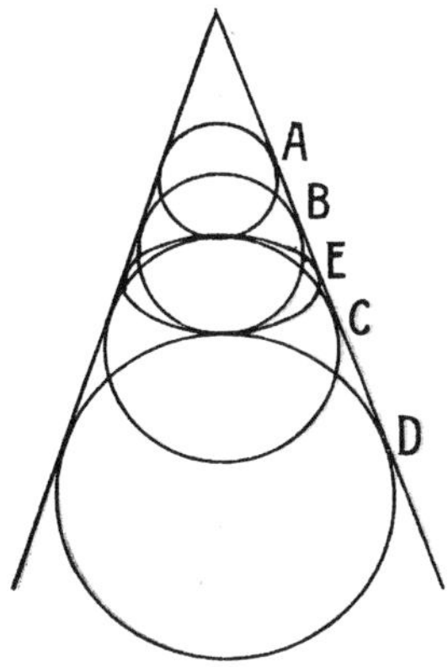

쿠와모토 마사아키(桑本政明)는 1855년「센엔 캇츠우(尖圓豁通)」를 썼으며, 거기서 그는 당시 관심의 대상이 되었던 여러 종류의 룰레트([그림 62]), 타원형 쐐기([그림 63]) 및 기타 형태들을 다루었다.

타카쿠 켄지로오(高久鎌次郎, 1821-1883)는「쿄쿠수 타이세이 쥬츠(極數大成術)」를 써서 최대값·최소값 이론에 기여했다.

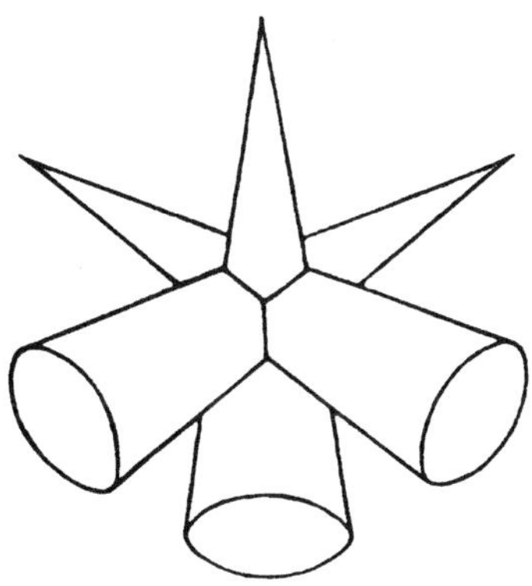

[그림 60] 하기와라 테이스케(萩原信芳)의「삼포오 엔리 시론(算法圓理私論)」(1866)의 일부

후쿠다 리켄(福田理軒, 1815-1889)은 처음에는 오사카에서 살다가 마지막에는 도쿄에서 살았다. 그는 상당히 명망 있는 교사였으며, 그의 「삼포오 타마테바코(算法玉手箱)」는 1879년에 나왔다.

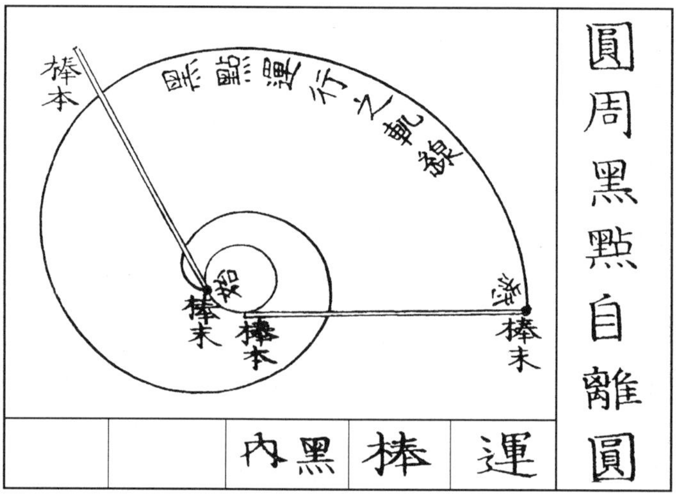

[그림 61] 하기와라 테이스케의 「삼포오 엔리 시론」(1866)의 일부

야나기 유에츠(柳楢悦, 1832-1891)는 해군 장교였는데, 전통 일본수학에 관심이 컸다.

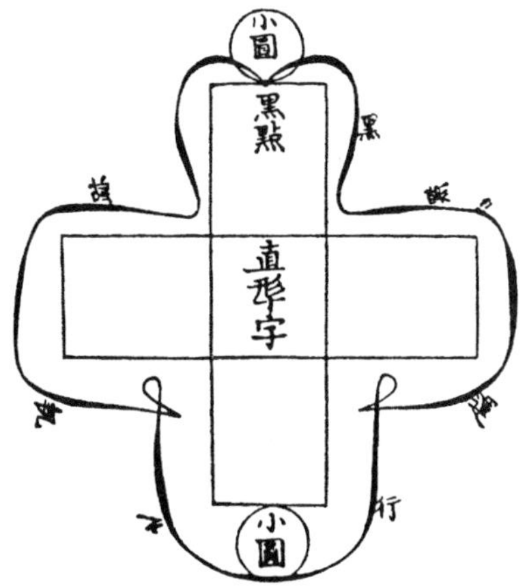

[그림 62] 쿠와모토 마사아키(桑本政明)의 「센엔 캇츠우(尖圓豁通)」(1855)의 일부

아직도 살아있을 것으로 여겨지는 스즈키 엔(鈴木圓)은 여러 가지 모양의 도형들에 내접하거나 외접한 원들에 관한 연구서(1878)[556]를 저술했다.

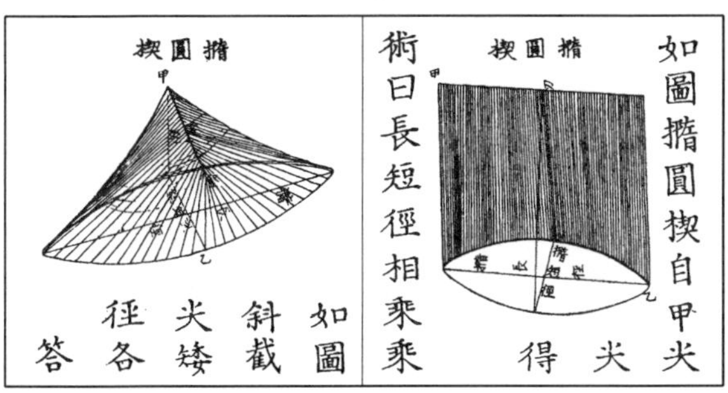

[그림 63] 쿠와모토 마사아키의 「센엔 캇츠우」(1855)의 일부

556) 아마도에 보이는 「容術新題」를 지칭하는 듯하다.[역주]

이렇게 해서 일본의 토착 수학인 옛 와산은 종언을 고한다. 서양과학과 경쟁해봤자 소용없다는 무의식적인 절망감이 일본의 개국을 앞두고 반 세기동안이나 영향을 미쳤다. 이 기간 내내 사실상 와다 네이(和田寧)의 쓸 만한 후계자는 나타나지 않았으며, 일본의 정계를 침투하고 있었던 고립의 시대가 사라져간다는 느낌은 과학분야에도 스며드는 듯했다. 토착 수학에 대한 절망감으로 휩싸인 학자들과 더불어 서양과학의 유입의 분위기는 무르익었는데, 이러한 해외로부터의 영향에 관해서 우리는 마지막 장을 바치려고 한다.

第 14 장 서양수학의 도입

우리는 이미 9장에서 17세기의 일본과 서양 수학간의 — 제아무리 미약하더라도 — 관련 가능성에 대해서 상당히 길게 언급한 바 있다. 시간이 경과함에 따라 그러한 관련 가능성은 증가되었고, 드디어 19세기에는 서양 수학이 와산의 지위를 빼앗기에 이르렀다. 1650년에서 일본의 문호개방까지 약 두 세기에 걸친 이 기간 사이에 유럽 수학에 대한 지식은 나가사키의 화란 상인들의 대리점 뿐 아니라 예수회 선교사들의 영향을 받아서 쓰여진 후기 중국 저작들을 통해서 점차 국경을 넘어 들어갔다. 이 선교사들은 학식을 갖춘 인물들이었으며, 그들은 그러한 학식으로 중국 고위 인사들에게 강한 인상을 심어줌으로써 활동을 개시하였다. 예컨대, 마테오 리치(1552-1610)는 쉬쾅칭(徐光啓, 1562-1634)의 도움을 받아 1607년 유클리드를 중국어로 번역했으며, 그와 그의 동료들은 서양 천문학을 북경의 학자들에게 소개하였다. 그러나 이러한 지식은 극히 일부만이 일본에 전래될 수 있었음을 인식할 필요가 있다. 예를 들어, 유클리드는 18세기초까지 알려지지 않았고, 그것이 북경에서 선을 보인 후 두 세기 반이 지나도록 널리 알려지지 않은 듯이 보인다.

그러나 일본에서 짧은 기간 동안 예수회 선교사들에 의하여 이루어진 일과 제대로 주목을 받지 못해 온 수학에 미쳤을 가능한 영향에 대해서 언급하지 않으면 안 된다[557]. 포르투갈 선박이 1542년 일본 연안에 좌초된 후에 곧 상인들과 예수회 선교사들이 그 나라로 진입하

557) 그것에 관해서는 P. Harzer, *Die exakten Wissenschaften in alten Japan*, Kiel, 1905에 간단히 언급되었을 뿐이다.

려고 시도하게 되었다는 사실은 널리 알려져 있다. 1549년에는 자비에르(Xavier), 토레스(Torres), 그리고 페르난데스(Fernandez)가 사츠마의 카고시마에 상륙하였다. 1582년에 일본 기독교도들이 로마에 선물을 휴대한 대표단을 파견했고, 그 무렵 12,000명[558]의 기독교 개종자들이 교회에 받아들여졌다고 주장되었으므로, 이 선교사들과 특히 "인도제도의 사도"(Apostle of the Indies)라는 성 프란시스 자비에르의 영향은 크다고 하지 않을 수 없다. 1587년에는 선교사들을 일본에서 추방하라는 명령이 내려졌고, 그 후 40년 동안은 기독교 근절 절차가 전국적으로 수행되었다.

이 업적의 어디에서도, 예수회 선교사들이 일본에 세웠다고 알려진 학교에서마저도 수학교육의 흔적은 찾을 길이 없다. 그럼에도 불구하고 그 당시 유럽이 배출했던 가장 박식한 승단으로서 성원 자격에 천문학과 순수수학에 대한 탁월한 능력을 갖춘 자들을 포함시켰던 승단의 영향은 감지되지 않을 수 없다. 만일 그것이 단지 서양 수학연구의 성격을 암시한다면, 일본의 과학연구 집단 내에서 17세기에 활동이 재개된 것을 설명하기에 충분할는지 모른다. 수학에 대한 선교사들의 영향이 이보다 더 잘 드러나는 증거는 거의 없을 것이다.

또한 윌리엄 애담스(William Adams)라는 이름의 영국인이 17세기초 에도에 한 동안 살면서 이에야스의 조정에 출입했다는 사실도 언급되지 않으면 안 된다. 그가 조선술을 지도했으며, 조정에서 영예를 수여 받았으므로 그곳의 실용수학에 영향을 주었을 가능성을 배제할 수가 없다. 또한 「키쿠쥬츠 덴라이 노 마키(規矩術傳來卷)」라는 저술에는 나가사키의 히구치 곤예몬(樋口權右衛門)이라는 천

558) 적어도 조금 뒤에는, 20만 명에 달했다는 주장까지 있다. E. Bohum, *Geographical Dictionary*, London, 1688.

문학과 점성술에 조예가 깊었던 학자가 카스파르(Caspar)라는 화란인으로부터 측량술을 배우고 그 지식을 자기 나라 사람들에게 전해주었을 뿐 아니라 유럽에서 사용되는 양식으로 도구들을 만들었다는 일화가 들어 있다. 그의 생애에 관해서 우리는 더 이상 아는 바가 없고, 3대 쇼군 치세(1623-1650) 동안에 사망했다는 기록만을 덧붙일 수 있다. 같은 문헌에 보이는 다른 기록은 1792년에서 1796년까지 피터 왈리우스(Peter Walius)라는 화란인이 측량술을 지도했다고 전하지만, 우리는 그에 대해서 더 알지를 못한다.

17세기에는 가능성으로 비쳐졌던 것이 18세기에는 현실이 되기 시작했다. 유럽 학문들이 이제는 직접 혹은 중국을 통해서 일본 학교에 침투하기 시작한 것이다. 예를 들자면, 1713년에는 정세한 중국 논문인 「리샹카오쳉(曆象考成)」과 황제의 칙령으로 편찬된 「수리칭윈(數理精蘊)」이 북경에서 출판되었다. 이 가운데 전자는 천문서이고, 후자는 순수 수학서로서 각각 예수회의 영향을 크게 보여주었다. 이 책들은 일찍이 일본에 전래되어 유럽 학문의 흐름이 그곳의 학자들에게 알려지게 되었다. 또한 그곳에는 중국해를 건너서 메이웬팅(梅文鼎)의 저작들을 모아 놓은 「리수안 취안슈(曆算全書)」가 도입되어 일본 수학자들이 유럽과 접촉할 뿐 아니라 아시아의 강력한 그들의 이웃 나라에서 이루어진 진전을 목도하게 되었다. 예컨대, 타케베는 메이의 저작들을 연구하고 1726년에는 그것들에 관한 논문들을 쓴 것으로 전해지고 있다[559].

나카네 겡케이(中根元圭, 1662-1733)도 같은 시기에 유럽식 방법에 기초해서 삼각함수와 천문학 관련 저술을 남겼는데([그림 64]

559) Endo, Book II, p. 69. 황실도서관에 한 부가 소장되어 있다.

를 볼 것)[560], 이는 메이웬팅의 저작을 연구한 결과임이 분명하며, 아마도 「수리칭원」을 연구한 결과일 수도 있다.

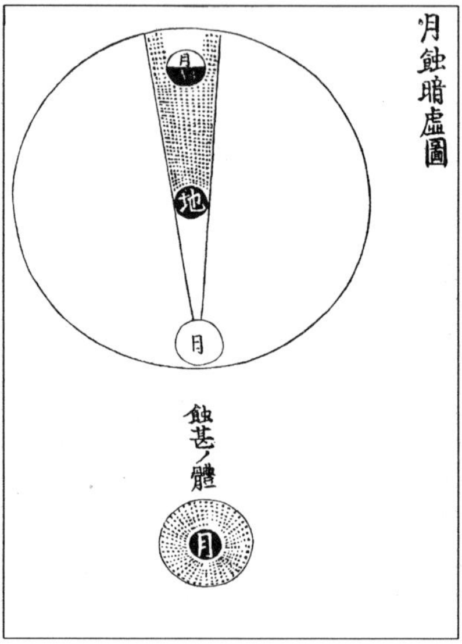

[그림 64] 나카네 겡케이(中根元圭)의 1696년간 천문서의 일부

1758년에 사망한 그의 제자 코오다 신에이(幸田親盈)도 같은 주제에 관해서 저술을 남겼다. 1718년에 간행된 오기노 노부토모의 「키쿠 겐포오 쵸오켄(規矩元法長懸)」([그림 65])과 거의 같은 시기의 무라이 마사히로(村井昌弘)의 「리오치 시난(量地指南)」([그림 66])에서 이루어진 측량 작업을 나타내는 삽화들은 분명히 유럽의 영향을 보여준다.

---

560) 「핫센효오 카이기(八線表(算法)解義)」(8가지 삼각함수 선에 관한 소고)와 「텐몬 즈카이 학키(天文圖解發揮)」(1696). 그는 또한 「코오와 츠우레키(皇和通曆)」와 「코 레기 삼포오」(1714)도 썼다.

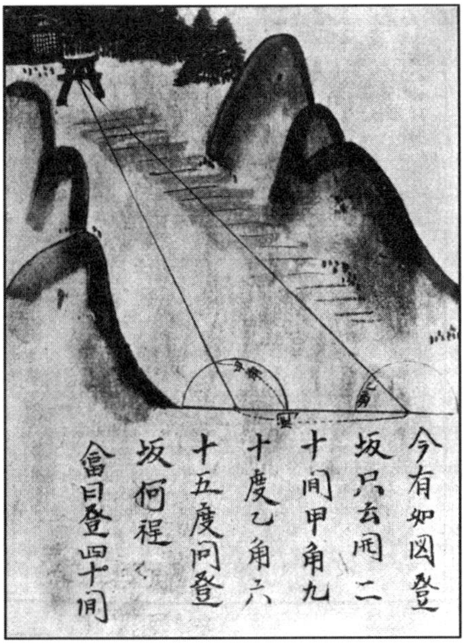

[그림 65] 오기노 노부토모의「키쿠 겐포오 쵸오켄(規矩元法長懸)」(1718)

후대의 저자들은 삼각함수의 주제를 보다 심화시켰다. 예컨대, 아리마 번주의 1769년 작「슈우키 삼포오」에는 구적삼각법(spherical trigonometry) 문제들이 등장하며, 사카베(坂部廣胖)의 1810-1815년 작「삼포오 텐잔 시난로쿠(算法點竄指南錄)」에서는 연구가 훨씬 더 진전된다. 아지마와 타카하시의 동 주제에 관한 저작들도 또한 폭넓은 것이다. 구적삼각법에 대한 에가와 케이시(惠川景之)의 저술은 1842년에 나왔다[561]. 측량관련 문헌의 일부 삽화들은, 이가라시 아츠요시의 1775년경 작인「신키 소쿠리오 호오」([그림 67])와 조금

561)「弧三角捷法解」를 가리킴. 日本學士院 編,「明治前 日本數學史」제4권, 119쪽을 참조.[역주]

더 뒤에 나온 작자미상의 저작([그림 68])에 실린 복제화에서 볼 수 있듯이, 흥미로운 것들이다.

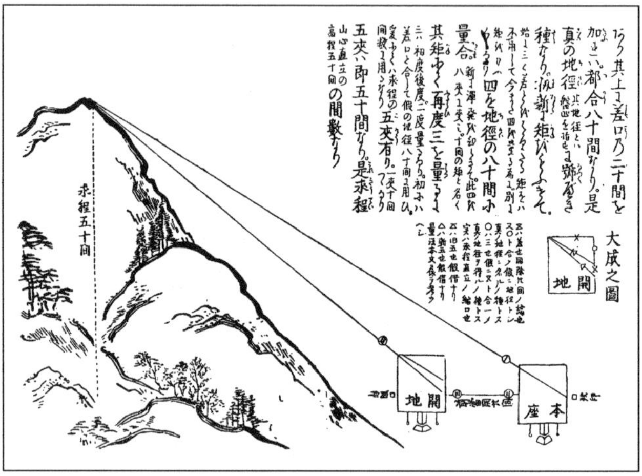

[그림 66] 무라이 마사히로(村井昌弘)의 「리오치 시난」(量地指南)의 일부

유럽식 산술은 18세기에 일본에 전래되기 시작했으나, 종이와 연필로 소로반을 대체하지는 못했으며, 또 딱히 그래야 될 이유도 없었다. 아마도 서양은, 최근 계산기 방면에서 이뤄내고 있는 눈부신 발전에서 볼 수 있듯이, 주판을 완전히 포기한 동양과 러시아, 그리고 대부분의 아라비아에 비해서 더 기계적인 형태의 계산으로 돌아가려는 경향을 보이는 것 같다. 그러나 네이피어의 막대는 일본과 중국의 산사들에게 인기가 있었으며, 일본에서는 그것의 이용에 관한 책들이 저술되었다.

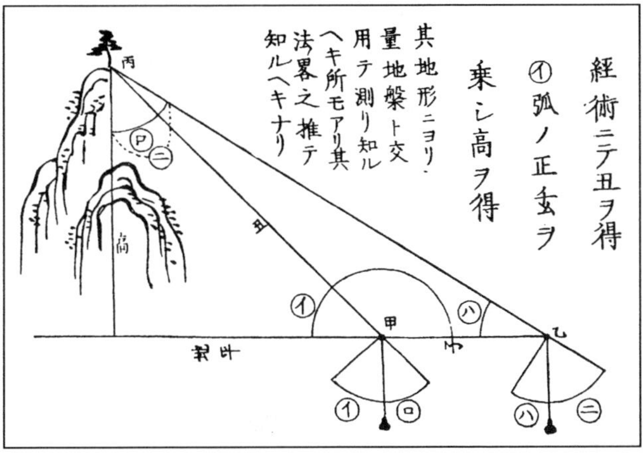

[그림 67] 이가라시 아츠요시의 「신키 소쿠리오호」의 일부

그리고 외국식 산술에 관한 저작도 출판되었으며, 아리자와 치테이의 1725년 작 「추우산 시키」는 하나의 예이다. 이 저작에서 아리자와는 "수염이 붉은 사람들의 산술"(red-bearded men's arithmetic)에 대해서 언급하였는데, 당시의 일본인들은 유럽 사람들을 간혹 그런 이름으로 불렀으며, 중세 서양의 야만인(barbarossa)에 해당되는 말이다. 후일 안세이(安政, 1864-1860)시대에 나온 하나이 켄키치(花井(喜十郎)健吉)의 「세이산 소쿠치(西算速知)」([그림 69]를 볼 것)까지 포함하는 몇몇 다른 저작들을 논외로 하더라도, 1767년과 1768년에 이루어진 센노의 저작은 같은 주제에 관한 것이다. 마에노 료오타쿠(1723-1803)가 어떤 화란 상인으로부터 산수 책을 받았다고 전해지기도 하는데, 그 저작에 관해서는 전혀 알려져 있지 않다. 마에노는 의사였으며, 46세이던 1769년에는 어학 공부를 시작해서 나라 안에서 유명하게 되었다. 그는 천문학에 관한 몇 권을 포함해서 수종의 화란 저작들을 번역했으나, 그가 유럽 수학을 공부했다는

증거는 없다. 그럼에도 불구하고, 여러 계열의 일반적인 사조들과 접촉하지 않고서는 한 언어의 과학 문헌들과 접촉할 수 없으니 만치, 마에노가 미지의 해외 동료들에 의해 이루어진 연구의 성격을 놓고 수학자들과 의사소통을 갖지 않았다는 것은 거의 불가능하다.

[그림 68] 측량에 관한 작자미상 저작의 일부

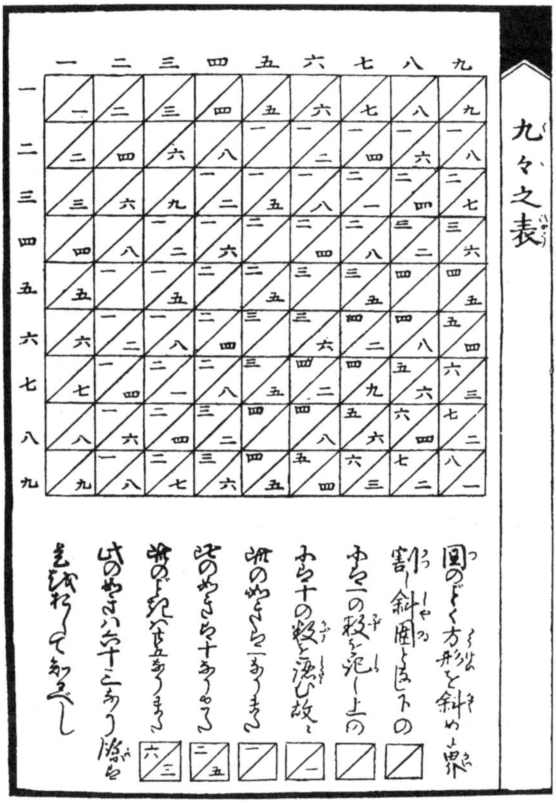

[그림 69] 네이피어의 막대를 보여주는 하나이 켄키치(花井(喜十郎)健吉)의 「세이산 소쿠치(西算速知)」의 일부

마에노와 동시대인으로 나가사키 상인들의 통역이었던 시즈키 타다오(志筑忠雄, 1760-1806)[562]라는 이름의 학자가 있었다. 18세기 말엽에 그는 3부작으로서 그 각각이 두 권씩으로 되어 있는「리키쇼오 신쇼오(暦象新書)」[563]라는 저작의 집필을 시작했는데, 1803

562) 그는 엔도오,「수학사」, Book III, p. 36에 나카노 류우호(中野柳圃)로 나와 있다. 류우호는 그의 호이며, 책의 연도는 1797년으로 되어 있다.

년에 완성을 보았다. 결코 인쇄에 붙여지지 못했던 그 저작은 존 케일(John Keill)[564]의 저서들을 기초로 한 것이다. 1부는 코페르니쿠스의 천문학 체계를 다뤘으며, 2·3부는 역학 이론들을 다루었다. 그 저작의 후반부는 뉴턴의 「프린키피아」(*Principia*)로부터 영감을 받았을 것이다. 그것은 역학과 물리학을 다룬 최초의 일본 문헌으로서 3부의 부록에 칸트나 라플라스와 별도로 제기된 성운 가설(nebular hypothesis)이 들어 있다는 점에서도 주목받을 만하다. 시즈키의 진술로 미루어 볼 때, 그의 이론이 뇌리에 떠오른 것은 1793년경이고[565], 칸트(1724-1804)가 그것을 제시한 것은 1755년까지 소급되는 반면, 라플라스(1749-1827)는 1796년까지 그것에 관한 자신의 추론을 발표하지 않았으므로[566], 그가 칸트의 이론으로부터 암시를 받았을 여지는 있다. 그럼에도 불구하고 라플라스는 그의 이론을 독립적으로 진술한 것으로 알려져 있으므로, 시즈키 역시 마찬가지로 했다고 생각해도 타당하리라고 여겨진다.

「삼포 덴쇼 모쿠로쿠」(수학저술목록)라는 제목이 붙여진 아이다 암메이(會田安明)의 저작에 「오란다 삼포오(阿蘭陀算法)」에 대한 언급이 들어 있다는 점도 지적되지 않으면 안 된다. 이것은 1790년경의 일임에 틀림없다.

시즈키와 동시대인으로는 1804년 40세를 일기로 사망한 천문학자 타카하시 시지(高橋至時)가 있었다. 그는 자신의 전공에 관한 화란

563) "역법에 관한 새로운 연구."

564) 존 케일(1671-1721)은 Oxford 대학의 천문학 교수였다. 그것은 그의 저작들을 Korteweg 박사가 화란어로 번역한 것에 기초했다고 전해지지만, 우리는 라틴 판을 제외하고는 어떤 것도 발견하지 못했다.

565) K. Kano, "On the Nebular Theory of Shizuki Tadao"(일본어판), 「토오요오 가쿠게이 잣시」, XII, 1895, pp. 294-300.

566) *Exposition du Système du Monde*, Paris, 1796.

저작들에 익숙했으며, 그의 저술들에는 존 릴리우스(John Lilius)[567] 라는 이름의 인물과 여러 다른 유럽 학자들로부터의 발췌문들이 들어있다.

유명한 지리학자 이노오 츄우케이(伊能忠敬, 1745-1821)는, 그의 일본 대탐사를 이미 언급한 바 있지만, 타카하시의 제자였는데, 라 란데(La Lande)[568]를 번역했으며, 따라서 자신의 전공과 관련된 유럽 이론을 알게 되었고, 그것을 실제 측량에 활용할 수 있었다. 또한 19세기초에 측량사들에 의해서 사용된 토착 일본식 도구들([그림 70]을 볼 것)이 유럽에서 사용되던 것들과 다르지 않았다는 점도 지적될 수 있다. 그것들은 미려하게 만들어졌으며, 망원경을 장착하지 않은 도구로서는 더 이상 기대할 수 없을 만치 정밀했다. 또한 미토의 나가쿠보 세키스이가 나가사키에서 화란인으로부터 제도술을 배웠으며, 그러한 기획으로 이루어진 지도를 1789년에 출판했으므로, 이노오가 측량에 유럽식 방법을 이용한 최초가 아니었다는 점도 덧붙일 필요가 있다.

타카하시 시지의 아들인 타카하시 카게야스(高橋景保)[569]도 쇼군 막부의 천문관이었으며, 이미 언급한 바와 같이 화란에 봉사하는 독일 과학자와 지도를 교환했다는 죄목으로 옥사했다. 이 과학자는

567) 이것은 타카하시의 둘째 아들인 시부카와 케이유우(澁川景佑)에 의해 마련된 그의 저작 목록에 기록되어 있다. 그 이름은 거기에 일본식으로 적혀서 l을 r처럼 표기하므로 리리우수로 나타난다. 어쩌면 그것은 유명한 천문학자였던 윌리암 릴리(William Lilly)의 저작의 일부일 수도 있다.

568) 엔도오(遠藤, 1971: 587-588)는 라 란데의 천문서 「𧓬蘭垤略暦」의 편역자를 코이데 슈우키(小出修喜)의 양자인 小出光教로 밝히고 있는데, 라 란데의 생몰연대는 1732-1807로 전한다.[역주]

569) 또한 타카하시 케이호오라고도 불리는데, 카게야스는 케이호오를 달리 읽은 것일 뿐이다.

필립 프란츠 폰 지볼트(Philip Franz von Siebold, 1796-1866)로서 그 나라를 탐사한 최초의 유럽 과학자이었다. 그는 독일의 뷔르츠부르크 태생이며, 그곳에서 대학을 다녔다. 1822년 그는 동인도군의 군의관으로서 화란의 군주를 섬기게 되었으며, 나가사키의 화란 정착지인 데시마로 파견되었다. 의술 때문에 그는 각계 각층의 일본인들과 접촉할 수 있었고, 그래서 그 나라의 내부까지 비교적 자유스럽게 접근할 수 있었다. 과학자로서 제대로 훈련을 받았고, 과학 기자재를 풍부히 지급 받고, 상당수의 현지 수집가들을 이용할 수 있었으므로, 그는 그 나라와 관습에 대해서 당시까지 유럽 지역에 실질적으로 알려지지 않았던 민족에 관한 다량의 과학적 정보를 확보하게 되었다. 그 결과 그는 1824년에는「일본동물지(*De Historia Fauna Japonica*)」를, 그리고 1826년에는「일본어개관(*Epitome Lingua Japonica*)」을 펴낼 수 있었다. 그 후 그는 일본과 그 민족에 관한 다른 저술 외에도「일본서적목록(*Catalogus Librorum Japonicorum*)」,「일본도서관 안내(*Isagoge in Bibliothecam Japonicam*)」,「일본의 도서관(*Bibliotheca Japonica*)」을 펴냈다. 그리하여 19세기의 첫 4반세기가 끝날 무렵에는 일본이 외부세계에 꽤 잘 알려지게 되었으며, 외래 과학이 일본 학자들의 연구에 영향을 주게 되었다는 점은 명백하다.

[그림 70] 19세기초의 토착 일본식 측량기구

실제로 소급하자면 이미 1811년에 이러한 지식 교류가 너무나도 진척된 나머지 에도의 천문대에는 번역국이 설립되었으며, 나중(1857)에는 유럽서적조사원으로 변경되었다. 이 두 명칭은 모두 화사하게 들리지만, 결과적으로는 실망스러운 오칭(misnomers)으로 드러났다. 1837년이 되도록 조사원의 이렇다할 실적이 드러나지 않았으며, 그 후에도 야마지 카이코오(山路諧孝)의 「세이레키 심펜」[570]과 다른 몇 가지들을 준비하고, 라 란데[571]를 번역한 게 고작이었다.

570) 역시 쇼군의 천문관이었던 야마지 슈쥬우(山路主住)의 손자(실제로는 主住→之徽→德風→諧孝로 이어지니 "증손자"이다. 단, 德風은 之徽의 양자였음. 日本學士院 編, 「明治前 日本數學史」 제3권, 162-3쪽을 참조.[역주]). 그 저작은 인쇄된 적이 없다(엔도오(遠藤, 1971: 552)는 책이름을 「西曆新書」라고 보고하고 있으며, 화란인 Pybo Stenstra(伯乙勃, 1772)의 천문역서 2권을 옮긴 것이라고 한다.[역주]).

571) 이것이 베이마의 저작들을 기초로 한 것이라고 가끔 운위되기도 한다. 그러나 엘테 마르텐스 베이마(Elte Martens Beima, 1801-1873)는 1842년과 1843년에 나타난 토성의 고리들에 대하여 썼으며, 그런 이름을 가진 다른 유명한 화란 천문학자는 없다.

외래 문물의 영향은 1812년 사카베 코오한이 쓴 저작에서 간접적으로 드러난다. 이것은 항해술에 관한 것으로서 서양의 구적 천문학에 기초한 것이었다. 같은 계열의 또 다른 저작인 「카이로 안신로쿠(海路安心錄)」는 1816년 사카베에 의해서 간행되었다.

1823년에는 요시오 슌조오(吉雄俊藏)가 세 권으로 된 「엔세이 칸쇼오 즈세츠([理學入式]遠西觀象圖說)」를 펴냈다. 쿠사노 요오준[572]가 서문에서 밝힌 바와 같이, 이 책은 화란의 마틴(Martin)[573]과 마티넷(Martinet)[574]의 저술에 기초했다고 되어 있다.

템포오(天保) 시대(1830-1844)에는 코이데 슈우키(小出脩喜)가 천문학에 관한 라 란데의 저작의 일부를 번역하여 천문관에 유럽 역법의 우수성을 밝히려 했으나, 별 다른 주목을 받지 못하였다[575].

1843년에는 이와타 세이요오(岩田清庸)가 유럽식 천문 관측법을 이용한 「쿠보 신케이 시노오(窺望心計示蒙)」(망원경에 관한 설명)를 펴냈다[576].

---

572) 그 저작은 요시오 슌조오에 의하여 구술되어 그에 의해서 발간되었다.

573) 요시오가 그것이 60년 전에 발행되었다고 말하고 있으므로, 아마도 Martinus Martens, *Inwijings Redenvoering over eenige Voorname Nuttigheden der Wisen Sterrekunde*, Amsterdam, 1743일는지도 모른다.

574) Johannes Florentius Martinet(1729-1792). D. Bierens de Haan(*Bibliographie Néerlandaise*, Rome, 1883, p. 183)이 그의 *Katechismus der Natuur*(1777-1779)가 삼몬 삼메에 의하여 일본어로 번역되었다고 기록하고 있으나, 출판에 관한 정보는 없다. 이 주제에 대해서 학문적으로 고찰한 T. 하야시 교수는 이 번역의 흔적을 발견할 수가 없었다. 그의 논문들, "A list of Dutch Astronomical Works imported from Holland to Japan," "How have the Japanese used the Dutch Books imported from Holland," "Some Dutch Books on Mathematical and Physical Sciences," *Nieuw Archief voor Wiskunde*, tweede reeks, zevede deel, and negende deel을 볼 것. 아마도 그 번역은 위에서 언급한 요시오의 작업에 지나지 않을 수도 있는데, 그 이유는 그것의 부제가 *Catechism of Science*이기 때문이다.

575) 후쿠다, 「삼포오 타마테바코」, 1879.

[그림 71] 19세기초의 토착 일본식 측량기구

1851년에는 와타나베 이신(渡邊以親)이 8분의(八分儀, octant)의 사용에 관한 저작을 펴냈는데, 그는 심지어 「오쿠탄토 요오호오 랴쿠즈세츠([町見術]阿弧丹度用法圖說)」라는 제목에 보이는 바와 같이 라틴어를 채택하기까지 했다. 그의 뒤를 이어 무라타 츠네미츠(村田恒光)는 1853년에 6분원의(六分圓儀, sextant)의 사용에 관한 저작을 펴냈다[577]. 팔분의는 유럽으로부터 1780년에 도입되었으나, 쇼군 천문국의 어느 누구도 그 사용법을 몰랐으므로, 천문대 창고에 보관되었었다. 마침내 야마지 카이코오와 몇몇 다른 사람들이 그것을 작동시켜보고 원리를 터득하게 되었으며, 포격술 전문가였던 와타나베가 위에서 언급한 저작을 집필했던 것이다. 그러나 그는 천문 관측에 그것을 이용할 수 있다는 사실은 몰랐으며, 단지 그것이 어떻게 거리 측량에 응용될 수 있는지 만을 밝혀

576) Endo, Book III, p. 131.

577) 이 책은 「六分圓器量地手引草」이다. 日本學士院 編, 「明治前 日本數學史」 제4권, 128쪽을 참조.[역주]

다[578]. 육분원의는 팔분의보다 조금 뒤에 수입되었으나, 그 사용법은 무라타 츠네미츠가 그의 저작을 펴낼 때까지 알려지지 않았고, 심지어 그때조차 토지측량에만 적용되었다[579].

일본인들이 대수를 처음 배우게 된 것은 1713년 북경에서 인쇄된 중국 서적 「수리칭원」을 통해서였다. 이것이 그 주제에 대한 유일한 중국 출판물은 아니었으나, 블라끄 표(Vlacq's tables)[580]의 어떠한 완전한 판본도 그의 사후에 나온 적이 없고, 그 다음 출판물[581]이 1721년 북경에서 나온 예수회의 금자탑[582]이었다는 것은 기이한 사실이다. 그러나 이 중국 저작들의 효과는 그다지 현저하지 못했다. 1798년에 사망한 아지마는 대수를 실제 계산에 응용한 최초의 일본인 수학자들 가운데 한 사람이고, 동 주제에 대한 그의 문헌이 「후큐우 삼포오」(1798)를 쓸 때 쿠사카에 의해서 이용되었지만, 그 표들은 인쇄되지 않았다. 도해로 제시된 것은 「타이신 리오수히오」라는 제목이 붙은 연대미상의 문헌에 보이는, 대수를 소수점 이하 일곱째 자리까지 표시한 작자미상의 대수표이다([그림 72]). 그 표들을 실제로 사용했다는 것을 시사해주는 최초의 인쇄물은 1810-1815년에 출판된 사카베(坂部廣胖)의 「삼포오 텐잔 시난로쿠(算法點竄指南錄)」이다. 그것들에 대해 그는 "이 표들은 비록 수고를 크게 덜어주지만, 우리 나라에서는 인쇄된 적이 없기 때문에 별로 알려지지 않았다. 만일 그것들을 베끼려는 사람이 있어서 내게 요청해

578) Endo, Book III, p. 141.

579) Endo, 같은 책, p. 143.

580) 그의 *Logarithmica Arithmetica*는 1628년 Gouda에서 나왔다.

581) 그것들의 일부가 George Miller의 *Logarithmicall Arithmetike*, London, 1631에 다시 인쇄된 적은 있다.

582) *Magnus Canon Logarithmorum ... Typis sinensibus in Aula Pekinensi jussu Imperatoris, 1721.*

오면, 나는 그것들을 기꺼이 그에게 빌려주고, 자세한 사용법을 알려줄 것이다."라고 말했다. 그는 예시로서 1-130까지의 숫자들의 대수를 소수점 이하 일곱째 자리까지 제시했다. 그가 "로가리듬"이라는 용어를 알고 있었으므로, 아마도 그 주제에 대한 화란 저작을 갖고 있었거나, 1713년과 1721년에 북경에서 나온 대수표를 갖고 있었을 것으로 여겨진다.

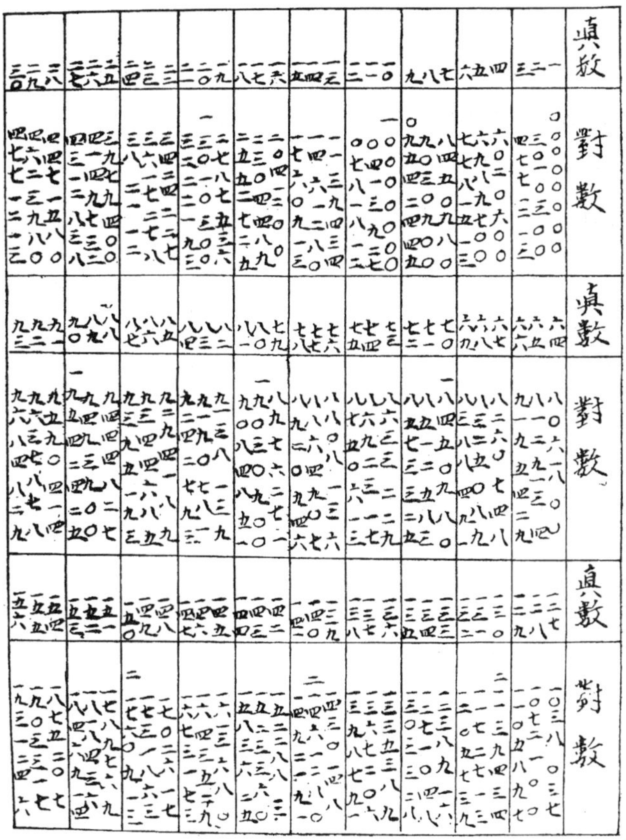

[그림 72] 문헌에 보이는 작자미상의 대수표

더 나아가 사카베는 다음과 같이 말했다. "「리수안 취안슈(曆算全書)」에 제시된 바와 같이 구적 삼각형에 관련된 비들은 너무나 많아서 다루기가 지루하다. 덧셈, 뺄셈이 곱셈, 나눗셈보다 쉽기 때문에, 유럽인들은 여덟 가지 삼각함수 선(八線)[583]과 관련된 계산들을 대수의 덧셈, 뺄셈으로 하도록 했다. 그러나 그들은 대수만을 써서, 세 변이 주어졌을 때, 각들을 구하거나 세 각[584]으로부터 변들을 구할 줄을 모른다."

최초의 본격적 대수표는 코이데 슈우키(小出修喜, 1797-1865)에 의해서 1844년에 인쇄되었다[585]. 다른 하나는 에가와 케이시(惠川景之)에 의해서 1857년에 출판되었는데[586], 거기에는 10,000[587]까지의 대수가 제시되었고, 같은 해에는 자연 삼각함수의 본격적인 표가 오쿠무라와 모리 마사카도의 「카츠엔 효」에 실려서 간행되었다.

표는 비록 19세기 전반부에 얼마간 사용되었지만, 대수의 이론은 중국에서 이해된 이후 오랫동안 미지의 상태로 남아있었다. 아지마, 아이다, 이시구로, 그리고 우치다 고칸(內田五觀)은 이 수의 성격에 대해 관심을 기울인 최초의 인물들로 보이지만, 타케무라 코오카쿠(竹村好博)가 1854년 그의 저작을 펴낼 때까지[588] 그에 대한 설명을 출판한 사람은 거의 없었다. 우치다는 밑수 10까지의 대수들만

---

583) 즉, 6가지 통상적인 함수들과 버스트 사인(versed sine) 및 여시(餘矢, coversed sine).

584) 구적 삼각형의 각들.

585) 이 책은 「算法對數表」이다. 日本學士院 編, 「明治前 日本數學史」 제5권, 540쪽을 참조.[역주]

586) 「新製乘除對數表」를 말함. 日本學士院 編, 「明治前 日本數學史」 제5권, 542쪽을 참조.[역주]

587) Endo, Book III, p. 135.

588) 「對數表精解」를 말함. 日本學士院 編, 「明治前 日本數學史」 제5권, 161쪽을 참조.[역주]

을 사용했으므로, 그것들을 발전시킬 이론이 매우 복잡했다[589].

중심(重心) 연구에 이르게 하는 암시가 서양에서 전래되었을 가능성은 매우 높다. 일본에서는 세키가 그런 관념을 품었던 최초의 인물로 여겨지는데, 그것은 원호의 회전에 의해서 생성되는 입체들의 부피를 연구하다가 일어났다. 아지마는 1769년의 「슈우키 삼포오」에서 그 주제를 논했고, 타카하시 시지도 그것을 언급했다. 그러나 1830년에 하시모토의 저작이 출판되고, 유럽의 영향이 드러날 만큼 풍부한 기회가 생기기까지 그 문제는 전혀 널리 알려지지 않았다. 그 후 그것은 커다란 관심의 대상이 되었고, 그 입체들은 때때로 매우 복잡하게 되었다. 예컨대, 중심이 원통의 구멍을 통해서 관통된 타원체와 같은 입체에 대해서, 그리고 서로 다른 것들을 관통하는 몇 개의 원뿔 집단에 대해서 연구되기도 한 것이다.

비슷하게 파선(擺線, cycloid)과 외파선(外擺線, epicycloid)을 포함한 다양한 룰레트 연구가 이 문제들이 서양 수학자들의 관심을 사로잡고 있다는 암시로부터 유래한다고 믿어도 좋을 것이다. 이것은 예컨대, 와다 네이가 보여준 솜씨를 훼손시키려는 것이 아니고, 연구의 방법이 아닌 대상의 근원이 유럽적이라고 주장하는 것일 뿐이다. 방법, 독창성, 인내심에 대해서는 모든 명예가 일본 학자들의 몫이다.

현수선(懸垂線, the catenary)과 다른 다양한 곡선 및 표면에 대해서도 마찬가지 언급을 할 수가 있을 것이다. 현수선은 위에서 언급한 하기와라(萩原禎助)의 저작에 처음 등장하며, 뒤이어 오오무라 잇슈우(大村一秀)와 카가미 미츠테루(鏡光照)에 의해서 풀렸다가,

589) Endo, Book III, p. 143.

단계별로 초월함수의 근이 접근되면서 공격을 받았는데, 그것은 매우 복잡하기는 하나 무척 흥미로운 논의이다. 그러한 논의는, 비록 문제의 발상이 화란 통로를 경유하여 유입됐을지라도, 순수하게 일본적이다.

19세기에 일본에는 얼마간이라도 화란어 독해력을 갖춘 학자들이 많이 있었다. 이런 사람들 중의 하나가 바로 대수와 관련해서 방금 언급한 우치다 고칸이었다. 그는 심지어 그의 학파를 "마테마테카"(Matemateka)[590]라고 부르기까지 했다. 그에 대하여 타니 쇼오모는 1840년에 간행된 저작[591]의 서문에서 다음과 같은 찬사를 남긴 바 있다. "우치다는 심오하게 박식한 인물이었으며, 그의 지식은 매우 광범위했다. 그는 심지어 서방세계의 '마테마티카'(mathematica)에까지 정통했다." 이 지식에 대해서는 그의 유일하게 생존 중인 제자인 C. 카와키타가 이 역사의 공저자 가운데 한 사람과의 개인적인 대화에서 증언한 바 있으며, N. 오카모토는 전에 우치다가 소장했던 몇몇 유럽 책들을 지금도 갖고 있다. 그러나 카와키타씨가 우리에게 납득시켜준 점은 우치다의 고급 수학이 그 자신의 것이지 화란 원천에서 유래된 것이 아니라는 사실이며, 그 의미는 처리 방법이, 우리가 이미 주장한 바와 같이, 순수하게 일본적이라는 것이다.

1824년에 쓰여진 저술[592]에서 이치노 모쿄오는 아이다 암메이가 어떤 화란 문헌에 나오는 그림으로부터 고안한 타원형에 대하여 다음과 같이 언급했다. "최근에 어떤 서양 저술들을 읽어보고, 매우 간단하면서도 동시에 매우 만족스러운 타원 그리는 법이 기록된 것을

---

590) Endo, Book III, p. 102.

591) 켐모치(劍持章行),「탄이 삼포오(探賾算法)」.

592)「다엔슈우 츠우쥬츠」(타원을 바로잡는 일반적인 방법).

알게 되었다."고 말하고 나서, 그는 일본 학자들에 의한 타원 길이 계산이 전적으로 독창적이라는 사실을 지적한 것이다. 사실상 19세기 초의 학자들은 그들 자신의 수학에 비해 유럽 수학이 우월하다는 것에 대하여 큰 의구심을 가졌던 것으로 보이는데, 이는 도리어 이 학문에 있어서의 일본인들의 독자성에 대한 예상치 못한 증언이라고 할 만하다. 그리하여 오야마다 요세이도 그 주제에 관해 다음과 같이 말한 것이다[593]. "모가미 토쿠나이(最上德內)는 그의 「소쿠료오 산사쿠(測量算策)」에서 우리 나라의 수학이 중국이나 유럽의 그것에 의해서 뒤지지 않는다." 마찬가지 정신에서 19세기초의 이름이 알려지지 않은 한 저자[594]는 다음과 같이 적고 있다. "원둘레 값을 50자리까지 제시한 서양 저작이 있어서, 그것의 번역본을 시부카와로부터 입수하였다. 이것이 몬튜클라(Montucla)가 1754년에 펴낸 「원구적법의 역사(*History of the Quadrature of the Circle*)」[595]에 충분히 묘사되었다고 적혀 있는데, 내가 알기로는 이 저작이 일본에 유입된 적은 없다. 그러나 나도 최근에 쿠보데라의 도움을 받아 60자리까지 계산했으며, 유럽 결과와는 숫자 하나도 틀리지 않았다. 이것은 모든 수학 연구가 얼마나 정확하며, 이런 정밀도에 도달했을 때에는, 수천 마일이나 떨어져 있는 사람들에 의해서 계산되었어도 결과들이 얼마나 같은지를 보여준다." 같은 저자는 또한 다음과 같이 말한다[596]. "비록 유럽인들이 천문, 역법과 관련된 모든 문제들에 있어서는 크게 앞서 있지만, 그럼에도 불구하고 그들의 수학

593) 19세기초에 쓰여진 수학과 주산에 관한 논문, 「마츠노야 힉키」.
594) 미간행 필사본.
595) Jean Ètienne Montucla, *Histoire des recherches sur la quadrature du cercle*, Paris, 1754.
596) 「산와 즈이히츠(算話隨筆)」.

이론은 우리가 그다지도 정확하게 발달시킨 것에 미치지 못한다. 나는 전에 황제의 칙령으로 편찬된「수리칭원」을 읽은 적이 있는데, 거기서 나는 정수 변들을 가진 정삼각형 문제의 풀이법을 발견했으나..., 그 과정이 너무나 번잡스러웠을 뿐더러 즉각성도 결여되어 있었다... 게다가 나는, 비록 여기서 별도로 언급하지는 않겠지만, 제대로 풀리지 않은 문제들도 발견했다. 이로부터 우리는 외국 수학이 우리 나라의 수학과 같은 높은 반열에 있지 않다고 결론을 내릴 수 있을 것이다."

심지어 코이데 슈우키와 같은 저자마저도 서양 수학에 대해서 비슷하게 낮은 평가를 내리고 있었으니, 그것은 그가 다음과 같은 견해를 표명했기 때문이다[597]. "수는 하늘과 땅에 거하지만, 그것을 다루는 기술은 사람이 만든 것으로서 어떤 것은 정확하나 어떤 것은 그렇지 못하다. 우리의 능력은 하늘에서 물려받아서, 이 세상 어떤 민족보다도 드높은 민족의 고상하고도 강건한 정신에 의해서 배양되었으므로, 우리 수학 연구의 세밀함은 서양에서 찾을 수 있는 것을 훨씬 능가한다."

비슷한 정신, 옛 사무라이의 지배자적 정신에서 타카쿠 켄지로오(高久鎌次郎, 1821-1883)는 그의 일본수학에 대한 전반적 견해에서 다음과 같이 적었다[598]. "서양에서 발견된 천문학과 물리학은 만고불변의 진리이니, 우리는 그것을 배우지 않으면 안 되지만, 수학만큼은 일본의 세계 최고이다."

마지막 전통 수학자의 일인이었던 하기와라 테이스케(萩原禎助, 1828-1909)도 서양 학문의 도입에 따른 와산의 희생을 개탄해마지

597) 켐모치,「탄이 삼포오」, 1840에 붙인 그의 서문에서.
598) 이것은 C. 카와키타의 저술에서 알게 되었다.

않았다. 자신의 출판된 문제에 대해 그는 그것들이 복잡하기 때문에 어떤 유럽 수학자도 풀 수 없을 것이라고 말하고는 했다.

그 같은 증언은 사람에 따라서 어느 면으로 그렇듯이, 불쌍한 무지의 소치로 간주될 수 있을는지 모른다. 그러나 다른 측면에서 그것은 전통 학파의 수학자들이 유럽에 도움을 구하지 않았으며, 오히려 유럽이 그들로부터 그래야 했을 것이라는 사실을 증언해준다.

이런 견해들에 비추어 보면, 17세기에 일본 문물을 진지하게 관찰했던 사람들의 말을 들어보는 것이 흥미롭다. 토쿠가와의 5대 쇼군 치세(1680-1709)동안에 일본에 살았던 엥겔베르트 캠퍼(Engelbert Kaempfer)는 "그들은 수학, 특히 심오하고 추론적인 것에 대해서 무지하다. 우리 유럽인들만큼 이 학문에 관심을 갖는 사람은 아무도 없다."라고 말했다[599].

분명히 서양적인 형태의 미적분은 미국 루미스(Loomis)의 저작의 중국어판을 통해서 일본에 들어왔다[600]. 「타이웨이치 시치」라는 제목이 붙은 이 판본은 1859년 영국 선교사 알렉산더 와일리(Alexander Wylie)에 도움을 받아 리샨란(李善蘭)에 의해서 번역되었다. 거의 같은 시기에 몇몇 다른 문헌들도 중국어로 번역되었으나, 이것들 가운데 과연 얼마나 일본에 도입되었는지는 알 길이 없다.

산술에 관한 유럽의 영향에 대해서는 이미 언급 한 바 있다. 야마모토 호쿠잔은 오오하라 리메이(大原利明)의 1810년 판 「텐잔시

599) 캠퍼의 저작은 독일어로부터 쇼이흐처(Scheuchzer)에 의해 번역되어, 1727-1728년에 런던에서 발행되었다. 이 발췌문은 P. Harzer, 앞의 책, p. 17에 의하여 영문으로부터 독일어로 재번역된 것이다.

600) Elias Loomis(1811-1899). 그 책이 대수와 미적분을 다루고 있으므로, 아마도 *Elements of Algebra*, New York, 1846과 *Elements of Analytical Geometry and of the Differential and Integral Calculus*, New York, 1850을 편집했을 것으로 여겨진다.

난([算法]點竄指南)」에 쓴 서문에서 세키 학파의 텐잔 대수의 기초가 유럽식 계산술이라고 말했다. 이 진술은 근거가 없는 듯이 보이나, 심지어 19세기에도 서양 계산술이 전혀 잘 알려져 있지 못했다는 것을 보여준다.

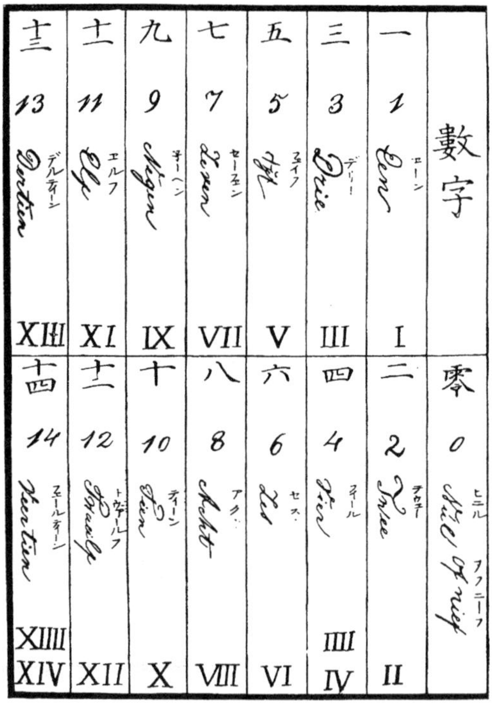

[그림 73] 하나이 켄키치(花井健吉)의 「세이산 소쿠치(西算速知)」(1836)의 일부

그 세기 중엽 경이 되자 유럽식 방법은 일본인들의, 학파에서가 아니라면, 적어도 연구에서 확실한 지위를 차지하기 시작했다. 이런 연구의 최초는 1856년에 간행된 하나이 켄키치(花井健吉)의 「세이

산 소쿠치(西算速知)」(서양수학 개관)와 같은 해에 등장한 야나가와 슌조오(柳河春三)의 「요오산 요오호오(洋算用法)」(서양수학 활용법)였다. 이것들과 후대에 나온 비슷한 책들의 영향은 수학적이라기 보다는 교육적이고 상업적인 계열의 것이다.

쇼군 막부에서 몇몇 인물에게 나가사키의 화란 전문가들로부터 항해술 학습을 받으라는 명령을 내린 것은 1851년경이었다. 이 학습의 기초로서 화란 산술 지도가 이루어졌고, 그것이 일본에서 행해진 그 분과에 대한 최초의 체계적 학습이 되었던 것으로 여겨진다. 1855년에는 같은 목적을 위하여 에도에 훈련원이 세워졌으며, 화란인 교사들이 채용되었다. 이 학교 학생중의 하나가 오노 토모고로오였는데, 그로부터 우리는 거기서 이루어진 학습에 대해서 전해들을 수 있다[601]. 교육과정은 4-5년에 걸쳐졌으며, 루미스 저작에 대한 리의 번역본이 교재로 사용되었던 것이다[602].

그러나 루미스의 저작과 같은 책들의 영향은 상당히 미미했다. 유럽 수학을 알았던 수학자가 드물었고, 그런 학문의 가치가 일반적으로 열등하다고 여겨졌기 때문이다. 서양 미적분이 큰 관심을 끌게 된 것은 한 세대 뒤에나 일어났다. 이 무렵에 이루어진 동·서양의 수학을 결합하려는 시도는, 여기 제시된, 와케 유키마사라는 사람의 연대미상 문헌의 일면이 보여주는 바와 같이, 흥미롭다([그림 74]).

필자들 중의 한 사람의 장서 가운데에는 야콥 플로린(Jacob Floryn, 1715-1818)이라는 화란인의 저작을 옮긴 「신야쿠 호산카쿠

601) "The Use of Japanese Mathematics"(일본어판), 「스우가쿠 호오치」, no. 88.
602) K. 우에노 씨는 루미스의 책이 리의 번역본이 나오기 전에 일본에 반입되었으나, 그것을 읽을 정도로 영어와 수학을 둘 다 잘 하는 사람이 없었다고 우리에게 알려주었다.

쥬츠(新譯弧三角術)」라는 제목의 문헌이 들어있다. 번역은 안세이(安政, 1854-1860) 시대에 아마도 산학명가 출신인 듯한 타카하시 트리 요시야스(高橋義泰)에 의해서 이루어진 것이다[603]. 그것은 1794년 로테르담에서 간행된 플로린의 「삼각함수 기초(*Grondbeginzels der Hoogere Meetkunde*)」를 옮긴 것일 수 있다. 그러나 이 번역은 알려지지 못했던 듯하다.

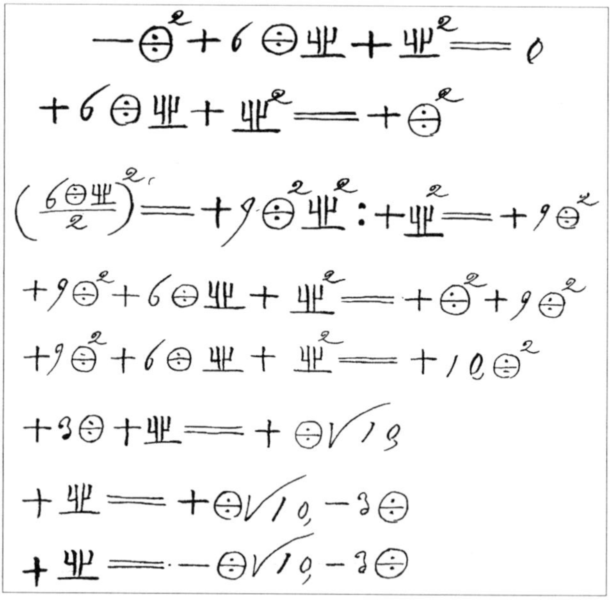

[그림 74] 와케 유키마사의 저작의 일부

603) 日本學士院 編, 「明治前 日本數學史」 제4권, 43쪽, 제5권 462쪽을 보면, 타카하시는 1855년에 「신야쿠 호산카쿠 요오호오(新譯弧三用法)」를 펴낸 것으로 되어 있는데, 제목상의 차이가 서로 다른 문헌을 의미하는 것인지는 불명확하다.[역주]

뿔 분할에 관해서는 동 주제에 대한 암시가 17세기에 일본에 도달했으나, 그것은 기껏해야 시사점으로서만 받아들여졌다. 일본인들은 타원을 매우 열렬히 연구했으나, 언제나 그들 특유의 방법으로만 그러했을 뿐, 포물선과 쌍곡선(hyperbola)은 전통 수학의 관심을 전혀 끌지 못했던 것으로 보인다. 포물선은 야마다(山田正重)가 1656년에 쓴「카이산키(改算記)」속에 궤적 문제의 하나로 들어갔지만, 후속 연구자들의 주목을 결코 받지 못한 것으로 여겨진다. 이 곡선들의 그래프는 그것들이 유성의 궤도들을 예시하는데 이용되었으나, 순수수학 연구에는 진입하지 못한 요시오의 1823년 판「엔세이칸쇼오 주세츠」에서처럼 특정 천문서들에서는 발견된다. 이 사실 자체가 토착 이론에 미쳤을 외부로부터의 어떠한 영향도 부정하게 만드는 증거이다.

우리는 이미 번역국이 유럽서적조사원으로 변경된 것에 대해 언급한 바 있다. 이렇게 변경된 지 6년 뒤(1863)에는 인문·자연과학의 모든 분과들을 가르치기 위한 카이세이조(開城所) 학교가 설립되었다[604]. 그 중에는 수학과도 포함되었으며, 칸다 코오헤이(神田孝平)가 그 과 교수로 임명되었다. 일본에서 서양수학(洋算)을 가르치는 쪽으로 최초의 결정적인 조치를 취한 것은 다름 아닌 그였으며, 그의 시대 이래로 그 학문은 동 과 학생의 적은 수에도 불구하고 진지한 평가를 받게 되었다.

1868년은 서양에서나 일본에서나 잘 알려져 있으며, 일본에서는 세계를 향한 위대한 도입의 해로 그러하다. 그 해에 토쿠가와 쇼군 막부를 전복시켜서 봉건체제의 종지부를 찍고, 천황의 지배를 부활

604) 이것이 1877년에는 東京醫學校와 합쳐져서 東京大學이 되었다. 日本學士院編,「明治前 日本數學史」제4권, 164쪽을 참조.[역주]

시킨 정치적 혁명이 일어났다. 쇼군의 수도였던 에도는 제국의 근거지인 도쿄가 되었다. 서양에게는 그 해가 새로운 세계 대국의 도래를 획하는 것으로 알려져 있다. 이것이 무엇을 의미하는지는 지난 40년이 보여주며, 세기가 지날수록, 그것이 무엇을 의미하게 될지는 아무도 모를 것이다. 일본에게 있어서 그것은 많은 것이 유익하기도 하고, 많은 것이 유해하기도 한 서양사상의 유입을 획하는 해이다. 일본 예술은 회화, 조작, 특히 건축 분야에서 고통을 입었다. 예를 들면, 섬유에 있어서 한 세기 전의 섬세했던 감각은 돈을 뿌려대는 여행객들의 몰취미에 영합하는 수준으로 전락하고 말았다. 그리고 이 모든 것이 수학 분야에서도 유사하게 벌어졌으니, 이제 우리는 그것을 회고적으로 검토하고자 한다.

일본의 전통수학은 어떻게 되었으며, 새로운 수학의 영향은 어떠했는가? 일본은 무엇을 창안했으며, 무엇을 빌려왔는가? 그 학문의 지위는 1868년 이전에는 어떠했고, 지금은 어떠하며, 미래를 위해서는 무엇을 예기케 하는가?

서양의 입장에서 검토하지만, 인간적 불완전성이 허용할 수 있는 만큼 용의주도하고 불편 부당하게 증거에 가중치를 부여한다면, 옛 와산에 대해 다음과 같은 공정한 평가를 내릴 수 있을 것이다.

일본인들은 17세기에 시작해서 일단의 가치 있는 수학자들을 배출했다. 이들은 몇 세대 전에 유럽 학자들의 관심을 끌었던 일반적인 노선들을 연구했고, 서양의 연구노선들을 알 수 있는 기회도 있었기 때문에, 해외 연구자들의 관심을 사로잡은 것들이 무엇인지에 대한 시사점을 갖고 있었다고 생각해도 좋을 것이다. 매 주제를 다루는 그들의 방법이 일본 특유의 것이었으므로, 그곳 학자들은 서양의 구체적인 방법들을 높이 평가하지 않았거나, 아주 확실한 일지만, 몰랐을 것이다. 그들이 유럽의 수학연구를 평가 절하했으므로, 그들이 화란과 프랑스, 영국과 독일, 이탈리아와 스위스의 학자들이 수행하고 있었던 것을 구체적으로 알려고 하지 않았을 수도 있다.

서양 학문 연구에 대해서 그와 같은 암시를 갖고 있었던 만치, 일본은 측정 작업에서 무한급수를 사용하기 위한 자체의 체계를 발전시켰다. 그 나라는 나중에 원, 구체 및 타원을 재기에 충분한 적분을 발전시켰다. 고차방정식 풀이에 있어서 그 나라는 오래 전에 영국의 호너법을 예견케 한 중국학자들의 업적 위에 진전을 이루었다. 뿔 분할 연구에 있어서 그곳 학자들은 타원에 큰 관심을 보인 반면, 포물선과 쌍곡선에 대해서는 전혀 관심을 보이지 않았다.

그러나 일본의 수학은 그곳의 예술과 마찬가지로 거대하기보다는 정교하다. 일본은, 예컨대, 코쉬(Cauchy)가 완성했을 때 도달한 미적분과 비견할 만한 거대 이론을 개발하지 못했다. 우리가, 예를 들어, 데카르트(Descartes)의 「기하학」(*La Géométrie*), 데사르그(Desargues)의 「브루이용 프로젝트」(*Brouillon project*), 미적분에 관한 뉴턴(Newton)과 라이프니츠(Leibnitz)의 업적, 허수에 대한 오일러(Euler)의 업적, 수이론과 관련해서는 라그랑쥐(Lagrange)와 가우스(Gauss), 군의 발견에 있어서는 갈로아(Galois) 등등 긴 명단을 떠올리는 반면, 일본에서는 이런 종류의 업적을 발견할 수 없으며, 또 발견해야만 한다고 생각할 아무런 이유도 없다. 뉴턴과 라이프니츠가 미적분을 연구할 때, 유럽은 이미 수 천년이나 거슬러 올라갈 수 있는 수학의 역사—각국이 이웃나라에서 하고 있는 것을 알거나 알 수 있었던 세월, 한 나라의 학자들이 다른 나라의 학자들을 고무할 수 있었던 세월—가 있었다. 세키가 이 분야에 뛰어들었을 때 일본은 수학상의 진정한 기회를 1세기도 채 갖지 못했다. 기회를 기준으로 삼아서 보면, 일본은 괄목할 만한 업적을 거두었으나, 수학적 발견의 관점에서 보면, 그 업적은 모든 면에서 서양의 그것에 미치지 못한다.

그러나 우리가 실시하려고 하면, 그것은 마치 오래된 진품 주칠(朱漆) 상자를 — 오늘날의 판매용 물건이 아니라 — 집어든 것처럼 되고 만다. 실시할 때에 그 업적은 서양에서는 전혀 알려지지 않은 방식으로 정교했다. 인내심, 끊임없이 기울인 수고, 수천 개의 매듭들을 풀어내는 교묘함이라는 면에서 일본인들의 문제해결과 엔리 급수의 풀이는 유례가 없는 정도이다.

일본에 새로운 수학을 도입한 결과는 어떠할 것인가? 그것을 예측하기에는, 마치 우리가 새로운 예술, 새로운 생활수준, 기계, 그리고 새로운 일본을 이룩하는데 기여한 모든 것을 도입한 효과를 점칠 수 없듯이, 너무 이르다. 만일 그것이 와산의 특이한 천재, 무한한 수고를 감내하는 천재를 수학상의 큰 문제들에 적용하는데 이어진다면, 세계는 신기원을 이룩하는 결과를 맞이하게 될 것이다. 반면에 그것이 과거를 경멸하고, 와산을 연구할 가치가 있게 만드는 것을 포기하려는 욕망으로 이어진다면, 우리는 미래에 벌어질 일을 예측할 수가 없다. 이 책은 바로 서양에서 세키, 타케베, 아지마, 그리고 와다와 같은 인물들의 연구 성과에서 찾아볼 수 있는 특이한 천재를 인정하고, 그러한 천재를 새로운 일본 수학에 적용하는 것에 대하여 동정적이기를 바라는 견지에서 쓰여진 것이다.

참고문헌

한영우. 1997.「다시 찾는 우리 역사」. 경세원.

遠藤利貞. 1982.「增修日本數學史」. 三上義夫 編, 平山諦 補訂. 恒星社厚生閣.

下平和夫. 1972.「日本人の數學」. 河出書房新社.

日本學士院 編. 1954.「明治前 日本數學史」. 全5卷. 岩波書店.

Mikami, Yosio. 1961[1913]. *The Development of Mathematics in China and Japan*. New York : Chelsea Publishing Co.

찾아보기

(ㅇ)

(E)

차종천(車鍾千)

서울대학교 영어영문학과 졸업
서울대학교 대학원 사회학과 수료
미국 위스콘신대 대학원에서 사회학 석·박사학위 취득
한림대학교 사회학과 교수 역임
위스콘신대 방문교수
도쿄대학 객원교수
캠브리지대 방문 펠로우
현재 : 성균관대학교 사회학과 교수

역·저서 : 「구장산술 · 주비산경」, 「현대사회통계학」 등 다수
논문 : "Reception and Appropriation of Chinese Mathematics in Joseon Dynasty : With Respect to *Hushilun*" 등 다수

東洋數學大系 XIV
日本數學史

2006년 6월 20일 초판 인쇄
2006년 6월 26일 초판 발행

편역자 / 차종천
발행자 / 오판근
발행처 / 교우사

주 소 / 서울 동대문구 제기2동 148-19
전 화 / 925-2861, 929-4865
팩 스 / 925-2860
E-mail / kw2861 @ chollian. net
http: // www. kyowoo. co. kr
등록 / 1994. 3. 24 제7-119호

ISBN 89-8172-617-5 (94410)
89-8172-609-4 (세트)

값 **25,000**원